高等职业教育精品规划教材（软件技术专业群）

Visual FoxPro 程序设计

主 编 何 樱

副主编 李 丹 李井竹 周溢辉

内 容 提 要

本书以 Visual FoxPro 6.0 中文版为例，引入案例教学和启发式教学方法，通过大量实例介绍了 Visual FoxPro 的基础知识、可视化编程工具和编程方法。

本书介绍了数据库系统的概念、使用、管理和开发，内容包括：数据库基本概念、Visual FoxPro 6.0 概述、Visual FoxPro 基本知识、数据库和表、查询与视图、结构化程序设计、面向对象程序设计基础、表单、项目管理器、报表和标签、菜单与工具栏、数据的导入和导出、应用系统开发实例。本书实例丰富，内容由浅入深、循序渐进、条理清晰，适合学生自学。每章后都有大量的配套练习题，题型以全国计算机等级考试笔试题型为主，既能帮助学生消化有关知识，又能提高学生的应试技能。

本书可作为高等学校非计算机专业本专科生的计算机教材，也可作为计算机相关专业的程序设计入门教材，以及计算机技术的培训教材。

本书配有免费电子教案，读者可以从中国水利水电出版社网站以及万水书苑下载，网址为：http://www.waterpub.com.cn/softdown/或 http://www.wsbookshow.com。

图书在版编目（CIP）数据

Visual FoxPro程序设计 / 何樱主编. -- 北京 : 中国水利水电出版社, 2015.1
高等职业教育精品规划教材. 软件技术专业群
ISBN 978-7-5170-2902-1

Ⅰ. ①V… Ⅱ. ①何… Ⅲ. ①关系数据库系统－程序设计－高等职业教育－教材 Ⅳ. ①TP311.138

中国版本图书馆CIP数据核字(2015)第020881号

策划编辑：祝智敏　责任编辑：陈　洁　加工编辑：谌艳艳　封面设计：李　佳

书　　名	高等职业教育精品规划教材（软件技术专业群） Visual FoxPro 程序设计
作　　者	主　编　何　樱 副主编　李　丹　李井竹　周溢辉
出版发行	中国水利水电出版社 （北京市海淀区玉渊潭南路 1 号 D 座　100038） 网址：www.waterpub.com.cn E-mail：mchannel@263.net（万水） sales@waterpub.com.cn 电话：(010) 68367658（发行部）、82562819（万水）
经　　售	北京科水图书销售中心（零售） 电话：(010) 88383994、63202643、68545874 全国各地新华书店和相关出版物销售网点
排　　版	北京万水电子信息有限公司
印　　刷	北京蓝空印刷厂
规　　格	184mm×240mm　16 开本　20.5 印张　454 千字
版　　次	2015 年 2 月第 1 版　2015 年 2 月第 1 次印刷
印　　数	0001—3000 册
定　　价	39.00 元

编审委员会

前言

在信息时代，数据库技术有着广泛的应用，它是处理信息、管理数据最有效的一种方法。Visual FoxPro（简称 VFP）是微软公司推出的基于 Windows 环境的关系数据库管理系统，既具有完善的数据管理功能，又提供了足够的程序设计基础，同时还具有操作方便、简单实用、界面友好和兼容性完备等特点，非常适合初学者学习程序设计与数据库应用技术知识。

本书的侧重点在于使学生系统全面地掌握 Visual FoxPro 的基础理论知识，在此基础上，参照了项目化教学的方法，各章的实例以学生管理系统为例进行编写，在最后一章给出了学生管理系统的完整程序代码，并提供了工资管理系统开发实例，供学生学习使用。通过本书的学习，学生能够学习到简单的数据库管理系统的基本开发过程，并具备开发小型数据库管理系统的能力。

本书根据目前高等院校学生学习计算机课程的实际情况，系统、全面地介绍了 Visual FoxPro 的基础知识，数据库和表的基本操作，建立索引和表间关系，查询和视图的有关操作，程序的基本结构和面向过程的程序设计基础，面向对象的程序设计概念，面向对象程序设计的方法，报表和标签的创建及有关使用技巧，菜单的设计方法和步骤，Visual FoxPro 与外部数据的交换（即数据的导入与导出）。本书融理论与实验于一体，在编写上力求通俗易懂。书中用大量的实例使读者更快熟悉 Visual FoxPro 的可视化编程环境。所有操作步骤都按实际操作界面一步步地讲解，读者可一边学习，一边上机操作。

本书具有如下特点：

（1）注重基础内容讲解，突出实用性。

本书不仅通俗地介绍了 Visual FoxPro 程序设计中的各个概念，而且在每个知识点后都配有实例讲解；范例选取精心，代码规范，具有代表性，可移植性强。

（2）强化编程思想和方法，突出应用性。

书中所有范例都强调编程思想，有意识地引导学生提高编程能力。结合了项目化教学方法，给出 Visual FoxPro 程序设计可视化实例，培养学生在实际项目中的模块化程序设计意识。

（3）灌输软件开发思想，认知项目开发过程。

通过具体的综合案例的设计与开发，引导学生巩固所学知识和技术，掌握软件开发的步骤和方法，从而提高学生的动手编程、创新思维的能力，以及热爱科学、刻苦钻研、团结协作的精神，这也是本书的精华。

（4）学练结合，巩固提高。

在每章的后面都配备了一定量的习题和思考题，让学生进一步得到锻炼和提高。

本书主体由河南牧业经济学院的教师编写而成，何樱任主编并统稿，李丹、李井竹、周溢辉任副主编并主审。全书共13章，第1、3、7、12章和第13章的第3节由周溢辉编写，第2章由连悦编写，第4章和13章其余部分由李井竹编写，第5、6章由何樱编写，第8、9、10章由李丹编写，第11章由杨毅编写，河南牧业经济学院图书馆的李素平和关艳红帮助收集整理资料，电教中心的上官廷华和张增帮助进行本书的录入和校对工作，在此谨向各位表示衷心的感谢。几位作者在书中分享了自己多年的教学经验，使更多有志于学好Visual FoxPro程序设计的人可以尽快地入门，并掌握好这门数据库语言。

同时，感谢本书创作团队所在单位河南牧业经济学院计算机系的鼎力支持，感谢中国水利水电出版社万水分社为本书所做的大量策划和编辑工作！

由于编者水平有限，书中难免存在错误和不足之处，敬请读者和同行批评指正。

编　者

2014年11月

目录

1 数据库基本概念

数据库是企业、组织或部门所涉及的存储在一起的相关数据的集合，它反映了数据本身的内容及数据之间的联系。

Visual FoxPro 是目前优秀的数据库管理系统之一。掌握数据库及数据库管理系统的基本概念，有助于在 Visual FoxPro 的可视化环境下，使用面向对象的方法开发出功能良好的数据库和应用程序。本章主要介绍数据库、数据库管理系统、关系及关系数据库的基本概念、关系数据库设计的基本知识。

1.1 数据模型

说到模型我们并不陌生，例如，一张地图、一辆汽车模型都是具体的模型。模型是现实世界特征的模拟和抽象。数据模型也是一种模型，它是现实世界数据特征的抽象。

1.1.1 现实世界的数据描述

数据库是某个实际问题中涉及的数据的综合，它不仅要反映数据本身的内容，而且要反映数据之间的联系。由于计算机不能直接描述现实世界中的具体事物，所以人们必须事先把具体事物转换成计算机能够处理的数据。这个过程经历了从对现实生活中事物特性的认识、概念化到计算机数据库里的具体表示的逐级抽象过程。

1. 实体的描述

现实世界中存在各种事物，事物之间存在着联系，这种联系是客观存在的，是由事物本身的性质所决定的。例如，图书馆中有图书和读者，读者借阅图书；学校的教学系统中有教师、学生和课程，教师为学生授课，学生选修课程并取得成绩。

（1）实体。

实体是指客观存在并且相互区别的事物。例如，某个教师、某个学生、某一本图书都是实体。实体也可以是抽象的概念或联系，如学生的一次选课。

（2）实体的属性。

实体的属性是指描述实体的特性，即实体是通过属性来描述的。比如：学生实体的属性有学号、姓名、性别等。属性由属性名、类型和属性值组成。比如，“姓名”是属性名，类型为字符型，对于某个具体的学生而言，其属性值为“刘明”。

（3）实体型。

属性的集合表示一种实体的类型，称为实体型。例如，图书实体的实体型表示为（书号，书名，作者，单价）；职工实体的实体型表示为（职工号，姓名，性别，出生日期，职称）。

（4）实体集。

同一类型的实体的集合，称为实体集。例如，某单位所有职工按照职工实体型的描述得到的数据构成职工实体集。

在 Visual FoxPro 中，用“表”来存放同一类实体组成的实体集，如图 1-1 所示的学生档案表。一个“表”中包含的若干个“字段”即为实体的属性，如表中的学号、姓名、性别等均为字段；字段值的集合组成表中的一条记录，代表一个具体的实体，如表中的一行（08010402001，李刚，男，03/12/90，F，浙江杭州，01，0104）即为一条学生记录。

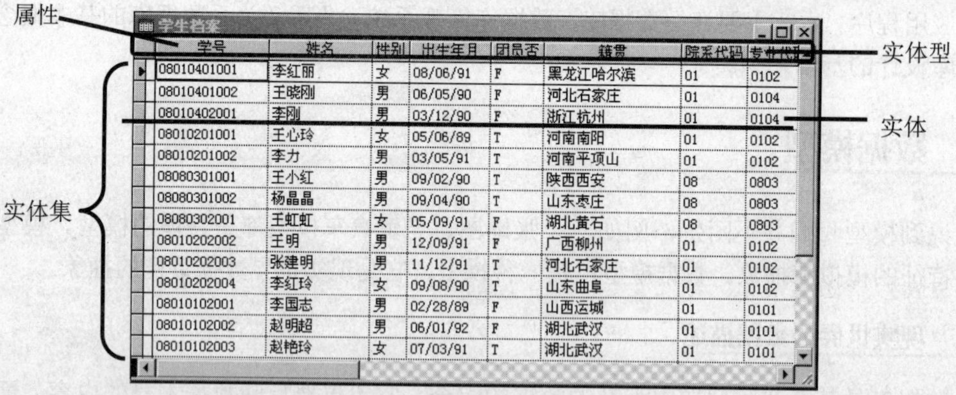

属性　实体型　实体　实体集

学生档案

学号	姓名	性别	出生年月	团员否	籍贯	院系代码	专业代
08010401001	李红丽	女	08/06/91	F	黑龙江哈尔滨	01	0102
08010401002	王晓刚	男	06/05/90	F	河北石家庄	01	0104
08010402001	李刚	男	03/12/90	F	浙江杭州	01	0104
08010201001	王心玲	女	05/06/89	T	河南南阳	01	0102
08010201002	李力	男	03/05/91	T	河南平顶山	01	0102
08080301001	王小红	男	09/02/90	T	陕西西安	08	0803
08080301002	杨晶晶	男	09/04/90	T	山东枣庄	08	0803
08080302001	王虹虹	女	05/09/91	F	湖北黄石	08	0803
08010202002	王明	男	12/09/91	F	广西柳州	01	0102
08010202003	张建明	男	11/12/91	T	河北石家庄	01	0102
08010202004	李红玲	女	09/08/90	T	山东曲阜	01	0102
08010102001	李国志	男	02/28/89	F	山西运城	01	0101
08010102002	赵明超	男	06/01/92	F	湖北武汉	01	0101
08010102003	赵艳玲	女	07/03/91	T	湖北武汉	01	0101

图 1-1　学生档案表

2. 实体间联系及联系的种类

现实世界中，事物内部以及事物之间是有联系的，这些联系在信息世界中反映为不同类型的实体之间的联系。例如，一名教师可以同时教授多个学生，每个学生也可以有多个老师。

实体间的联系共分三种类型：

（1）一对一联系（one-to-one relationship）。

一对一联系是双向的一对一。如果有两个实体集 A 和 B，A 中的每个实体只与 B 中的一个实体相关联，而 B 中的每个实体也只与 A 中的一个实体相关联，我们称 A 和 B 是一对一的联系。例如，班级和班长之间就是一对一的联系。

（2）一对多联系（one-to-many relationship）。

如果有两个实体集 A 和 B，A 中的每个实体与 B 中的多个实体相关联，而 B 中的每个实体至多与 A 中的一个实体相关联，我们称 A 和 B 是一对多的联系，而 B 和 A 则是多对一的联系。一对多联系是最普遍的联系。例如，部门和职工这两个实体集之间存在一对多的联系，班级和学生之间也是一对多的联系。

（3）多对多联系（many-to-many relationship）。

如果有两个实体集 A 和 B，A 中的每个实体与 B 中的多个实体相关联，而 B 中的每个实体也与 A 中的多个实体相关联，我们称 A 和 B 是多对多的联系。例如，教师和学生之间，供应商和商品之间都是多对多的联系。

实际上，一对一联系为一对多联系的特例，而一对多联系是多对多联系的特例。

1.1.2　数据模型

数据模型是数据库管理系统用来表示实体及实体间联系的方法，是数据库设计的核心与基础。一个具体的数据模型应当正确地反映出数据之间存在的整体逻辑关系。

数据库不仅管理数据本身，还要使用数据模型表示出数据之间的联系。任何一个数据库管理系统都是基于某种数据模型的。数据库管理系统支持三种数据模型：层次模型、网状模型和关系模型。目前最流行的数据模型是关系模型。

1. 层次模型

用树型结构表示实体及其之间联系的模型称为层次模型。层次模型实际上是由若干个代表实体之间一对多联系的基本层次联系组成的一棵树，树的每个结点代表一个实体类型。如图 1-2 所示为一个学校组织结构的层次模型。

2. 网状模型

用网状结构表示实体及其之间联系的模型称为网状模型。网中的每一个结点代表一个实体类型。网状模型允许一个以上的结点无双亲，或一个结点可以有多于一个的双亲。如图 1-3 所示为一个学校教学实体的网状模型。

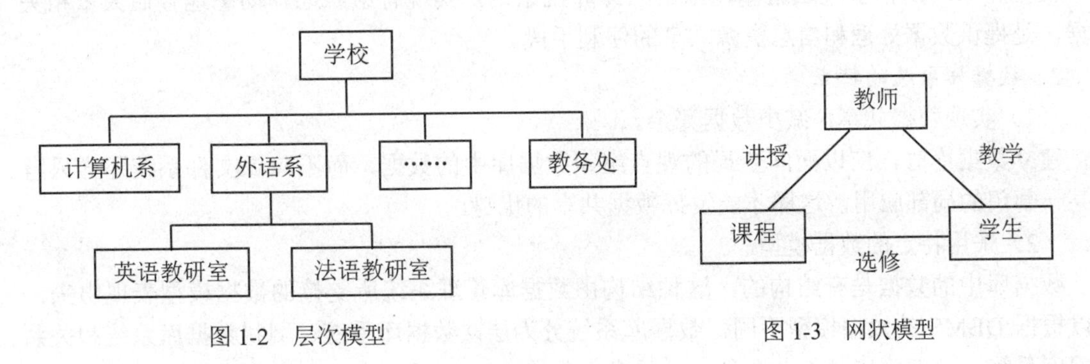

图 1-2　层次模型　　图 1-3　网状模型

3. 关系模型

用二维表结构表示实体及其之间联系的模型称为关系模型，如图 1-1 所示。在关系模型中，操作的对象和结果都是关系，每个关系都是一个二维表，无论实体本身还是实体之间的联系均用二维表来表示，使得描述实体的数据本身能够自然地反映它们之间的联系。

支持关系模型的数据库管理系统称为关系数据库管理系统，在这种系统中建立的数据库是关系数据库。关系数据库以其完备的理论基础、简单的模型、说明性的查询语言和使用方便等优点得到广泛的应用。

1.2 数据库系统

1.2.1 有关数据库的基本概念

1. 数据库（DataBase，DB）

数据库是存储在计算机存储设备上，结构化的相关数据集合。它不仅包括描述事物的数据本身，而且还包括相关事物之间的联系。数据库中存放的数据往往面向多种应用，可以被多个用户、多个应用程序所共享。

2. 数据库管理系统（DataBase Management System，DBMS）

数据库管理系统是负责对数据库的建立、使用和维护进行管理的大型系统软件，是数据库系统的核心组成部分。它建立在操作系统的基础上，是位于操作系统与用户之间的一层数据管理软件，负责对数据库进行统一的管理和控制。

Visual FoxPro 就是一个功能完善的 DBMS，能够实现数据库管理的各项功能，而且使用方便，适合中小型企业开发各种数据库应用系统。

1.2.2 数据库系统

1. 数据库系统（DataBase System，DBS）

数据库系统是指引进数据库技术后的计算机系统，实现有组织地、动态地存储大量相关数据，是提供数据处理和信息资源共享的便利手段。

2. 数据库系统的特点

（1）实现数据共享，减少数据冗余。

建立数据库时，应以面向全局的观点组织数据库中的数据，而不应像文件系统那样只考虑某一部门的局部应用，这样才能发挥数据共享的优势。

（2）采用特定的数据模型。

数据库中的数据是有结构的，这种结构由数据库管理系统所支持的数据模型表现出来。所以根据 DBMS 的数据模型不同，数据库系统分为层次数据库系统、网状数据库系统和关系数据库系统。

（3）具有较高的数据独立性。

在数据库系统中，数据库管理系统提供映象功能，实现了应用程序对数据的总体逻辑结构、物理存储结构之间较高的独立性。用户只需以简单的逻辑结构来操作数据，无须考虑数据存储的位置与结构。

（4）有统一的数据控制功能。

数据库可以被多个用户或应用程序共享，数据的存取往往是并发的，即多个用户同时使用同一个数据库。数据库管理系统必须提供必要的保护措施，包括并发控制、数据的安全性控制和数据的完整性控制功能。

1.3 关系数据库

1.3.1 关系数据库

1. 关系术语

（1）关系。

一个关系就是一张二维表。在 Visual FoxPro 中，一个关系存储为一个表文件，文件扩展名为.dbf。一个数据库可分解成多个表。例如，学生成绩管理数据库由学生档案表、课程表及成绩表等构成。如图 1-4 所示为一个关系："学生档案"表。

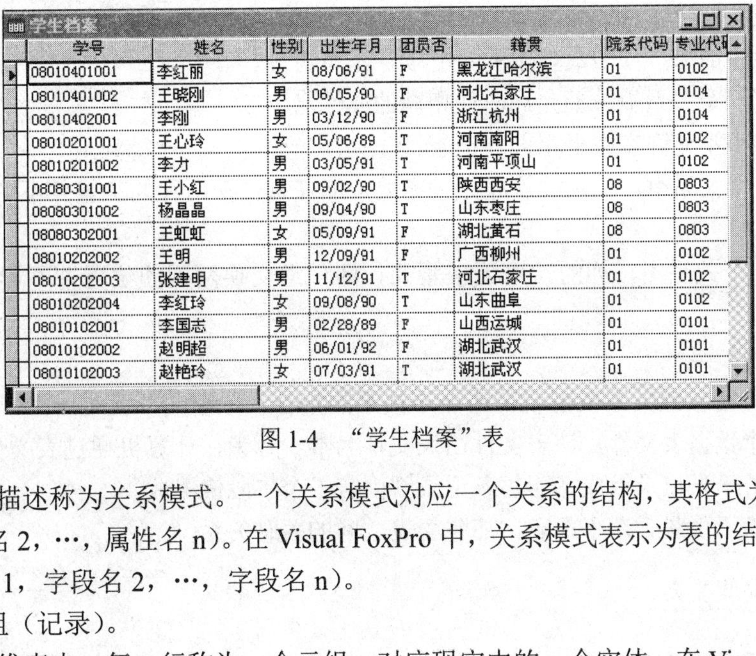

学生档案

学号	姓名	性别	出生年月	团员否	籍贯	院系代码	专业代码
08010401001	李红丽	女	08/06/91	F	黑龙江哈尔滨	01	0102
08010401002	王晓刚	男	06/05/90	F	河北石家庄	01	0104
08010402001	李刚	男	03/12/90	F	浙江杭州	01	0104
08010201001	王心玲	女	05/06/89	T	河南南阳	01	0102
08010201002	李力	男	03/05/91	T	河南平项山	01	0102
08080301001	王小红	男	09/02/90	T	陕西西安	08	0803
08080301002	杨晶晶	男	09/04/90	T	山东枣庄	08	0803
08080302001	王虹虹	女	05/09/91	F	湖北黄石	08	0803
08010202002	王明	男	12/09/91	F	广西柳州	01	0102
08010202003	张建明	男	11/12/91	T	河北石家庄	01	0102
08010202004	李红玲	女	09/08/90	T	山东曲阜	01	0102
08010102001	李国志	男	02/28/89	F	山西运城	01	0101
08010102002	赵明超	男	06/01/92	F	湖北武汉	01	0101
08010102003	赵艳玲	女	07/03/91	T	湖北武汉	01	0101

图 1-4 "学生档案"表

对关系的描述称为关系模式。一个关系模式对应一个关系的结构，其格式为：关系名（属性名 1，属性名 2，…，属性名 n）。在 Visual FoxPro 中，关系模式表示为表的结构，其格式为：表名（字段名 1，字段名 2，…，字段名 n）。

（2）元组（记录）。

在一个二维表中，每一行称为一个元组，对应现实中的一个实体。在 Visual FoxPro 中，一个元组称为一条记录。图 1-4 所示的“学生档案”表中包含了 20 条记录。

（3）属性（字段）。

二维表中的每一列称为属性，每一列有一个属性名。在 Visual FoxPro 中，属性又称为字段。如图 1-4 所示的“学生档案”表中包含了学号、姓名、性别等字段。

（4）域。

域是指属性的取值范围。例如，成绩的取值范围是 0 到 100 之间的数值。

（5）主关键字。

主关键字是关系中属性或属性的组合，其值能够唯一地标识一个元组。在 Visual FoxPro 中表示为字段或字段的组合，其值能够唯一地标识一条记录。例如，“学生档案”表中的“学号”字段可以作为主关键字，而“性别”字段就不行。

（6）外部关键字。

如果表中的一个字段不是本表的主关键字或候选关键字，而是另外一个表的主关键字或候选关键字，这个字段就称为本表的外部关键字。外部关键字是用来联系两张有一定关系的表的字段，所以，外部关键字一定同时包含在两张表中。

2. 关系模型

通过以上介绍，可以将关系定义为元组的集合。关系模式是命名的属性集合，元组是属性值的集合。一个具体的关系模型是若干个有联系的关系模式的集合。在 Visual FoxPro 中，把相互之间存在联系的表放到一个数据库中统一管理，数据库文件的扩展名为.dbc。

3. 关系模型的特点

（1）关系中的每一项是最基本的数据项，不可再分。

（2）在同一个关系中，不允许出现相同的属性名。

（3）关系中不允许有完全相同的记录。

（4）在一个关系中，记录的次序无关紧要，即任意交换两行的位置并不影响数据的实际含义。

（5）在一个关系中，列的次序无关紧要，即任意交换两列的位置并不影响数据的实际含义。

4. 关系数据库

关系数据库是按照关系模型设计的若干关系的集合。一个关系就是一个二维表，它对应计算机中的一个数据表文件，该表文件由表文件名唯一标识，计算机通过表文件名访问该表。一个数据表由若干条记录组成，而每条记录则由若干个字段值组成。

关系数据库不仅包含若干个表，还包含表之间的关联关系。

1.3.2 表间的关联关系

在一个关系数据库中往往包含若干个表，每个表对应现实世界中的一类实体或实体之间的联系。确定联系的目的是使表的结构合理，在同一个数据库中，表间的关联关系有一对一、一对多和多对多三种。

1．一对一联系

对于一对一联系的表，首先考虑是否可以把两个表的字段合并到一个表中。如果不能合并的话，再观察两个表是否有同样的实体，可以在两个表中使用同样的主关键字字段。如果两个表有不同的实体及不同的主关键字，选择其中一个表，把它的主关键字字段放到另一个表中作为外部关键字字段。

2．一对多联系

一对多联系是关系数据库中最普遍的联系。要建立一对多的联系，可以把“一方”的主关键字字段添加到“多方”的表中，使二者具有公共字段，然后在“多方”的表中为该字段建立普通索引，该字段即为多方的外部关键字。

3．多对多联系

建立两个表之间的多对多联系，有效的方法是创建第三个表，即纽带表。把多对多的联系分解为两个一对多的联系。创建的第三个表中包含多对多联系涉及的两个表的主关键字。纽带表不一定需要有自己的主关键字，如果需要，应当将它所联系的两个表的主关键字作为组合关键字并指定为主关键字。

1.3.3 关系运算

在 Visual FoxPro 中，查询是高度非过程化的，即用户只需明确提出“要做什么”，而不需要说明“如何做”。然而，要正确表示复杂的查询并非是一件简单的事。了解专门的关系运算有助于正确给出查询表达式。

（1）选择。

选择是指从关系中找出满足条件的元组的操作。选择的条件以逻辑表达式的形式给出，满足条件的元组即被选取。例如，从“学生档案”表中找出籍贯为“湖北”的学生，或者是从“学生档案”表中查询所有男生的记录，这类查询操作即为选择运算。

对于关系而言，选择是从行的角度进行的运算，即从水平方向抽取记录。选择运算的结果可以形成一个新的关系，关系模式不变，但其中的元组为原关系的一个子集。

（2）投影。

投影是指从关系模式中指定若干个属性组成新的关系的操作。例如，从“学生档案”表中查询学生的学号、姓名和籍贯，这类查询操作即为投影运算。

对于关系而言，投影是从列的角度进行的运算，相当于对关系进行垂直方向的分解。经过投影运算可以得到一个新关系，其关系模式所包含的属性个数往往比原关系少。

（3）连接。

连接是指将两个关系模式拼接成一个更宽的关系模式，生成的新关系中包含满足连接条件的元组。连接是关系的横向结合。

连接过程是通过连接条件控制的，连接条件中需给出两个关系中的公共属性，或是具有相同语义、可比的属性。连接运算的结果是满足条件的所有记录，相当于 Visual FoxPro 中的“内部连接”。

选择和投影运算的操作对象只涉及一个表，连接运算需要两个表作为操作对象。

例如，假设有职工（职工号，姓名，性别，婚否，政治面貌，工作日期，职称）和工资（职工号，姓名，基本工资，奖金，津贴）两个表，要查询基本工资高于 500 元的职工姓名、性别、职称、基本工资、奖金。

由于要查询的字段分别在两个表中，需要把这两个表连接起来，而连接的条件就是两个表的职工号对应相等，并且基本工资高于 500 元；然后再对连接的结果按照所需要的属性进行投影。

（4）等值连接和自然连接。

等值连接是指在连接运算中，按照字段值相等为条件进行的连接操作。

自然连接是指去掉重复属性的等值连接。自然连接是最常用的连接运算。

总之，在对关系数据库的查询中，利用关系的投影、选择和连接运算可以方便地分解或构造新的关系。

1.3.4 关系完整性

关系完整性规则是对关系的某种约束条件，用于保证数据的正确性、有效性和相容性。关系模型中有三种完整性约束：实体完整性、域完整性和参照完整性。

1. 实体完整性

实体完整性是指关系中的某个主关键字值不能为空，也不能具有相同值。如果主关键字值为空，则意味着存在不可识别的实体；如果主关键字的值不唯一，则失去了唯一标识记录的作用。

例如，在“学生档案”表中，“学号”字段值必须是唯一且非空的，它是区别不同学生的唯一标识，而且每个学生必须有自己的学号。

2. 域完整性

域完整性是对数据表中字段属性的约束，它包括对字段的值域、字段的类型及字段的有效性规则等的约束，它是由确定关系结构时所定义的字段属性决定的。

例如，学生成绩应大于或等于零，职工的工龄应小于年龄等。

3. 参照完整性

参照完整性是指对外部关键字的参照引用，具体说就是指关系中外部关键字必须是另一个关系的主关键字的有效值或空值。

例如，学生数据库中包含“学生档案”表和“学生成绩表”，如果“学生成绩表”中某个学生的学号在“学生档案”表中并不存在，这两个表就不满足参照完整性规则。

习题 1

一、单项选择题

1．在关系运算中，查找满足一定条件的元组，相关的运算称为（　　）。

A）选择　　B）投影　　C）连接　　D）扫描

2．Visual FoxPro 是关系数据库管理系统，所谓关系是指（　　）。

A）二维表中各记录的数据彼此有一定的关系

B）二维表中各字段彼此有一定的关系

C）一个表与另一个表之间有一定的关系

D）数据模型符合并满足一定条件的二维表格

3．数据库系统的核心是（　　）。

A）数据库　　B）DBMS

C）操作系统　　D）文件

4．DBMS 是（　　）。

A）操作系统的一部分　　B）操作系统支持下的系统软件

C）一种编译程序　　D）一种操作系统

5．在 Visual FoxPro 中建立数据库表时，将年龄字段限制在 12～30 岁之间的操作属于（　　）。

A）实体完整性约束　　B）域完整性约束

C）参照完整性约束　　D）视图完整性约束

6．关系数据库管理系统所管理的关系是（　　）。

A）一个.dbf 文件　　B）若干个二维表

C）一个.dbc 文件　　D）若干个.dbc 文件

7．数据库 DB、数据库系统 DBS 和数据库管理系统 DBMS 三者之间的关系是（　　）。

A）DBS 包括 DB 和 DBMS　　B）DBMS 包括 DB 和 DBS

C）DB 包括 DBS 和 DBMS　　D）三者没有关系

8．关系数据库的任何检索操作都是由三种基本运算组合而成的，这三种基本运算不包括（　　）。

A）连接　　B）比较　　C）选择　　D）投影

9．为合理组织数据，设计数据库应遵守的原则是（　　）。

A）“一事一地”的原则，即一个表描述一个实体或实体间的一种联系

B）表中的字段必须是原始数据和基本的数据元素，避免在表之间出现重复字段

C）用外部关键字保证有关联的表之间的联系

D）以上各条原则都包括

10．（　　）是长期存储在计算机内有组织的、可共享的数据集合。

A）DATA　　B）DBS　　C）DB　　D）INFORMATION

11．下列叙述中正确的是（　　）。

A）数据库系统是一个独立的系统，不需要操作系统的支持

B）数据库技术的根本目标是要解决数据的共享问题

C）数据库管理系统就是数据库系统

D）以上说法都不对

12．下列叙述中正确的是（　　）。

A）为了建立一个关系，首先要构造数据的逻辑关系

B）表示关系的二维表中各元组的每一个分量还可以分成若干数据项

C）一个关系的属性名表称为关系模式

D）一个关系可以包括多个二维表

二、填空题

1．在关系数据模型中，二维表的列称为属性，行称为________。

2．数据模型不仅表示反映事物本身的数据，而且表示________。

3．在关系数据库中，表间关联关系的类型有________、________和________。

4．自然连接是指________。

5．Visual FoxPro 不允许在主关键字字段中有重复值或________。

6．设有学生和班级两个实体，每个学生只能属于一个班级，一个班级可以有多名学生，则学生和班级实体之间的联系类型是________。

7．在数据库技术中，实体集之间的联系可以是一对一、一对多或多对多的，那么“学生”和“可选课程”的联系为________。

8．人员基本信息一般包括身份证号、姓名、性别、年龄等。其中可以作为主关键字的是________。

9．在关系数据库中，用来表示实体之间联系的是________。

10．在数据库管理系统提供的数据定义语言、数据操纵语言和数据控制语言中，________负责数据的模式定义与数据的物理存取构建。

三、简答题

1．数据与信息有何区别和联系？数据处理经历了哪几个阶段？

2．数据表之间的关联关系有几种？试举例说明。

3．数据库、数据库管理系统和数据库系统之间是什么关系？

4．关系完整性包括哪几个方面？

2 Visual FoxPro 6.0 概述

Visual FoxPro 6.0 是 Microsoft 公司推出的数据库管理系统，它继承了以往所有版本数据库管理系统的功能，并且扩展了对应用程序的管理和在 Internet 上发布用户数据的功能，使得用户开发数据库的工具更加完善与快捷，是最受欢迎的中小型数据库应用系统软件的面向对象开发工具。

2.1 Fox 系列数据库的发展

Fox 系列数据库的前身是 dBASE 微机系列数据库。1981 年 Ashton-Tate 公司推出了 dBASEⅡ微机数据库，运行于 CMP 微机上。1982 年该公司又推出了 dBASEⅡ的升级版本 dBASEⅡ2.41，该版本在原来的基础上有了一系列的改进和提高。由于该产品操作方便、性能优越，特别适用于 PC 机进行数据管理，因而得到了广大用户的普遍接受，占据了 PC 机数据库 70%以上的市场份额。1984 年 Ashton-Tate 公司又推出了 dBASE III，紧接着又对 dBASE III 进行了改进，推出了 dBASE III plus，在那个年代，dBASE 数据库获得了极大的成功。

同在 1984 年，美国的另一家关系数据库产品公司 Fox Software 公司推出了其第一个数据库产品 FoxBASE。

2.1.1 从 FoxBASE 到 FoxPro

FoxBASE 完全兼容 dBASE 产品，运行速度远远超过 dBASE II，并且引进了编译器。由于 FoxBASE 比 dBASE 优越，因此 Fox Software 公司逐步抢去了 Ashton-Tate 公司占领的市场份额。1986 年 Fox Software 公司推出了 FoxBASE 的升级版本 FoxBASE+，1987 又推出了 FoxBASE +2.0 和 FoxBASE 系列产品的最高版本 FoxBASE +2.1。1989 年推出了 FoxBASE 的升级换代产品 FoxPro 1.0。该产品极大地扩充了 xBASE 语言的命令，并且完全兼容 dBASE 和

FoxBASE。在该产品中引进了 DOS 操作系统下的彩色文本窗口界面，支持鼠标操作，给用户提供了一个非常友好的操作界面。

1991 年 Fox Software 公司又推出了 FoxPro 1.0 的升级版本 FoxPro 2.0。在该版本中引进了 Rushmore 查询优化技术、结构化查询语言 SQL、自动生成报表技术、自动生成程序代码技术等一系列非常先进的技术，使 FoxPro 的功能发生了质的飞跃，达到了前所未有的高度。

1992 年 Microsoft 公司兼并了 Fox Software 公司，从此在 FoxPro 的前面加上了 Microsoft 的字样，FoxPro 的命运被 Microsoft 公司牢牢控制。

1993 年 Microsoft 公司推出了 FoxPro 2.5，该产品是一个跨平台产品，能够运行在 DOS、Windows 等多种操作系统下。用该产品开发的应用程序具有很好的移植性。并且该版本比以前的版本具有更成熟的 Rushmore 技术、更快的运行速度、更友好的用户界面和更稳定的性能。

1994 年 Microsoft 公司又陆续推出了 FoxPro 2.5B 和 FoxPro 2.6 版本，但是改动很小。

2.1.2 Visual FoxPro 的推出

1995 年 Microsoft 公司推出了面向对象的关系数据库 Visual FoxPro 3.0，该产品是一个可以运行在 Windows 环境中的 32 位数据库开发系统。在该产品中引进了面向对象的编程技术和数据库设计技术，采用了可视化的概念，明确地提出了客户机/服务器体系结构。

1997 年 Microsoft 公司推出了 Visual FoxPro 5.0 中文版，该版本引进了 Internet 和 Intranet 的支持，首次在 FoxPro 中实现了 ActiveX 技术。1998 年 Microsoft 公司又推出了 FoxPro 的最新产品 Visual FoxPro 6.0 中文版，也称为 Visual FoxPro 98 中文版。该版本同 Microsoft 公司的其他产品一样，全面支持 Internet 和 Intranet，并且增强了同其他产品之间的协同工作能力。

2.1.3 Visual FoxPro 6.0 中文版的技术要点

Visual FoxPro 6.0 是一个完全的、面向对象程序设计技术与传统的过程化程序设计模式相结合的开发环境，它建立在事件驱动模型的基础之上，给程序的开发提供了极大的灵活性。Visual FoxPro 6.0 的技术要点主要表现在以下几个方面：

（1）完全的 32 位开发环境；

（2）可以更好地利用 ActiveX 控件，进一步加强了 OLE 和 ActiveX 的集成，充分体现了 ActiveX 无处不在的思想；

（3）对 SQL 的支持和完整的数据库前台开发能力，使得 Visual FoxPro 6.0 更适用于 Internet 和 Intranet，并为已有的应用向 Client/Server 过渡提供了很好的支持；

（4）真正的面向对象程序开发环境，同时支持标准的面向过程程序设计模式；

（5）完全的事件驱动模型；

（6）增加了很多新的语言元素，包括对象、对象属性、命令、函数和一些系统变量等；

（7）更优秀的调试工具，在 Visual FoxPro 6.0 中文版中，可以更容易地调试或监控应用程序构件；

（8）更轻松的表设计方式；

（9）查询和可视化设计功能更强大；

（10）提供更多的和功能更强大的向导。

Visual FoxPro 6.0 中文版同 Visual FoxPro 3.0、Visual FoxPro 5.0 等相比，是一个在技术上有更多创新的产品，它以更快的速度、更强的能力和更大的灵活性给开发者提供了一个面貌全新的全 32 位、真正面向对象的数据库开发环境。

2.2　Visual FoxPro 6.0 用户界面

启动 Visual FoxPro 6.0 后，屏幕显示如图 2-1 所示的系统主窗口，它主要由标题栏、主菜单栏、工具栏、命令窗口、工作区和状态栏组成。

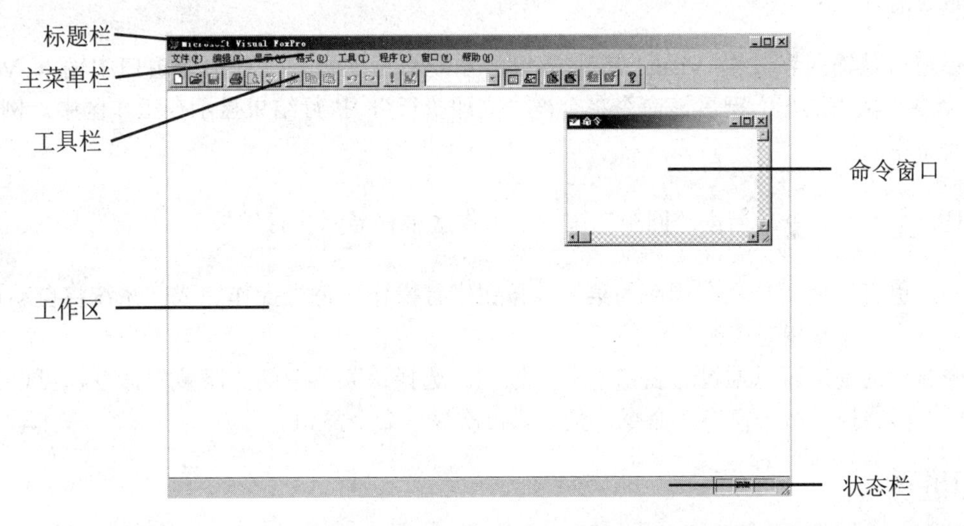

图 2-1　Visual FoxPro 6.0 用户界面

2.2.1　主菜单栏

主菜单包括了 Visual FoxPro 6.0 的绝大部分功能，使用菜单进行操作是 Visual FoxPro 6.0 的工作方式之一。菜单栏里的菜单选项不是一成不变的，在不同的使用环境中，菜单选项是不一样的，这种情况称为动态菜单。而且，在进行不同的操作时，菜单里面的选项也可能不一样，这种情况称为上下文敏感。例如，打开一个数据表时，系统就会在“显示”菜单中自动添加“浏览表”和“表设计器”选项，供用户对此数据表进行浏览和编辑等操作；打开一个报表时，主菜单上就会自动添加“报表”菜单，如图 2-2 所示，用户可以通过“报表”菜单对报表中的内容进行设计和修改等操作。

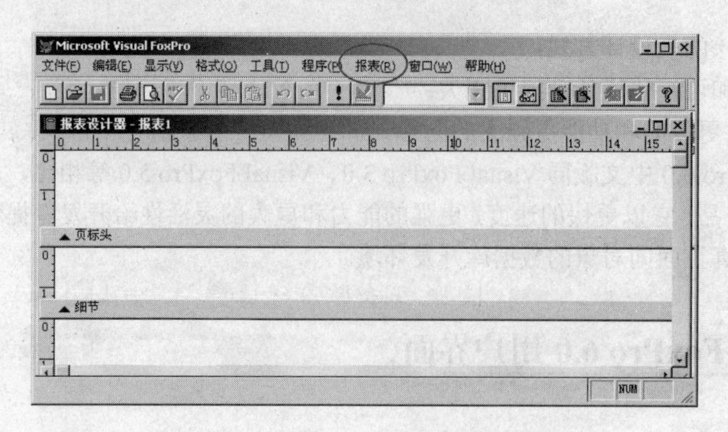

图 2-2 Visual FoxPro 6.0 的动态菜单示例

2.2.2 命令窗口

命令窗口是输入和编辑 Visual FoxPro 6.0 系统命令的窗口。在命令窗口中输入 Visual FoxPro 命令，按“回车”键后该命令将会被“立即执行”，执行结果显示在工作区中。例如，输入下面命令：

```
? "abc"↙
```

这是一个显示命令，当按“回车”键后，工作区中将显示执行结果：

```
abc
```

此外，也可以使用与命令相应的菜单或按钮进行操作，每当操作完成，系统将自动在命令窗口中显示与操作相对应的命令。

命令窗口的使用可以通过“窗口”菜单控制。选择该菜单中的“隐藏”命令，可以关闭命令窗口，再选择“命令窗口”命令，又可以再次显示命令窗口。

2.2.3 工作区

命令窗口中命令的执行结果就显示在工作区中，而且 Visual FoxPro 6.0 的各种工作窗口都是在这里打开的。

2.3 Visual FoxPro 6.0 系统环境设置

Visual FoxPro 6.0 被安装和启动之后，系统中所有的配置都采用默认配置，用户可以根据自己的需要，在安装完后，对这些系统的默认配置进行调整。

2.3.1 使用“选项”对话框

选择“工具”菜单中的“选项”命令，打开“选项”对话框，如图 2-3 所示，通过“选项”

对话框可以对系统的很多参数进行查看和设置。在更改了设置后，如果仅仅单击“确定”按钮关闭对话框，则改变的设置仅在本次系统运行期间有效，退出系统后，所做的修改将丢失。如果希望所做的更改在以后的系统运行时继续有效，需先单击“设置为默认值”按钮再“确定”按钮。

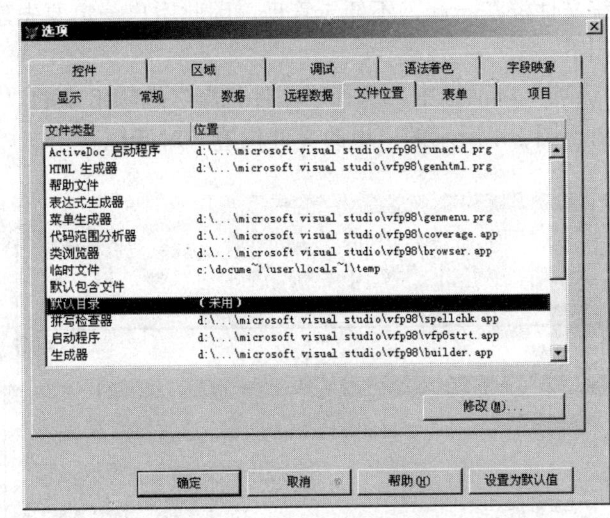

图 2-3　“选项”对话框

“选项”对话框中共有 12 个选项卡，现将各选项卡的功能和作用说明如下：

（1）显示：用户界面选项设置，例如是否在 Visual FoxPro 6.0 的主窗口中显示状态栏、时钟、命令结果和系统信息等内容。

（2）常规：数据输入与编程选项设置，如设置警告声音、是否记录编译错误、是否自动填充新记录、使用什么调色板以及改写文件之前是否警告等。

（3）数据：设置表选项，如是否使用 Rushmore 优化查询、内存块大小及搜索时的记录计数器间隔等。

（4）远程数据：远程数据访问选项，如连接时延、一次取出记录数及如何使用 SQL 更新等。

（5）文件位置：设置 Visual FoxPro 6.0 默认目录位置、帮助文件安装的位置以及各种辅助文件安装的位置等。

（6）表单：表单设计器选项，如确定网格面积、所用刻度单位、最大设计区域以及使用何种类型的模板等。

（7）项目：项目管理器选项，确定是否提示使用向导、双击时是否运行或修改文件以及源代码管理等。

（8）控件：设置在表单控件栏上有哪些可视类库和 ActiveX 控件有效。

（9）区域：确定日期、时间、货币及数字的格式。

（10）调试：定制调试器窗口的显示形式，包括字体、颜色、是否显示行号等。

（11）语法着色：编辑器选项，包括能否选择空白、注释字符串、字体选项等。

（12）字段映象：确定当从“数据环境设计器”、“数据库设计器”或者“项目管理器”中向表单拖动表或字段时，允许创建的控件类型等。

Visual FoxPro 6.0 安装后默认的工作目录为其安装目录，应用中产生的所有文件将存在此目录下。由于它与系统文件混在一起，不便于管理，因此用户一定要先建立自己的工作目录。工作目录的建立步骤如下：

（1）在打开的“选项”对话框中，选择“文件位置”选项卡中的“默认目录”选项，单击“修改”按钮，将出现图 2-4 所示的“更改文件位置”对话框。

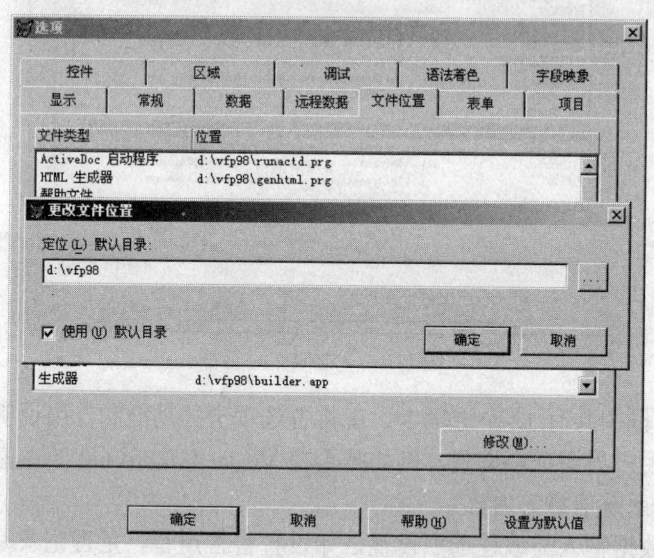

图 2-4　“更改文件位置”对话框

（2）选中“使用(U)默认目录”复选框，在“定位(L)默认目录”文本框中，通过旁边的 ... 按钮选取默认目录的位置（目录必须存在；否则需要先建目录，再选取），单击“确定”按钮回到图 2-3 所示的界面，单击“设置为默认值”按钮，就可把该目录设定为默认的工作目录。

2.3.2　使用 SET 命令配置 Visual FoxPro

大多数显示在“选项”对话框选项卡上的选项，都可以通过编程方式的 SET 命令或给系统内存变量指定值来进行修改。例如，在命令窗口输入如下命令：

```
SET DATE TO ansi
```

则将日期显示格式设为“年.月.日”。如果使用 SET 命令配置环境，设置仅在本次 Visual FoxPro 6.0 运行期间有效，当退出 Visual FoxPro 6.0 时将放弃这些设置。表 2-1 对常用的 SET 命令进行了介绍。

表 2-1　常用 SET 命令

命令	格式	功能
SET DATE	SET DATE TO american | ansi | british | long | MDY | DMY |YMD	设置当前日期的格式
SET CENTURY	SET CENTURY off | on	是否显示日期表达式中的世纪部分
SET MARK	SET MARK TO [日期分隔符]	用于指定日期的分隔符
SET HOURS	SET HOURS TO 12 | 24	把系统时钟设置成 12 小时制或者 24 小时制
SET SECONDS	SET SECONDS on | off	显示日期时间值时，是否显示秒
SET EXACT	SET EXACT off | on	设置字符串是否要求精确比较
SET COLLATE	SET COLLATE TO <排序方式>	指定字符型字段的排列顺序
SET DEVICE	SET DEVICE TO　screen | printer | file <文件名>	把@…SAY 的输出发送到屏幕、打印机或文件
SET DEFAULT	SET DEFAULT TO <盘符>	指定默认的驱动器和目录
SET TALK	SET TALK on | off	确定是否屏蔽系统的反馈信息
SET DECIMALS	SET DECIMALS TO <数值表达式>	指定数值型表达式中显示的十进制小数位数
SET SAFETY	SET SAFETY on | off	在改写文件时，是否显示对话框确认改写有效
SET DELETED	SET DELETED on | off	在使用某些命令时，指定是否对加了删除标记的记录进行操作

2.4　Visual FoxPro 6.0 向导、生成器和设计器

2.4.1　向导

向导（Wizard）是一种交互式的程序，能引导用户方便、快速地完成建立表、报表、查询等任务。使用向导的方法有两种：一是使用“工具”菜单中的“向导”命令，如图 2-5（a）所示；另一是使用“文件”菜单下的“新建”命令，如图 2-5（b）所示。

每个向导都由一系列的对话框组成，用户只要根据需要回答一连串的问题，向导就会帮助用户生成相应的文件或完成一项任务。如果向导所制作的结果不能完全满足要求，用户还可以在此基础上进行修改，使之更符合要求。Visual FoxPro 6.0 的向导主要有：表向导、查询向导、报表向导等。

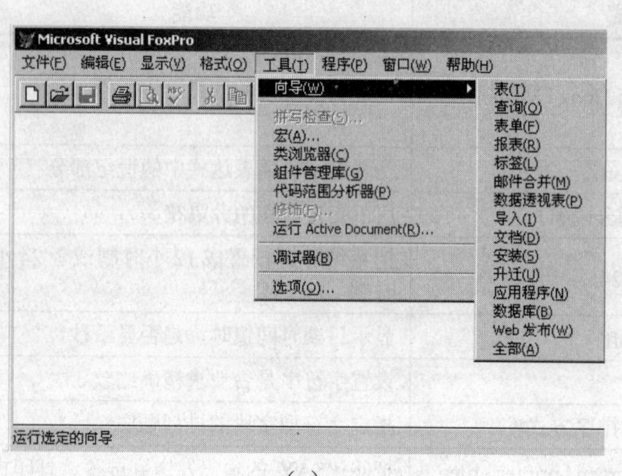

（a）

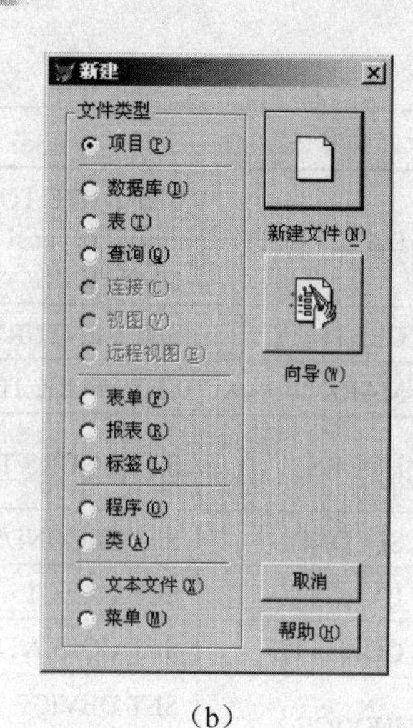

（b）

图 2-5 Visual FoxPro 6.0 向导

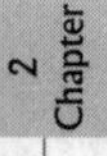

2.4.2 生成器

生成器（Builder）是带有若干选项卡的对话框，用于简化对表单、复杂控件和参照完整性代码的创建和修改过程。

每个生成器都显示一系列选项卡，用于设置选中对象的属性，它也是 Visual FoxPro 6.0 提供给用户的一种工具，它使用户能够很容易地设置对象属性，如命令组生成器、编辑框生成器、表达式生成器、组合框生成器等。

大多数生成器均被列在了“表单控件”工具栏上。当用户进行表单设计时，只需单击这些控件并将其放置在表单中，然后在其上右击打开快捷菜单，从中选择“生成器”选项即可。生成器由一系列选项卡组成，用户只需根据需要设置选项卡上的选项即可，系统将自动生成控件的属性设置。当然，用户也可利用属性对话框来完成这些工作。

2.4.3 设计器

设计器（Designer）是 Visual FoxPro 6.0 以图形界面提供给用户的设计工具，通过它可以创建数据表结构、数据库结构、表单、报表和应用程序组件等。设计器主要包括表设计器、数据库设计器、表单设计器、菜单设计器、查询设计器和视图设计器等。

例如，打开表单设计器的方法是：单击“文件”菜单中的“新建”命令，在弹出的“打开”对话框中选择“表单”选项，单击“新建文件”按钮，即可打开表单设计器。

习题 2

1. 简述 Visual FoxPro 6.0 的特点。
2. 命令窗口的作用是什么？
3. 为什么在使用 Visual FoxPro 6.0 之前要对其使用环境进行设置？
4. Visual FoxPro 6.0 系统提供了很多 SET 命令，请写出改变日期格式的 SET 命令。
5. Visual FoxPro 6.0 向导的作用是什么？请说出如何打开表向导。
6. Visual FoxPro 6.0 生成器和设计器的作用是什么？如何打开表单设计器？

3

Visual FoxPro 基本知识

本章主要学习 Visual FoxPro 的基础知识。尽管每一种计算机语言都不同，但构成这些语言的基本成分都是相同的，只是它们的表示方法有所不同。计算机语言的基本成分包括常量、变量、表达式、函数以及所使用的数据类型。要学习一门语言，首先要掌握其基本成分的表示方法。

3.1 Visual FoxPro 数据类型

与其他程序设计语言一样，Visual FoxPro 提供了丰富的数据类型支持，可以将数据存入各种类型的表字段、数组、变量或其他存储容器中。数据类型是简单数据的基本属性，是一个重要的概念。只有相同类型的数据之间才能直接运算，否则就会发生数据类型不匹配的错误。Visual FoxPro 总共提供了 13 种数据类型。

3.1.1 字符型（Character，类型代号 C）

字符型数据的定界符可以是双引号、单引号或方括号，用定界符括起来的任何字符都是字符型数据，其最大长度为 254 字节。

例如：

```
"工程师"
'李娟'
[123]
```

通常姓名、住址等不参加计算的数据可被设置为字符型数据，学号、电话、编号等由数字符号组成但不参加数学运算的数据也是字符型数据。

3.1.2 数值型（Numeric，类型代号 N）

任何由正负号、0～9 的数字和小数点组成的实数都是数值型数据，它的最大长度为 20 字节，其中包括正负号和小数点。数值型数据不仅可以用十进制表示，而且可以用十六进制表示，还可以用科学记数法表示。例如，整数 128 可以有以下三种表示法：

（1）十进制表示法：128；

（2）十六进制表示法：0x80；

（3）科学记数法：1.28E+2。

具有数值意义（也就是会被用来计算）的数字（如销售量、考试成绩、身高等）通常采用数值型数据。

以下数据类型也属于数值型的范围：

1. 整型（Integer，类型代号 I）

如果数值数据不带有小数，且在容许的数据范围内，则选用整型类型是最恰当的。整型数据以二进制形式存储，占用 4 个字节，因此所需的内存比其他的数值类型少。整型所表示的数的范围是-2147483647～+2147483647。

2. 浮点型（Float，类型代号 F）

该数据类型在功能上完全等价于数值型，只是在存储格式上采用浮点格式。Visual FoxPro 提供此数据类型是为了提供兼容性，它所表示的数的范围是：-0.999999999E+19～+0.9999999999E+20。

3. 双精度型（Double，类型代号 D）

如果所需要存储的数值很大，而且需要极高的精确度，则双精度类型将是极佳的选择。通常科学用途的数值如实验的数据等可被设置为双精度类型数据。双精度类型数据的长度固定为 8 字节，它所表示的数的范围是：+/-4.94065645841247E-324～+/-8.9884656743115E+307。

3.1.3 逻辑型（Logic，类型代号 L）

用来表示逻辑判断的结果。逻辑值只有两个："True"和"False"，分别用.T.（.t.）和.F.（.f.）或.Y.（.y.）和.N.（.n.）表示，长度固定为 1 字节。

3.1.4 日期型（Date，类型代号 D）

用于表示日期，以一对花括号（{}）作为定界符，它的长度固定为 8 字节。该数据类型能够表示从 0001 年 01 月 01 日到 9999 年 12 月 31 日的日期。如出生日期、报到日期、雇用日期等数据适合采用日期型数据。

1. 日期格式的分类

Visual FoxPro 的日期格式分为两类：通常日期格式和严格日期格式。

（1）通常日期格式。

表示方式为{mm/dd/yy}，其默认日期格式为美国日期格式，即月、日、年的顺序，其中月、日、年各 2 位。例如，要表示 2010 年 8 月 2 日，应写为{08/02/10}。

除了美国日期格式外，通常日期格式还有多种，例如英国日期格式{dd/mm/yy}。如果用英国日期格式表示以上日期，应写为{02/08/10}。

通常日期格式的缺点是对日期的表示方法不唯一，容易产生误解。例如，上例既可以理解为2010年8月2日，也可以理解为2010年2月8日。

（2）严格日期格式。

表示方法为{^yyyy/mm/dd}，即年、月、日的顺序，它的表示方法是唯一的。例如，要表示2010年8月2日，应写为{^2010/08/02}。

2. 与日期格式有关的命令

（1）SET　STRICTDATE　TO 命令。

格式：SET　STRICTDATE　TO　1 | 0

功能：实现严格日期格式与通常日期格式的转换。默认值为1，表示必须使用严格日期格式，0表示可以使用通常日期格式。

（2）SET　CENTURY 命令。

格式：SET　CENTURY　off | on

功能：设置年份用2位还是4位表示，默认值为off，表示2位；on表示4位。

例如：

```
a=DATE()          &&  DATE()函数的功能是返回系统当前日期
? a               &&  结果是：09/08/10
SET CENTURY ON
? a               &&  结果是：09/08/2010
```

本例中，“?”是一个输出命令。

（3）SET　DATE　TO 命令。

格式：SET　DATE　TO　american | ansi | british | long

功能：设置日期的显示格式。

其中：american 表示 mm/dd/yy 格式，此为默认值；
　　ansi 表示 yy.mm.dd 格式；
　　british 表示 dd/mm/yy 格式；
　　long 表示 yyyy 年 mm 月 dd 格式。

例如：

```
a=DATE()
SET CENTURY ON
SET DATE TO ansi
? a               &&  结果是：2010.09.08
SET DATE TO long
? a               &&  结果是：2010年9月8日
```

3.1.5 日期时间型（Date Time，类型代号 T）

如果要存储的数据包含日期和时间或仅包含时间，则要采用日期时间类型，如员工上下

班的打卡时间，就适合采用日期时间型数据。日期时间型数据的长度固定为 8 字节，默认的日期时间型数据的表示格式为{^yyyy/ mm/dd hh:mm:ss am | pm}。

时间有两种表示方法：12 小时制和 24 小时制，默认为 12 小时制，用下面的设置命令可以在两者间切换：

SET HOURS TO 12 | 24

例如：{^2001/05/02 08:30:50 pm}为 12 小时制时间表示法；

{^2001/05/02 20:30:50}为 24 小时制时间表示法。

3.1.6 货币型（Currency，类型代号 Y）

货币型是数值型的一种变型，用来表示货币值，长度固定为 8 字节。在使用货币型数据时，要在数字前面加上一个货币符号“$”。货币型数据最多只能保留到小数点后 4 位，超过 4 位时会四舍五入，少于 4 位时系统自动在后面补 0。

例如：$123.45

3.1.7 备注型（Memo，类型代号 M）

用于存储指向一个数据块的指针，长度固定为 4 字节。

备注型只能用于字段变量，它用于存放超过字符型字段 254 个字符长度限制的文本，备注型字段能接受一切字符型数据，而且比字符型字段更灵活。一般来说，像“简历”、“备注”这样需要保存大段文字的变量可将其定义为备注型字段，每个人的“简历”数据保存在与数据表文件同名的扩展名为.fpt 的文件的一个数据区域，在这个区域中可以保存大量的字符数据，保存数据量的大小仅受内存空间的限制。“简历”字段 4 字节长度保存的指针就指向.fpt 文件中相应的区域。如果表中没有备注型字段，则.fpt 文件不存在。

3.1.8 通用型（General，类型代号 G）

用于存储指向一个 OLE 对象的指针，长度固定为 4 字节。它可用来存放图形、图像、电子表格、声音等多媒体数据。通用型数据也存储于扩展名为.fpt 的文件中，存储量仅受内存空间限制。

所谓的 OLE 就是“对象链接与嵌入”（Object Linking and Embedding），它是 Windows 中一种数据交换方式。利用 OLE 的“复制”与“粘贴”方式，或是“插入对象”的功能，可直接将各种 OLE 对象存入表中。

另外 Visual FoxPro 数据类型还有二进制字符型和备注二进制型，其存储功能分别与对应的字符型和备注型相同，只是其数据不会随代码页的改变而改变。

3.2 常量和变量

在 Visual FoxPro 程序中，数据是以常量或变量的形式存在的，可以根据程序的需要将数据表示为常量或赋值给变量。

3.2.1 常量

常量用于表示固定不变的数据，在 Visual FoxPro 中可以定义字符型、数值型、逻辑型、货币型、日期型、日期时间型 6 种类型的常量。

常量分为一般常量和符号常量。

1. 一般常量

一般常量是指直接使用的常量。例如：

字符型常量是用定界符括起来的，由字符、空格和数字所组成的字符串。定界符可以是单引号或双引号。当某一种定界符本身是字符型常量的组成部分时，就应选用另一种定界符。如"工程师"、"2000"；

数值型常量是由 0～9 的数字、小数点和正负号组成，如 128、10.5；

逻辑型常量是由表示逻辑判断结果的“.T.”或“.F.”符号组成，如.T.、.F.、.f.、.t.；

货币型是由货币符号$和一个数值型数据组成，如$12.5；

日期型常量是由按照其严格输入格式{^yyyy/mm/dd}表示的符号组成，如{^2010/09/10}；

日期时间型常量是由按照其严格输入格式{^yyyy/mm/dd hh:mm:ss}表示的符号组成，如{^2010/09/10 11:50:00}。

2. 符号常量

符号常量是将一般常量定义为一个符号。符号常量的定义方法是：

#DEFINE　<符号常量名>　<值>

例如：

```
#DEFINE  pi  3.14
```

使用符号常量的好处是，当常量值需要改变时，只需改变符号常量定义的值即可，否则将必须修改程序中所有用到该常量的地方。

3.2.2 变量

变量是程序运行中可以变化的量，变量分为字段变量和内存变量。

1. 字段变量

字段变量是存储在数据表中的用于表示表中数据的变量。它随表的存在而存在，随表的消失而消失。

（1）变量的命名规则。

字段变量名由字母、数字、汉字和下划线构成，第一个字符必须是字母或汉字，最多不超过 10 个字符。

变量的命名只要符合上述要求就是正确的变量名，但变量名的命名要尽量做到有意义而又简短，这样既直观、易于理解，而又使用方便。

以下都是正确的 Visual FoxPro 变量名：

姓名、职称、name、a、a1、a_1

变量名不能使用 Visual FoxPro 的保留字。以下是错误的 Visual FoxPro 变量名：

sin、a-1、123、1a

（2）变量的类型。

字段变量的类型有字符型、数值型、浮点型、双精度型、整型、逻辑型、日期型、日期时间型、备注型、通用型等，即包括所有的数据类型。

使用字段变量首先要建立数据表，建立数据表时首先定义的就是字段变量属性（字段名、类型和宽度）。字段变量的定义及字段变量数据的输入、输出，需要在表设计器和表浏览、编辑窗口中进行。有关这方面的内容将在第 4 章做详细的介绍。

2. 内存变量

内存变量存储在内存的存储单元中，是用来保存程序运行的中间结果的临时工作单元。它可以随时定义，随时释放。

（1）变量的命名规则。

由字母、汉字、数字和下划线组成，以字母、汉字或下划线开头，最多不超过 128 个字符，其中一个汉字占两个字节。

（2）变量的类型。

内存变量的类型由它所存放的数据类型决定。当内存中存放的数据类型改变时，内存变量的类型也随之改变。内存变量仅能拥有部分类型的数据，它们是：字符型、数值型、货币型、日期型、日期时间型、逻辑型。

（3）变量的作用域。

内存变量根据它所定义的方式不同，其作用范围也不同。

用 PUBLIC 语句定义的内存变量称为全局变量，在本次 Visual FoxPro 运行期间，全局变量在所有过程中均有效。

程序中没有用 PUBLIC 语句定义的内存变量均为局部变量，局部变量只在定义它的过程中和该过程所调用的过程中有效。

用 LOCAL 语句定义的内存变量只能在定义它的过程中使用，不能被更高层或更低层的过程访问。

PRIVATE 语句用于定义局部变量，它并不产生新的内存变量，只是将主程序中与此同名的内存变量隐藏起来，使得在当前过程中使用这些内存变量而不影响主程序中与此同名的内存变量的值。

（4）内存变量的赋值。

内存变量必须先定义后使用，给内存变量赋值的同时也就定义了它。在 Visual FoxPro 中，有两个命令用于给内存变量赋值。

格式 1：<内存变量>=<表达式>

格式 2：STORE <表达式> TO <内存变量表>

说明：

1）内存变量的类型由所赋值的类型决定；

2）<内存变量表>可包含一个或多个内存变量，若有多个内存变量，变量间以逗号间隔。

【例 3-1】试说明执行了以下赋值操作后，各内存变量的值及类型。

```
a=5
b=6
c=2*a+b
d=a
b=b+1
```

执行后，各变量的值及类型如下：

变量名	类型	值
a	数值型	5
b	数值型	7
c	数值型	16
d	数值型	5

【例 3-2】试说明执行了以下赋值操作后，各内存变量的值及类型。

```
a="数据库"
STORE  "6"  TO  b
c="08/10/2010"
d={^2010/08/10}
e=$256.37258
f=.t.
STORE  0  TO  a, g
```

执行后，各变量的值及类型如下：

变量名	类型	值
a	数值型	0
b	字符型	6
c	字符型	08/10/2010
d	日期型	08/10/10
e	货币型	256.3726
f	逻辑型	.t.
g	数值型	0

（5）内存变量值的输出。

使用“?”或“??”命令可以在屏幕上显示内存变量的值。

格式 1：? [<表达式表>]

格式 2：?? [<表达式表>]

功能：在屏幕上显示表达式的值。

说明：

1）输出项可以是一个或多个表达式，若有多个表达式，表达式间以逗号间隔；

2）“?”与“??”的区别是：“?”命令在输出表达式值之前先执行一次回车换行；而“??”命令则是在当前光标处输出；

3）若省略<表达式表>，则“?”命令表示换行。

【例 3-3】写出下列程序的运行结果。

```
a=5
b=6
?  a
?  b
?  "a+b=",a+b
?
?  "a+b="
??  a+b
```

程序的运行结果是：

```
         5
         6
a+b=   11

a+b= 11
```

（6）内存变量的清除。

在系统程序开始运行时或程序运行过程中，经常对内存变量进行清理会提高程序的运行速度和质量。

使用 RELEASE 命令可以清除不再使用的内存变量或所有的内存变量。

命令格式：RELEASE <内存变量表>|ALL

功能：从内存中清除指定的内存变量。

例如，清除 A1 和 A2 两个内存变量的命令是：RELEASE A1,A2

3. 数组

（1）数组的概念。

数组是按一定顺序排列的一组内存变量，数组中的各变量称为数组元素，每个数组元素具有相同的变量名，但带有不同的下标。带有一个下标的数组称为一维数组，带有两个下标的数组称为二维数组。使用数组的优点是方便编程，可以提高效率。

例如：a(1)、a(2)、a(3) 称为一维 a 数组。

b(1,1)、b(1,2)、b(2,1)、b(2,2) 称为二维 b 数组。

（2）数组的定义。

数组在使用之前，必须定义它。

命令格式：

DIMENSION <数组名 1>(<下标 1>[,<下标 2>])[,<数组名 2>(<下标 1>[,<下标 2>])……]

DECLARE <数组名 1>(<下标 1>[,<下标 2>])[,<数组名 2>(<下标 1>[,<下标 2>])……]

例如：DIMENSION A(1),B(1,1)

建立数组后，系统自动为每个数组元素赋逻辑假（.F.）值，以后可以用其他赋值命令改变数组元素的值和类型，每个数组元素可保存不同类型的数据。两条命令的格式、功能完全相同。

（3）数组赋值。

给数组赋值，就是分别给每个数组元素赋值，与给内存变量赋值操作完全相同。

【例 3-4】定义一个一维数组 X，给所有数组元素赋值并输出其值。

```
DIMENSION X(4)
X(4)= "12345"
STORE 0 TO X(1),X(2),X(3)
? X(1),X(2),X(3),X(4)                    &&结果是：0   0   0   12345
```

（4）数组特性。

在 Visual FoxPro 数据库管理系统环境下，对数据库进行操作时，引用数组会使数据操作更方便。

数组和数据表相比，有如下优点：

1）数组可以不像数据表一样有一个固定的结构。

2）因为数组中的数据存放在内存中，数据表中的数据存放在磁盘上，所以对数组中数据的访问比对数据表中的数据访问速度要快。

3）数据可以在原有的内存空间进行数据排序，不需要额外的内存和磁盘空间。

3.3 运算符和表达式

表达式是用运算符将常量、变量、函数组合而成的有意义的式子。常量、变量、函数本身就是最简单的没有运算符的表达式。

Visual FoxPro 提供了 5 类运算符和表达式：

（1）算术运算符和算术表达式；

（2）字符串运算符和字符串表达式；

（3）日期运算符和日期表达式；

（4）关系运算符和关系表达式；

（5）逻辑运算符和逻辑表达式。

下面逐一对其进行介绍。

3.3.1 算术运算符与算术表达式

1. 算术运算符

Visual FoxPro 的算术运算符和算术表达式如表 3-1 所示。

表 3-1 算术运算符

运算符	名称	表达式	表达式值
^，**	乘幂	7^2，2**3	49，8
*，/	乘，除	8/2*3	12
+，–	加，减	12–5+9	16
%	模（求余）	48%6	0
()	括号	3**(22%5)	9

其中，模运算%的运算规则是：

（1）如果被除数和除数同号，则求余就是两数相除的余数。

（2）如果被除数和除数异号，则运算结果是两数相除的余数再加上除数的值。余数的符号和除数相同。

例如：？10%3　10%-3　-10%3　-10%-3

结果是：1　-2　2　-1

算术运算符的优先级由高到低依次为：

() → ^，** → *，/，% → +，–

2. 表达式的书写规则

计算机中的算术表达式与数学中运算式的书写要求有所不同：

（1）每个符号占 1 格，所有符号都必须并排写在一行上，不能在右上角或右下角写方次或下标。

例如：x^2 应写为 x^2。

x_2 应写为 x2。

（2）乘号不能省略，也不能用“·”代替。

例如：x·y 应写为 x*y。

（3）括号不论有多少级一律使用小括号（），不准使用方括号[ ]和大括号{ }，并且左括号的总数应与右括号的总数相等。

例如：{[(a+b)c+d]e+f}g 应写为(((a+b)*c+d)*e+f)*g

3.3.2 关系运算符与关系表达式

Visual FoxPro 的关系运算符和关系表达式如表 3-2 所示。

表 3-2　关系运算符

运算符	名 称	表达式	表达式值
>	大于	33>25	.T.
<	小于	(7+8)*4<60	.F.
=	等于	48+26=80	.F.
>=	大于等于	16-8>=5	.T.
<=	小于等于	3*12<=36	.T.
<>，!=，#	不等于	5<>-5	.T.
$	包含于	"CD"$"ABCD"	.T.
==	精确比较	"name"=="name"	.T.

说明：

（1）"$"（包含于）：如果 a 和 b 都是字符串，而且 a 与 b 相同或 a 是 b 的子串，则 a$b 结果为真。

例如：

```
?  "bc"$"abcd"          && 真
?  "abcd"$"bc"          && 假
?  "bc"$"ABCD"          && 假，区分大小写
```

（2）"= ="（精确比较）：只有当比较符两边的字符串完全相等时，返回的结果才为真值。

例如：

```
?  "abcd"= ="ab"        && 假
?  "abcd   "= ="abcd"   && 假
?  "abcd"= ="abcd"      && 真
```

（3）"="：运算符两边的字符串均以左边第一个位置为起点，逐个字符向右比较，运算符右边字符串只要与左边字符串的前部相同，则认为两个字符串相等。

例如：

```
?  "ab"="abcd"          && 假
?  "abcd"="ab"          && 真
?  "abcd"="bc"          && 假
```

"="运算的结果与以下设置有关：

```
SET   EXACT   off|on
```

默认值为 off，当设为 on 时，则：

```
?  "abcd"="ab"          && 假
?  "abcd"="abcd"        && 真
```

如果字符串是汉字，系统默认按汉字的拼音排列顺序，实际上也是以字母顺序比较大小。但是，Visual FoxPro 可以设置按汉字按笔划排列顺序。

用菜单设置汉字排序方式的操作步骤是：单击"工具"菜单中的"选项"命令，打开"选

项”对话框，在数据选项卡的“排序序列”下拉列表框中选择 Stroke 选项并单击“确定”按钮，系统将按汉字的笔划数进行汉字的排序和比较运算。

用命令方式设置汉字的排序方式，其命令格式为：

SET COLLATE TO Machine | PinYin | Stroke

3.3.3 逻辑运算符与逻辑表达式

Visual FoxPro 的逻辑运算符和逻辑表达式如表 3-3 所示。

表 3-3 逻辑运算符

运算符	名称	逻辑表达式	表达式值
.AND.	逻辑与	13-6>6 .AND. 10*2=20	.T.
.OR.	逻辑或	25*2<=45 .OR. 12<18	.T.
.NOT.	逻辑非	.NOT. 8+3>10	.F.

说明：

（1）逻辑“与”的意思是：如果有逻辑表达式 a.AND.b，只有当 a 和 b 的值均为.T.时，表达式的值才为.T.，否则为.F.。

例如：若 a=1，b=2，c=3，则：

a>b.AND.c>b 结果为.F.

b>a.AND.c>b 结果为.T.

（2）逻辑“或”的意思是：如果有逻辑表达式 a.OR.b，只要 a 和 b 中有一个为.T.，表达式的值就为.T.。

例如：若 a=1，b=2，c=3，则：

a>b.OR.c>b 结果为.T.

a>b.OR.b>c 结果为.F.

（3）逻辑“非”是原逻辑的否定。

例如：若 a=.T.，则.NOT.a 的值为.F.。

若 a=.F.，则.NOT.a 的值为.T.。

（4）逻辑运算符优先级由高到低依次为：

NOT → AND → OR

3.3.4 字符串运算符与字符串表达式

字符串表达式是由字符串运算符将字符串常量、字符串变量和字符串函数连接起来的有意义的式子。Visual FoxPro 的字符串运算符和字符串表达式如表 3-4 所示。

表 3-4　字符串运算符

运算符	名称	字符串表达式	表达式值
+	字符串连接	"第二"+"季度"	"第二季度"
-	空格移位连接	"第二　"-"季度"	"第二季度　"

说明：

（1）“+”运算：两个字符串连接。

（2）“–”运算：两个字符串连接时，前一字符串的尾部空格将移到连接后的字符串的后面。

例如：

```
?  "A"+"B"        && 结果是：AB
?  "A   "+"B"     && 结果是：A   B
?  "A"-"B"        && 结果是：AB
?  "A   "-"B"     && 结果是：AB
```

3.3.5　日期运算符与日期表达式

日期型数据与日期时间型数据有“+”、“–”两种运算符，有以下三种运算：

（1）两个日期型数据相减，结果是一个数值型数据，它的值为两个日期相差的天数。

即：{^2010/08/20}-{^2010/08/10}=10

（2）一个日期型数据加上一个数值型数据 n，结果是一个日期型数据，它的日期值是在原日期的基础上增加了 n 天。

即：{^2010/08/20}+5={^2010/08/25}

一个日期时间型数据加一个数值型数据 n，结果是一个日期时间型数据，它的时间值是在原时间的基础上增加了 n 秒。

即：{^2010/08/20 10:20:00}+100={^2010/08/20 10:21:40}

（3）一个日期型数据减去一个数值型数据 n，结果是一个日期型数据，它的日期值是在原日期的基础上减少了 n 天。

即：{^2010/08/20}-5={^2010/08/15}

一个日期时间型数据减去一个数值型数据 n，结果是一个日期时间型数据，它的时间值是在原时间的基础上减少了 n 秒。

即：{^2010/08/20 10:20:00}-100={^2010/08/20 10:18:20}

3.4　函数

Visual FoxPro 提供的函数分为两种：系统函数和自定义函数。系统函数由 Visual FoxPro 提供，也被称为标准函数，用户可以直接调用。若系统提供的函数不能满足用户的要求，用户可以自行编写函数，这样的函数称为自定义函数。

Visual FoxPro 提供了大约 380 多个系统函数，在此只介绍其中最常用的一些基本函数，其他函数将在以后的相关章节中介绍，如果需要，用户可以通过查阅系统菜单中的“帮助/语言参考”来得到有关函数的信息。

3.4.1 算术运算函数

1. 绝对值函数

格式：ABS(<数字表达式>)

功能：求<数字表达式>的绝对值。

例如：

```
? ABS(-5)                    && 得 5
```

2. 取整函数

格式：INT(<数字表达式>)

功能：取<数字表达式>的整数部分。

例如：

```
? INT(-10.6),INT(12.8)       && 得 -10       12
```

3. 四舍五入函数

格式：ROUND(<数字表达式 1>,<数字表达式 2>)

功能：对<数字表达式 1>进行四舍五入，<数字表达式 2>决定四舍五入的位数。当<数字表达式 2>的值为正数时，其值是小数部分保留的位数，并进行四舍五入；当<数字表达式 2>的值为负数时，其值是整数部分四舍五入的位数。

例如：

```
? ROUND(123.567,2)           && 得 123.57
? ROUND(123.567,0)           && 得 124
? ROUND(123.567,-1)          && 得 120
? ROUND(123.567,-2)          && 得 100
```

4. 求最大值函数

格式：MAX (<表达式表>)

功能：返回<表达式表>中的最大值。<表达式表>可以是相同类型的数字型表达式、字符型表达式或日期型表达式。

例如：

```
? MAX(10,20,15)                              && 得 20
? MAX({01/01/95},{01/01/98},{02/01/95})      && 得 01/01/98
? MAX("a","b","c")                           && 得 c
```

5. 求最小值函数

格式：MIN (<表达式表>)

功能：返回<表达式表>中的最小值。<表达式表>可以是相同类型的数字型表达式、字符型表达式或日期型表达式。

例如：

```
? MIN(10,20,15)                                  && 得 10
? MIN({01/01/95},{01/01/98},{02/01/95})          && 得 01/01/95
? MIN("a","b","c")                               && 得 a
```

6. 求余函数

格式：MOD (<数字表达式 1>,<数字表达式 2>)

功能：求<数字表达式 1>除以<数字表达式 2>所得到的余数。

例如：

```
? MOD(15,4)                  && 得 3
```

7. 平方根函数

格式：SQRT (<数字表达式>)

功能：求<数字表达式>的平方根，要求<数字表达式>大于或等于 0。

例如：

```
? SQRT(4)                    && 得 2
```

8. 指数函数

格式：EXP (<数字表达式>)

功能：求以 e=2.718…为底的指数函数值，即 e^x。

例如：

```
? EXP(2)                     && 得 7.39
```

9. 自然对数函数

格式：LOG (<数字表达式>)

功能：求以 e=2.718…为底的对数函数值，即 ln(x)。

例如：

```
? LOG(10)                    && 得 2.30
```

10. 常用对数函数

格式：LOG10 (<数字表达式>)

功能：求以 10 为底的对数函数值，即 lg(x)。

例如：

```
? LOG10(10)                  && 得 1.00
```

11. 正弦函数

格式：SIN (<数字表达式>)

功能：求 sin(x)的值，<数字表达式>的单位为弧度。1 角度=π/180 弧度。

例如：

```
? SIN(30*3.14/180)           && 得 0.50
```

12. 余弦函数

格式：COS (<数字表达式>)

功能：求 cos(x)的值，<数字表达式>的单位为弧度。

例如：

```
? COS(30*3.14/180)                    && 得 0.87
```

13. 随机函数

格式：RAND(<数字表达式>)

功能：产生一个在（0,1）范围内取值的随机数。参数为指定的种子数，它指定 RAND()函数返回的数值序列。

例如：

```
? RAND(2)                             && 得一个随机数，如 0.05
```

3.4.2 日期和时间函数

1. 日期函数

格式：DATE()

功能：返回系统当前日期。

例如：

```
? DATE()                              && 得 09/08/10
```

2. 时间函数

格式：TIME()

功能：返回系统当前时间，其返回值的数据类型为字符型。

例如：

```
? TIME()                              && 得 17:54:03
```

3. 年函数

格式：YEAR(<日期表达式>)

功能：以一个 4 位数给出<日期表达式>的年份。

例如：

```
? DATE()                              && 得 09/08/10
? YEAR(DATE())                        && 得 2010
```

4. 月函数

格式：MONTH(<日期表达式>)

功能：返回<日期表达式>的月份。

例如：

```
? DATE()                              && 得 09/08/10
? MONTH(DATE())                       && 得 9
```

5. 英文月份函数

格式：CMONTH(<日期表达式>)

功能：以英文的形式给出<日期表达式>的月份。

例如：

```
? DATE()                                && 得 09/08/10
? CMONTH(DATE())                        && 得 September
```

6. 日函数

格式：DAY(<日期表达式>)

功能：返回<日期表达式>的日期号。

例如：

```
? DATE()                                && 得 09/08/10
? DAY(DATE())                           && 得 8
```

3.4.3 字符串函数

1. 左子串函数

格式：LEFT(<字符表达式>,<n>)

功能：从<字符表达式>的左边开始取 n 个字符。

例如：

```
? LEFT("abcd",2)                        && 得 ab
```

2. 右子串函数

格式：RIGHT(<字符表达式>,<n>)

功能：从<字符表达式>的右边开始取 n 个字符。

例如：

```
? RIGHT("abcd",2)                       && 得 cd
```

3. 取子串函数

格式：SUBSTR(<字符表达式>,<m>[,<n>])

功能：对<字符表达式>从第 m 个字符开始取 n 个字符。

例如：

```
a="She is a teacher"
? SUBSTR(a,10,7)                        && 得 teacher
```

4. 去首部空格函数

格式：LTRIM(<字符表达式>)

功能：去掉<字符表达式>的首部空格。

例如：

```
? LTRIM("   abcd")                      && 得 abcd
```

5. 去尾部空格函数

格式：RTRIM(<字符表达式>)

功能：去掉<字符表达式>的尾部空格。RTRIM 与 TRIM 等价。

例如：

```
? RTRIM("abcd   ")                      && 得 abcd
```

6. 去首尾空格函数

格式：ALLTRIM(<字符表达式>)

功能：同时去掉<字符表达式>的首尾空格。

7. 求字符串长度函数

格式：LEN(<字符表达式>)

功能：返回<字符表达式>的长度。

例如：

```
a="This is a book"
? LEN(a)                                  && 得 14
```

8. 宏代换函数

格式：& <字符型内存变量> [.<字符表达式>]

功能：代换出内存变量所表示的值。“.”是内存变量结束符。

例如：

```
a=5
b="a"
?  &b                                     && 得 5
c="&b.a"
? c                                       && 得 aa
```

9. 空格生成函数

格式：SPACE(数字表达式)

功能：生成指定数目空格的字符串，其空格个数由数字表达式的值确定。

例如：

```
? SPACE(5)                                && 生成 5 个空格的字符串
```

10. 子字符串检索函数

格式 1：AT(<字符串表达式 1>,<字符串表达式 2>[,<数字表达式>])

功能：返回第一个字符串表达式在第二个字符串表达式中第 n 次出现的位置，从最左边开始计数。其中 n 由命令中的<数字表达式>确定。若不指明 n，则返回第一次出现的起始位置。若第二个字符串表达式中不包含第一个字符串表达式，或出现的次数少于 n，则函数返回值为 0。该函数区分搜索字符的大小写。

格式 2：ATC(<字符串表达式 1>,<字符串表达式 2>[,<数字表达式>])

功能：除了不区分字符大小写外，其他功能同格式 1。

例如：

```
? AT("AB","ABCDEFABCAB",3)                && 得 10
? AT("Ab","ABCDEFABCAB",3)                && 得 0
? ATC("Ab","ABCDEFABCAB",2)               && 得 7
```

11. 反向字符串检索函数

格式 1：RAT(<字符串表达式 1>,<字符串表达式 2>[,<数字表达式>])

功能：与 AT()函数功能类似，它是从字符串最右边开始检索字符串表达式 1 在字符串表达式 2 中出现的位置。检索字符区分大小写。

格式 2：RATC(<字符串表达式 1>,<字符串表达式 2>[,<数字表达式>])

功能：除了不区分字符大小写外，其他功能同格式 1。

例如：

```
? RAT("AB","ABCDEFABCAB",2)          && 得 7
? RATC("Ab","ABCDEFABCAB",3)         && 得 1
```

3.4.4 转换函数

1. 数值型转换为字符型

格式：STR(<数字表达式>[,<长度>][,<小数位数>])

功能：将<数值表达式>转换为字符型表达式。默认长度为 10，若不指定小数位数，则保留到整数位。如果长度小于数值表达式值的整数位数，则返回一串*号。

例如：

```
?  "面积是："+STR(123.456)            && 面积是：123
?  "面积是："+STR(123.456,6,2)        && 面积是：123.46
?  "面积是："+STR(123.456,5,2)        && 面积是：123.5
?  "面积是："+STR(123.456,2)          && 面积是：**
```

2. 字符型转换为日期型

格式：CTOD(<字符表达式>)

功能：将<字符表达式>转换为日期型表达式，但<字符表达式>必须是日期形式的字符表达式。

例如：

```
a=CTOD("05/08/02")
? a+10                                && 得 05/18/02
```

3. 日期型转换为字符型

格式：DTOC(<日期型表达式>[,1])

功能：将<日期型表达式>转换为字符串型数据。可选项 1 的作用是使转换后的字符串格式为 yyyy/mm/dd。

例如：

```
rq={^2002/05/08}
? DTOC(rq)                            && 得 05/08/02
? DTOC(rq,1)                          && 得 2002/05/08
```

4. 求 ASCII 码值

格式：ASC(<字符表达式>)

功能：求<字符表达式>中最左边一个字符的 ASCII 码值。

例如：

```
? ASC("A")                            && 得 65
? ASC("ABC")                          && 得 65
```

5. ASCII 码值转换为字符

格式：CHR(<数字表达式>)

功能：返回以<数字表达式>值为 ASCII 码的字符。

例如：

```
? CHR(87)                    && 得 W
? CHR(13)                    && 得 回车
```

通常，可以借助数值 7 来响铃以引起注意。如输入以下命令：

```
? CHR(7)+ "小心"             && 输出时先响铃，然后屏幕上显示“小心”
```

6. 小写字母转换为大写字母

格式：UPPER(<字符表达式>)

功能：将<字符表达式>中的小写字母转换为大写字母。

例如：

```
? UPPER("Visual FoxPro")     && 得 VISUAL FOXPRO
```

7. 大写字母转换为小写字母

格式：LOWER(<字符表达式>)

功能：将<字符表达式>中的大写字母转换为小写字母。

例如：

```
? LOWER("Visual FoxPro")     && 得 visual foxpro
```

3.4.5 测试函数

1. 文件起始测试函数

格式：BOF()

功能：当按反向顺序对库文件记录进行操作时，操作完第一个记录，此函数返回值为真(.T.)，否则为假(.F.)。当 BOF()为真时，指针指向首记录；但当指针指向首记录时，BOF()不一定为真。

例如：

```
USE student
? BOF()                          && 得 .F.
SKIP –1
? BOF()                          && 得 .T.
```

2. 文件结束测试函数

格式：EOF()

功能：当按正向顺序对库文件记录操作时，操作完最后一个记录，此函数的返回值为真(.T.)，否则为假(.F.)。为真时，记录指针值为最大记录号加 1。

例如：

```
USE student
GO BOTTOM
? EOF()                          && 得 .F.
```

```
SKIP
? EOF()                                    && 得 .T.
```

3. 求当前记录号

格式：RECNO()

功能：返回当前记录号。

例如：

```
USE student
GO 5
? RECNO()                                  && 得 5
```

4. 查找成功测试函数

格式：FOUND()

功能：检测查找的记录是否找到，若找到了，该函数返回值为真(.T.)；否则返回值为假(.F.)。

例如：

```
USE 学生档案
LOCA FOR 姓名="王玲"
? FOUND()                                  && 得 .T.
```


习题 3

一、单项选择题

1．假设系统当前日期是 1998 年 12 月 20 日，执行下列命令后，n 的值为（　　）。

n=(YEAR(DATE())-1900)%100

A）1998　　B）98　　C）20　　D）12

2．执行下列命令后的输出结果是（　　）。

hz="中华人民共和国"

? SUBSTR(hz, LEN(hz)/2-2, 4)

A）中华　　B）人民　　C）共和　　D）和国

3．下列表达式中，运算值为日期型的是（　　）。

A）YEAR(DATE())　　B）DATE()-{12/15/99}

C）DATE()-100　　D）DTOC(DATE())-"12/15/99"

4．设 m="30"，执行下列命令后输出的结果是（　　）。

?&m+20

A）3020　　B）50　　C）20　　D）出错信息

5．设 m="15"，n="m"，执行下列命令后输出的结果是（　　）。

?&n+"05"

A）1505　　B）20　　C）m05　　D）出错信息

6．在 Visual FoxPro 中可以使用的常量类型有（　　）。

A）数值型、字符型、日期型、屏幕型、备注型

B）数值型、字符型、日期型、逻辑型、备注型

C）数值型、字符型、日期型、逻辑型

D）数值型、字符型、备注型

7．下列正确的字符型常量是（　　）。

A）"ABCD"123EFG"　　B）"ABCD'123'EFG"

C）"ABCD123"EFG　　D）"ABCD'123"EFG"

8．下列关于空字符串正确的说法是（　　）。

A）定界符内只包含空格

B）定界符内只包含一个空格

C）空字符串的长度为 0

D）空字符串的长度取决于定界符内空格的个数

9．在下面 Visual FoxPro 表达式中，不正确的是（　　）。

A）{^2011-05-01 10:10:10 AM}-10　　B）{^2011-05-01}-date()

C）{^2011-05-01}+date()　　D）{^2011-05-01}+1000

10．设 a="123"，b="234"，表达式值为假的是（　　）。

A）.NOT.(a==b).OR.(b$"abc")　　B）.NOT.(a$"abc").AND.(a<>b)

C）.NOT.(a<>b)　　D）.NOT.(a>=b)

11．如果一个运算表达式中包含逻辑运算、关系运算和算术运算，并且其中未用圆括号规定这些运算的先后顺序，那么这样的综合型表达式的运算顺序是（　　）。

A）逻辑→算术→关系　　B）关系→逻辑→算术

C）算术→关系→逻辑　　D）算术→逻辑→关系

12．设 x=3，执行下列命令后的结果是（　　）。

```
? x=x+1
```

A）4　　B）3　　C）.t.　　D）.f.

13．有如下赋值语句，结果为“大家好”的表达式是（　　）。

```
a="你好"
b="大家"
```

A）b+AT(a,1)　　B）b+RIGHT(a,1)

C）b+LEFT(a,3,4)　　D）b+RIGHT(a,2)

14．在下列表达式中，错误的是（　　）。

A）x<=y　　B）x>100.AND.y<50

C）"总分："+总分　　D）"姓名："+姓名

15．计算结果不是字符串“Teacher”的语句是（　　）。

A）AT("MyTeacher",3,7)　　B）SUBSTR("MyTeacher",3,7)

C）RIGHT("MyTeacher",7)　　D）LEFT("Teacher",7)

16．下列函数返回类型为数值型的是（　　）。

A）STR()　　B）VAL()　　C）DTOC()　　D）TTOC()

17．命令?VARTYPE(TIME())的结果是（　　）。

A）C　　B）D　　C）T　　D）出错

18．要想将日期型或日期时间型数据中的年份用 4 位数字显示，应当使用设置命令（　　）。

A）SET CENTURY ON　　B）SET CENTURY OFF

C）SET CENTURY TO 4　　D）SET CENTURY OF 4

19．设 A=2，B=3，C=4，下列表达式的值为逻辑真的是（　　）。

A）12/A+2=B^2　　B）3>2*B OR A=C AND B<>C OR A>B

C）A*B<>C+3　　D）A>B AND B<=C OR 3*A>2*C

20．语句 DIME TP(4, 5)定义的元素个数是（　　）。

A）30　　B）20　　C）9　　D）45

二、简答题

1．Visual FoxPro 中定义了哪几种数据类型？哪些数据类型可用于内存变量？哪些可用于数据表中的字段？

2．Visual FoxPro 中可使用哪几种类型的常量？每种类型各举一个例子。

3．Visual FoxPro 中变量的命名规则是什么？

4．什么是备注型字段？它与.FPT 文件有什么关系？

5．什么是数组？数组元素的变量类型是否要相同？

6．Visual FoxPro 中有哪几种类型的表达式？各举一个例子。

7．指出下列变量名中错误的变量名。

a　　1a　　a'　　a.1　　a_1　　a,1

sin　　a*　　a#　　a(1)　　xing　　ming　　"xm"

三、写出下列命令的执行结果

1．
```
SET EXACT ON
?  "123"$"A123B","123"$"1B23"
```
2．
```
?  10*5>10*10 AND "DEF    "=="DEF"
?  10*5>10*10 OR "DEF"=="DEF"
```
3．
```
?  CTOD("03/05/78")+3
```
4．
```
x=5
y=6
?  x<y
?  (x=y).AND.(x<y)
?  (x=y).OR.(x<y)
s1="AB"
```

```
s2="CD"
?  s1-s2
?  .NOT.(s1=s2)
```

5.
```
A=5
B=STR(A,1)
C="学生&B"
?  C
```

6.
```
Z="一二三四"
?  "第"+SUBSTR(Z,3,2)+ "季度"
```

7.
```
n="冯松"
?  "&n"
```

8.
```
n="学生成绩"
?  "&n..dbf"
```

9.
```
dt={^2011/6/18 09:10:30}
?  YEAR(dt)
?  MONTH(dt)
?  DAY(dt)
```

10.
```
dt={^2011/06/18 09:10:30}
t=SUBSTR(TTOC(dt),10,11)
?  t
```

四、写出满足下列条件的表达式

1. 对变量 x 保留小数点后两位四舍五入。
2. 将数值型变量 x 变为字符型变量，并去除其首尾空格。
3. 分别求 30°角和 40°角的正弦值。
4. 工资大于 800 并且小于 1200。
5. 变量 x 为偶数的条件。
6. a、b、c 三数中，a 为最大值的条件。

4

数据库和表

Visual FoxPro 是关系数据库管理系统，是按照关系模型组织和存储数据而构成的数据集合。建立合理、规范的数据库是开发数据库应用系统的基础。在 Visual FoxPro 数据库中，数据表包括两大类：数据库表和自由表。包含在某个数据库中的表称为数据库表，脱离数据库独立存在的表称为自由表。数据库表可以随时移出数据库，成为自由表；自由表也可以随时添加到数据库中，成为数据库表。

本章介绍数据库、数据表的建立与基本操作。

4.1 创建数据表

在关系数据库中，数据表是一个由行与列组成的二维表，表中的列称为字段，行称为记录，其中列标题称为字段名，列的内容称为字段值；一行称为一条记录，一条完整的记录包含所有列的字段值。图 4-1 所示是一个学生档案数据表。

学生档案

学号	姓名	性别	出生年月	籍贯	班级	团员否	院系代码	专业代码	简历	照片
08010401001	李红丽	女	08/06/91	黑龙江哈尔滨	08商英1	F	01	0102	Memo	Gen
08010401002	王晓刚	男	06/05/90	河北石家庄	08审计1	F	01	0104	Memo	Gen
08010402001	李刚	男	03/12/90	浙江杭州	08审计2	F	01	0104	Memo	gen
08010201001	王心玲	女	05/06/89	河南南阳	08会电1	T	01	0102	memo	gen
08010201002	李力	男	03/05/91	河南平项山	08会电1	T	01	0102	memo	gen
08080301001	王小红	男	09/02/90	陕西西安	08商英1	T	08	0803	memo	gen
08080301002	杨晶晶	男	09/04/90	山东枣庄	08商英1	T	08	0803	memo	gen
08080302001	王虹虹	女	05/09/91	湖北黄石	08商英2	F	08	0803	memo	gen
08010202002	王明	男	12/09/91	广西柳州	08会电2	F	01	0102	memo	gen
08010202003	张建明	男	11/12/91	河北石家庄	08会电2	T	01	0102	memo	gen
08010202004	李红玲	女	09/08/90	山东荷泽	08会电2	T	01	0102	memo	gen
08010102001	李国志	男	02/28/89	山西运城	08财管2	F	01	0101	memo	gen
08010102002	赵明超	男	06/01/92	湖北武汉	08财管2	F	01	0101	memo	gen
08010102003	赵艳玲	女	07/03/91	湖北武汉	08财管2	T	01	0101	memo	gen
08010101002	徐英平	男	10/30/89	北京市	08财管1	T	01	0101	memo	gen
08010201003	王国栋	男	03/16/90	河南郑州	08会电1	T	01	0102	memo	gen
08010202006	张晓旭	男	05/23/91	河北石家庄	08会电2	F	01	0102	memo	gen
08010201004	李晓辉	男	04/20/90	河南南阳	08会电1	F	01	0102	memo	gen
08010202007	王科伟	男	09/11/89	陕西西安	08会电2	T	01	0102	memo	gen
08010201005	李玲想	女	01/23/89	北京市	08会电1	T	01	0102	memo	gen

图 4-1　学生档案表

建立表文件包括给表文件命名、建立表结构、输入数据记录等。因此，数据表的建立主要包含两步：首先创建数据表结构，即定义字段及每个字段的数据类型；其次根据字段设置，输入相应的数据。

4.1.1 创建表结构

数据表的结构指包含在数据表中所有字段的字段名、字段类型、字段宽度、小数位数及约束条件（如是否为空）等特征。

在 Visual FoxPro 中，创建表结构既可以利用表设计器，也可以使用命令方式，还可以使用表向导。

1. 使用表设计器创建表结构

创建表结构的操作步骤如下：

（1）打开表设计器。

单击“文件”→“新建”命令，打开“新建”对话框，如图 4-2 所示。在“新建”对话框中选择“表”单选项，单击“新建文件”按钮，打开“创建”对话框，如图 4-3 所示。选定文件保存路径，输入表文件名，保存类型为默认类型，即“表/DBF(.dbf)”，单击“保存”按钮，弹出如图 4-4 所示的“表设计器”对话框。

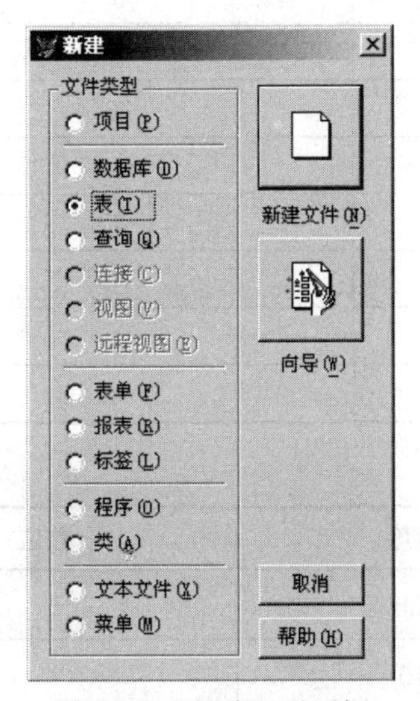

图 4-2 “新建”对话框

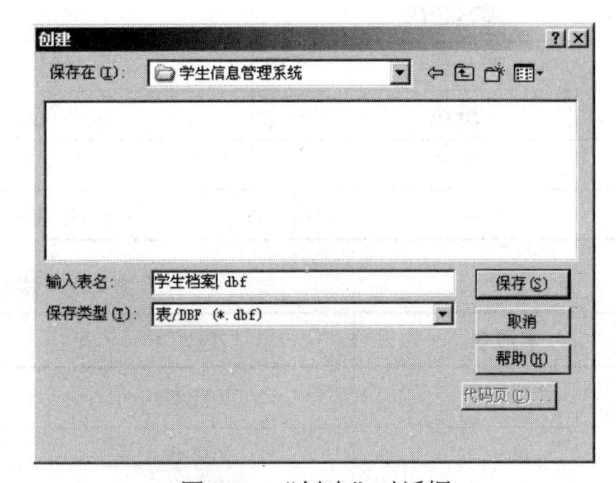

图 4-3 “创建”对话框

（2）在表设计器中输入字段名，设置字段的数据类型、宽度、小数位数。

“表设计器”对话框中含有字段、索引和表三个选项卡。“字段”选项卡中可以设置所有字段信息，“索引”选项卡供用户为表设定索引，“表”选项卡用于设置及查看表的基本信息。

学生档案表和成绩表的表结构分别如表 4-1 和表 4-2 所示。

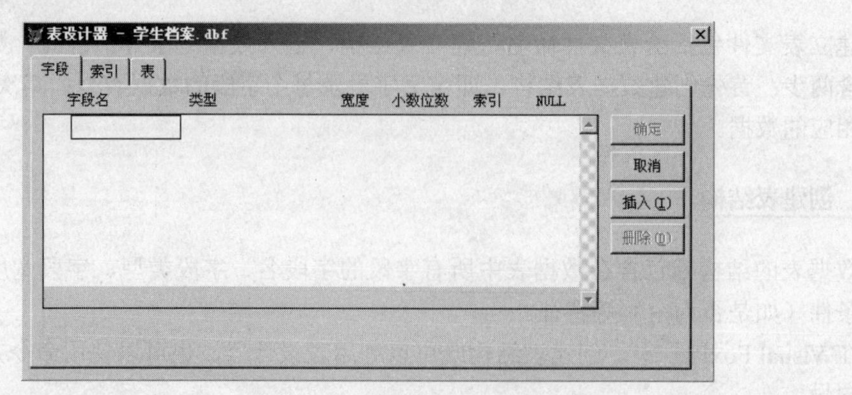

图 4-4 “表设计器－学生档案.dbf”对话框

表 4-1 学生档案表

字段名	类型	宽度
学号	字符型	11
姓名	字符型	10
性别	字符型	2
出生年月	日期型	8
团员否	逻辑型	1
籍贯	字符型	20
院系代码	字符型	2
专业代码	字符型	4
班级	字符型	10
简历	备注型	4
照片	通用型	4

表 4-2 成绩表

字段名	类型	宽度	小数位
学号	字符型	11	
姓名	字符型	10	
课程代码	字符型	3	
成绩	数值型	6	2

在图 4-4 中所示的表设计器中，逐一输入学生档案表的字段名，并分别设置字段的类型、宽度及小数位数，输入完毕的表设计器如图 4-5 所示。

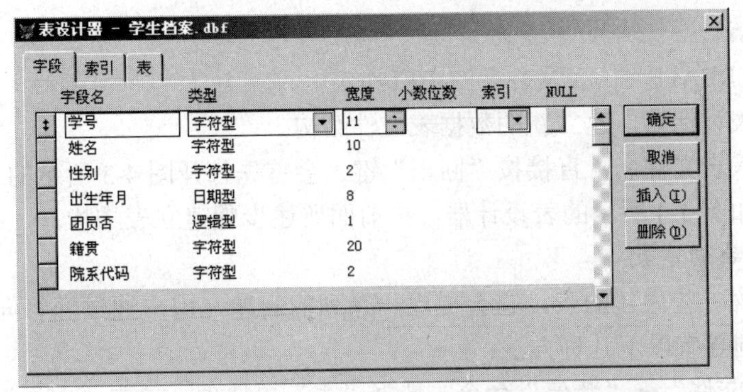

图 4-5　设置各字段的值框

说明：

1）字段名。

字段名是表中每个字段的名字，又称字段变量。数据库表字段名最长为 128 个字符，自由表字段名最长为 10 个字符。同一个表内的不同字段不能有相同的字段名。在表中应含有能够唯一标识各个记录的关键字段或字段的组合。

2）数据类型。

由于表中的每一个字段代表的数据意义不同，都有其特定的数据类型，例如“姓名”和“出生年月”两个字段的类型可分别定义为字符型和日期型。

3）字段宽度。

字段宽度表示字段所占的内存字节数，即能够容纳存储数据的长度。各种数据类型的字段，除字符型、二进制字符型、数值型外，其他字段宽度是固定不变的。

4）小数位数。

数值型字段、双精度型字段、浮点型字段、货币型字段有小数位。只有在需要时才规定小数位，否则可以省略。小数位的最大宽度必须小于字段宽度减 2，即要留出小数点前的 0 和小数点。

5）NULL（空）值。

字段可以设置为 NULL 值，该字段值没有输入时，表示无明确的值，不等同于零或空格。在使用 NULL 值时应注意：空值不是一种新的字段类型，而是一种数据值；默认时不允许使用 NULL。输入空值的方法是按 Ctrl+0（数值 0）组合键。

完成字段的设置之后，单击“确定”按钮，系统显示如图 4-6 所示的对话框，单击“是”按钮，可以立即输入记录；单击“否”按钮，则再录入数据，至此完成了表结构的设计。

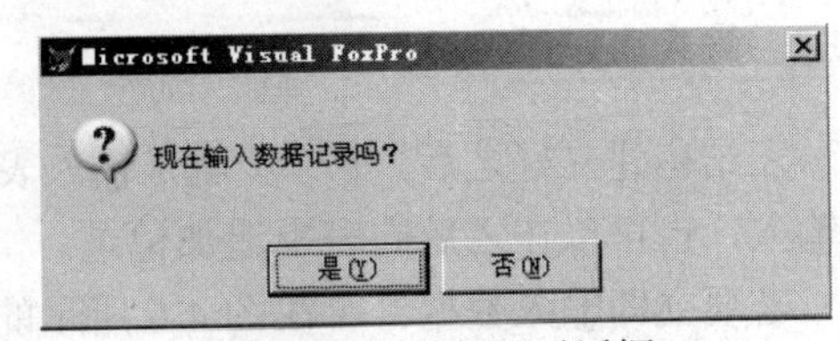

图 4-6　系统提示对话框

2. 命令方式打开表设计器

在命令窗口中输入以下命令同样可以打开表

设计器创建表。

命令格式：CREATE [<表文件名[.DBF]>]

功能：打开表设计器，建立新的数据表文件结构。

如果没有输入表文件名，直接按“回车”键，会首先打开图 4-3 所示的“创建”对话框，否则将直接打开如图 4-4 所示的表设计器，按前面所述步骤建立表结构。

3. *使用表向导创建表*

表向导中包含一些内建的表，它会提出一系列的问题，用户通过回答向导中的问题建立一个表。打开表向导有以下几种方法：

（1）单击“文件”→“新建”命令，选择“表”单选项，单击“向导”按钮。

（2）单击“工具”→“向导”命令，在下一级的向导子菜单中选择“表”选项。

（3）在项目管理器中，选择“数据”下的自由表，单击“新建”按钮，再选择“表向导”。

使用上述方法均可进入图 4-7 所示的表向导第一步对话框，然后按表向导提示步骤进行表的建立。

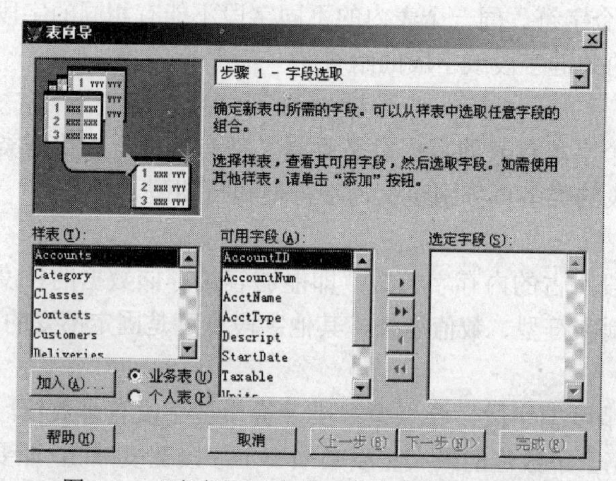

图 4-7 “表向导‘步骤 1-选取字段’”对话框

说明：

生成的表文件扩展名为.dbf，当表中含有备注型或通用型字段时，同时会生成一个与表文件同名的扩展名为.fpt 的文件，存放备注信息及多媒体信息等。例如，创建学生档案表时，会同时生成两个文件：学生档案.dbf 和学生档案.fpt。

4.1.2 输入表记录

表结构建立好之后，下一步就是输入表记录。向表中输入记录既可以在建立表结构之后立即输入，也可以在之后向表中追加记录。

若要立即输入数据，可在图 4-6 所示的对话框中单击“是”按钮，系统弹出“学生档案”窗口，如图 4-8 所示。

图 4-8 中的记录以编辑方式显示，其中左边显示字段的名称，用颜色块标识当前字段输入区的大小。用户输入完一条记录后，系统自动定位到下一条记录。全部记录输入完毕后，关闭编辑窗口，完成记录的录入操作。

追加记录时，其输入的界面有两种：浏览和编辑。可根据个人习惯选择任意一种输入界面方式。向表中输入记录的步骤如下：

（1）打开数据表。单击“文件”→“打开”命令，在“打开”对话框中选择文件类型为“表(*.dbf)”类型，如图 4-9 所示。在列表框中选择需要输入记录的表，同时选中“独占”复选框，单击“确定”按钮，即打开表。此时，在 VF 窗口中没有显示数据内容，但在状态栏显示表名、表中记录数等信息。

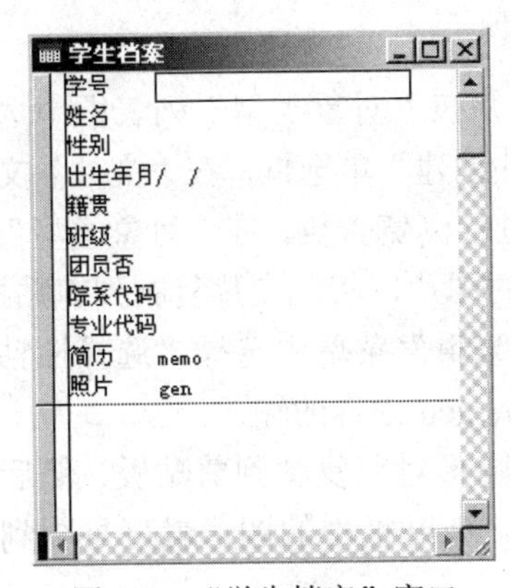

图 4-8　“学生档案”窗口

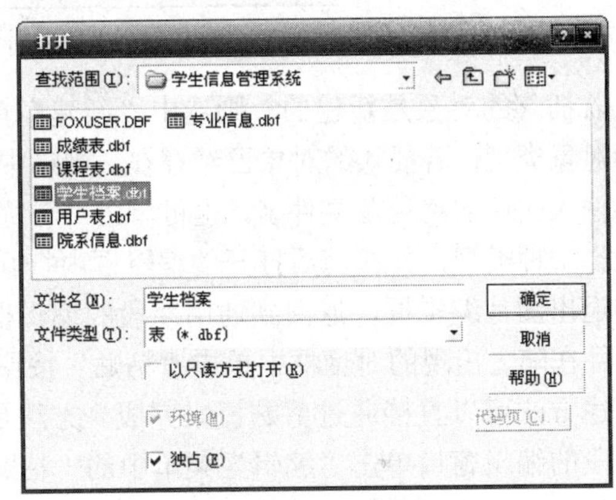

图 4-9　“打开”对话框

（2）单击“显示”→“浏览”（或“编辑”）命令，进入其中一种输入界面窗口。

（3）单击“显示”→“追加方式”命令即可追加记录，输入相应的记录内容。

说明：

1）逻辑型字段只能接受单个字母 T（Y）或 F（N），不区分大小写。

2）日期型数据必须与系统给定的日期格式相符。

3）在浏览或编辑窗口中，记录的备注型字段显示为 memo，双击字段的 memo 标志或按 Ctrl+PageDown 或 Ctrl+Home 组合键，进入备注型字段编辑窗口，可在该窗口中输入备注信息，也可利用编辑菜单进行剪切、复制和粘贴等操作。备注信息输入完成后，memo 变为 Memo 标志。

4）备注型字段存放的是文本数据，而通用型字段存放的是多媒体数据，如图形、图像、声音等，因此在输入方法上是不同的。通用型字段在记录编辑窗口显示的是 gen 标志，若在其中存储内容后变为 Gen。使用“编辑”菜单中的“插入对象”命令，或通过剪贴板粘贴，可输入通用型字段数据。其操作步骤如下：

①将光标定位到通用型字段的 gen 标志处，双击字段的 gen 标志或按 Ctrl+PageDown 或

Ctrl+Home 组合键，进入通用型字段编辑窗口。

②选择“编辑”菜单中的“插入对象”命令，弹出如图 4-10 所示的“插入对象”对话框。

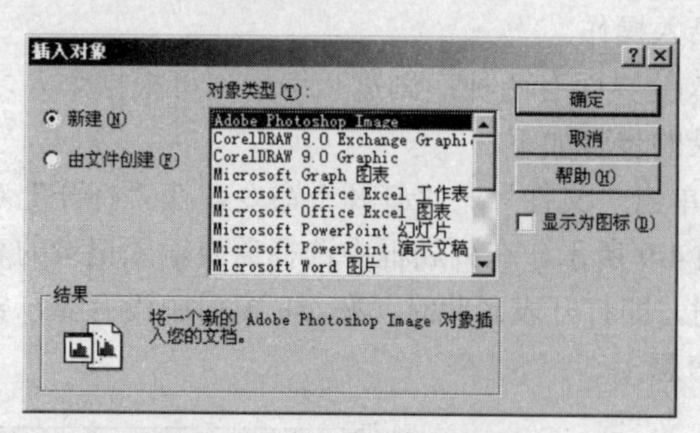

图 4-10 “插入对象”对话框

③若插入的对象是新建的，则选中“新建”单选框，并在“对象类型”列表框中选择要创建的对象类型；若插入的对象已经存在，则选中“由文件创建”单选框，在“文件”文本框中直接输入文件的路径及文件名，也可单击“浏览”按钮进行浏览查找。在“对象类型”列表框中选择一种类型，并在随后打开的编辑框内打开所需要的图片，将此图片复制到剪贴板上。

④退出图片编辑框，返回到通用字段的编辑框，在“编辑”菜单中选择“选择性粘贴”命令，并在随之出现的对话框中单击“粘贴”按钮，即完成 gen 内容的输入。

上述方法可以直接通过剪贴板来完成。方法是：先将图形对象复制到剪贴板，然后在通用型字段的编辑窗口单击“编辑”菜单中的“粘贴”命令，剪贴板中的图形就可复制到该窗口中。

4.2 表的基本操作

4.2.1 表的打开和关闭

只有刚创建的表是自动打开的，否则任何对表的操作，首先应该打开表。在结束对表的操作后，应及时关闭表文件，将内存中的数据存回磁盘。如果没有及时关闭文件，由于人为的误操作或突然停电等因素，有可能造成数据的破坏。

1. 表的打开

表文件的打开有两种方式：菜单方式和命令方式。这里需要注意的是：打开表文件之后，Visual FoxPro 主窗口没有任何显示信息，这里的打开只是把表调入内存工作区中，如果要显示表内容，就要打开浏览窗口查看表内容，或者使用显示命令来显示表内容。

（1）菜单方式。

单击“文件”→“打开”命令，或单击工具栏上的“打开”按钮；或选择“窗口”菜单下的“数据工作期”命令，在“数据工作期”对话框中单击“打开”按钮。采用上述方式后，均会出现“打开”对话框，双击要打开的表名后，即可打开表文件。

（2）命令方式。

格式：USE <表文件名>

功能：打开表文件。

说明：

1）在一个工作区中打开另一个表时，先前打开的表文件会自动关闭。

2）如果表中包括备注字段，就会自动打开相关的备注文件（.fpt）。

2. 表的关闭

（1）菜单方式。

单击“窗口”→“数据工作期”命令，在“数据工作期”对话框中选择表的别名后，单击“关闭”按钮。

注意：使用“文件”菜单的关闭命令或直接关闭表的浏览窗口并不会关闭表文件，而只是将表的浏览窗口关闭了。

（2）命令方式。

关闭表有以下两种命令：

格式1：USE

格式2：CLOSE TABLES | ALL

说明：

1）使用不加表名的USE命令，可在当前工作区中关闭一个已打开的表文件；

2）CLOSE TABLES命令，关闭所有在工作区打开的自由表；

3）CLOSE ALL命令也将关闭表文件。

例如，在命令窗口执行命令：

```
USE  成绩表          &&打开成绩表
USE  学生档案        &&打开学生档案表，同时关闭成绩表
USE                  &&关闭学生档案表
```

4.2.2 浏览和修改表结构

数据表建立后，我们不仅可以浏览数据表结构，而且可以对表结构进行修改，如增加/删除字段、修改字段名/字段类型等。通常用表设计器来浏览或修改表结构，也可以使用命令方式浏览或修改表结构。

1. 浏览表结构

（1）菜单方式。

步骤一：打开表。如果表没有打开，首先应该打开表。

步骤二：打开表设计器。在“表设计器”窗口中可以浏览到表结构。

（2）命令方式。

格式：DISPLAY｜LIST STRUCTURE [TO PRINTER]

功能：显示或打印当前数据表的结构。

说明：

显示内容包括以下几个方面的信息：数据表文件的路径、记录总数、最近更新的时间、所有字段的定义、记录中字段的总字节宽度等。

注意：总字节宽度值比定义中的各个字段宽度之和多一个字节。这个字节是系统用来存放记录的删除标记（*）的。

DISPLAY STRUCTURE 命令为分屏显示。当一屏显示满后暂停，用户可以按任意键继续。

LIST STRUCTURE 命令为连续显示，屏幕自动上翻，直至全部显示完为止，显示表内容停留在最后一屏上。

若选用 TO PRINTER 短语，则将结果在屏幕上显示的同时也在打印机上输出。若无此短语，则仅在屏幕上显示。

【例 4-1】显示学生档案表结构。

在命令窗口中输入以下命令：

```
USE  学生档案
LIST STRUCTURE
```

显示结果如下：

```
表结构:              D:\学生信息管理系统\学生档案.DBF
数据记录数:          20
最近更新的时间:      10/24/10
备注文件块大小:      64
代码页:              936
   字段  字段名      类型        宽度  小数位  索引  排序  Nulls
     1   学号        字符型        11                       否
     2   姓名        字符型        10                       否
     3   性别        字符型         2                       否
     4   出生年月    日期型         8                       否
     5   团员否      逻辑型         1                       否
     6   籍贯        字符型        20                       否
     7   院系代码    字符型         2                       否
     8   专业代码    字符型         4                       否
     9   班级        字符型        10                       否
    10   简历        备注型         4                       否
    11   照片        通用型         4                       否
** 总计 **                         77
```

2. 修改表结构

（1）菜单方式。

利用浏览表结构的菜单方式先打开表设计器，然后进行修改。

1）插入新字段。

插入新字段时，先选择插入位置，然后单击“插入”按钮，此时新字段插入在当前字段的前面，如图 4-11 所示。输入具体内容，单击“确定”按钮，则弹出如图 4-12 所示的系统提示对话框，单击“是”按钮，即可添加新字段。

2）删除字段。

删除字段时，先选择相应字段，然后单击“删除”按钮即可。

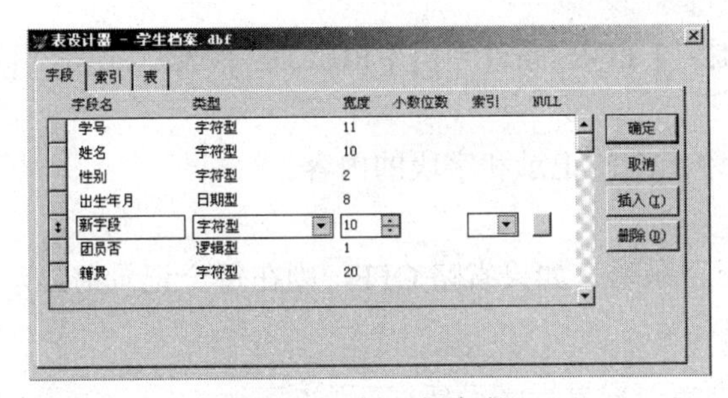

图 4-11　插入新字段

图 4-12　系统提示对话框

3）修改字段。

修改字段同设计字段类似，可以修改字段的类型、宽度、小数位数和空值等。如果表中已有数据，在修改时要防止数据的丢失。

（2）命令方式。

格式：MODIFY STRUCTURE　[<表文件名>]

功能：显示表设计器，修改当前表的结构。

说明：在打开表以后，执行 MODIFY STRUCTURE 命令将打开表设计器，对表结构进行修改。如果当前工作区中没有打开的表，则弹出“打开”对话框，选择一个要修改的表文件即可。

修改字段类型时，并不完全转换字段的内容，或者根本不转换。例如，将日期类型的字段转换成数值型，字段内容是不转换的。

在更改表结构前，Visual FoxPro 自动备份当前表，在修改完以后，将备份表中的数据追加到新修改的表结构中。如果表中有一个备注字段，也将创建一个备注备份文件。原.dbf 文件变为.bak 表备份文件，原.fpt 文件变为.tbk 备注备份文件。

4.2.3　浏览表记录

1. 菜单方式

先打开表文件，然后选择“显示”菜单中的“浏览”命令，系统弹出记录浏览窗口，如图 4-1 所示。利用上下方向键，可以选择浏览窗口中的上一记录或下一记录，利用 PageDown 键和 PageUp 键可以翻开下一页或前一页，利用 Tab 键和 Shift+Tab 组合键可以选择下一字段或前一字段。

另外，可以在“显示”菜单中选择“编辑”命令，将“浏览”窗口改为“编辑”方式。

2. 命令方式

利用命令方式浏览表中的记录有两种格式，均需先打开表文件，然后在命令窗口中输入命令，运行后即可查看结果。

格式 1：BROWSE

功能：打开浏览窗口，显示当前表的记录内容，供用户编辑修改。

格式 2：LIST | DISPLAY [OFF] [<范围>] [FOR<条件>] [[FIELDS]<表达式表>] [TO PRINTER]

功能：在工作区窗口中显示当前表文件中指定的记录和字段的内容。

说明：

（1）OFF 子句：该子句的作用是不显示记录号。如果省略 OFF，则在每个记录前显示记录号。

（2）<范围>子句：一般有 4 种选择：

ALL：对表文件所有的记录进行操作。

NEXT n：对从当前记录开始的连续 n 条记录进行操作，其中，n 为数值表达式的值。

RECORD n：对第 n 个记录进行操作。

REST：对从当前记录开始到表文件尾位置的所有记录进行操作。

（3）FOR<条件>子句：表示只显示满足<条件>的记录。

（4）FIELDS<表达式表>子句：表示要显示的字段。若只显示部分字段，则在<表达式表>中列出，字段名以逗号间隔。若省略该子句，则显示表的所有字段，但备注字段内容不会显示。

（5）TO PRINTER：该子句的作用是将命令的结果定向输出到打印机。

LIST 和 DISPLAY 的区别：

不带任何参数时，LIST 命令范围的缺省值为 ALL，执行完后，记录指针定位在文件尾；DISPLAY 命令范围的缺省值为当前记录，记录指针定位在当前记录。

如果表中记录信息较多，在窗口中显示不完，LIST 命令滚动显示；DISPLAY 命令分屏显示，然后暂停，按任意键或在任意位置单击鼠标继续显示下一屏的信息。

【例 4-2】显示学生档案表中指定的记录。

在命令窗口分别输入如下命令：

```
USE  学生档案
LIST
```

显示结果如下：

记录号	学号	姓名	性别	出生年月	团员否	籍贯	院系代码	专业代码	班级	简历	照片
1	08010401001	李红丽	女	08/06/91	.F.	黑龙江哈尔滨	01	0102	08商英1	Memo	Gen
2	08010401002	王晓刚	男	06/05/90	.F.	河北石家庄	01	0104	08审计1	Memo	Gen
3	08010402001	李刚	男	03/12/90	.F.	浙江杭州	01	0104	08审计2	Memo	gen
4	08010201001	王心玲	女	05/06/89	.T.	河南南阳	01	0102	08会电1	memo	gen
5	08010201002	李力	男	03/05/91	.T.	河南平项山	01	0102	08会电1	memo	gen
6	08080301001	王小红	男	09/02/90	.T.	陕西西安	08	0803	08商英1	memo	gen
7	08080301002	杨晶晶	男	09/04/90	.T.	山东枣庄	08	0803	08商英1	memo	gen
8	08080302001	王虹虹	女	05/09/91	.F.	湖北黄石	08	0803	08商英2	memo	gen
9	08010202002	王明	男	12/09/91	.F.	广西柳州	01	0102	08会电2	memo	gen
10	08010202003	张建明	男	11/12/91	.T.	河北石家庄	01	0102	08会电2	memo	gen
11	08010202004	李红玲	女	09/08/90	.T.	山东菏泽	01	0102	08会电2	memo	gen
12	08010102001	李国志	男	02/28/89	.F.	山西运城	01	0101	08财管2	memo	gen
13	08010102002	赵明超	男	06/01/92	.F.	湖北武汉	01	0101	08财管2	memo	gen
14	08010102003	赵艳玲	女	07/03/91	.T.	湖北武汉	01	0101	08财管2	memo	gen
15	08010101002	徐英平	男	10/30/89	.T.	北京市	01	0101	08财管1	memo	gen
16	08010201003	王国栋	男	03/16/90	.T.	河南郑州	01	0102	08会电1	memo	gen
17	08010202006	张晓旭	男	05/23/91	.F.	河北石家庄	01	0102	08会电2	memo	gen
18	08010201004	李晓辉	男	04/20/90	.F.	河南南阳	01	0102	08会电1	memo	gen
19	08010202007	王科伟	男	09/11/89	.T.	陕西西安	01	0102	08会电2	memo	gen
20	08010201005	李玲想	女	01/23/89	.T.	北京市	01	0102	08会电1	memo	gen

```
LIST   FOR   性别="女" and   团员否=.T.
```

显示结果如下：

记录号	学号	姓名	性别	出生年月	团员否	籍贯	院系代码	专业代码	班级	简历	照片
4	08010201001	王心玲	女	05/06/89	.T.	河南南阳	01	0102	08会电1	memo	gen
11	08010202004	李红玲	女	09/08/90	.T.	山东荷泽	01	0102	08会电2	memo	gen
14	08010102003	赵艳玲	女	07/03/91	.T.	湖北武汉	01	0101	08财管2	memo	gen
20	08010201005	李玲想	女	01/23/89	.T.	北京市	01	0102	08会电1	memo	gen

```
GO   3             && 指针定位到第 3 条记录
DISP               && 显示当前记录
LIST   NEXT   3    && 显示从第 3 条记录开始的连续 3 条记录，即第 3 条到第 5 条的记录
```

显示结果如下：

记录号	学号	姓名	性别	出生年月	团员否	籍贯	院系代码	专业代码	班级	简历	照片
3	08010402001	李刚	男	03/12/90	.F.	浙江杭州	01	0104	08审计2	Memo	gen
4	08010201001	王心玲	女	05/06/89	.T.	河南南阳	01	0102	08会电1	memo	gen
5	08010201002	李力	男	03/05/91	.T.	河南平项山	01	0102	08会电1	memo	gen

```
LIST   FIELDS   姓名，性别，出生年月，简历
```

显示结果如下：

记录号	姓名	性别	出生年月	简历
1	李红丽	女	08/06/91	97-2002年在育才小学上学 聪明好学，团结同学，乐于助人。
2	王晓刚	男	06/05/90	该生品学兼优，2008年度获“优秀学生干部”称号
3	李刚	男	03/12/90	该生动手能力强，具有较强的创新意识。
4	王心玲	女	05/06/89	
5	李力	男	03/05/91	
6	王小红	男	09/02/90	
7	杨晶晶	男	09/04/90	
8	王虹虹	女	05/09/91	
9	王明	男	12/09/91	
10	张建明	男	11/12/91	
11	李红玲	女	09/08/90	
12	李国志	男	02/28/89	
13	赵明超	男	06/01/92	
14	赵艳玲	女	07/03/91	
15	徐英平	男	10/30/89	
16	王国栋	男	03/16/90	
17	张晓旭	男	05/23/91	
18	李晓辉	男	04/20/90	
19	王科伟	男	09/11/89	
20	李玲想	女	01/23/89	

4.2.4 修改表记录

对表中记录进行修改的操作包括增加记录、删除记录、修改记录和查询记录四种。

1．增加记录

增加记录可以在表的浏览窗口中利用追加方式进行，也可以使用命令方式增加。

格式 1：APPEND [BLANK]

功能：在当前已打开的表的末尾增加记录。

说明：运行 APPEND 命令，打开表的编辑窗口，输入新的记录值。一次可连续输入多条新记录。

运行 APPEND BLANK 命令表示在当前表末尾追加一条空记录，并自动返回命令窗口，此时系统并不弹出编辑窗口。

格式 2：INSERT [BEFORE] [BLANK]

功能：在当前已打开的表的指定位置插入新记录。

说明：无 BRFORE 选项，则在当前记录之后插入一条新记录，否则在当前记录之前插入一条新记录。

含 BLANK 选项，则在当前记录之后（或之前）插入一条空白记录，否则在表的编辑窗口以交互方式输入新记录的值。

2. 删除记录

在 Visual FoxPro 中，删除记录通常分为两个步骤：第一步是给要删除的记录添加删除标记（又称逻辑删除），第二步是对已做了删除标记的记录彻底删除（又称物理删除）。逻辑删除并未真正删除记录，还可以恢复。物理删除是从表中真正删除记录，无法恢复。

（1）菜单方式。

1）逻辑删除。

在浏览窗口中，每一条记录前的小方块叫做记录的删除标记条，单击所要删除记录的标记条，使之成为黑色即表示已被逻辑删除，如图 4-13 所示。在黑色标记处再次单击，即取消逻辑删除标记。也可选择“表”→“切换删除记录”命令，对选定的记录加上或去掉删除标记。

学生档案

学号	姓名	性别	出生年月	籍贯	班级	团员否	院系代码	专业代码	简历	照片
08010401001	李红丽	女	08/06/91	黑龙江哈尔滨	08商英1	F	01	0102	Memo	Gen
08010401002	王晓刚	男	06/05/90	河北石家庄	08审计1	F	01	0104	Memo	Gen
08010402001	李刚	男	03/12/90	浙江杭州	08审计2	F	01	0104	Memo	gen
08010201001	王心玲	女	05/06/89	河南南阳	08会电1	T	01	0102	memo	gen
08010201002	李力	男	03/05/91	河南平项山	08会电1	T	01	0102	memo	gen
08080301001	王小红	男	09/02/90	陕西西安	08商英1	T	08	0803	memo	gen
08080301002	杨晶晶	男	09/04/90	山东枣庄	08商英1	T	08	0803	memo	gen
08080302001	王虹虹	女	05/09/91	湖北黄石	08商英2	F	08	0803	memo	gen
08010202002	王明	男	12/09/91	广西柳州	08会电2	F	01	0102	memo	gen
08010202003	张建明	男	11/12/91	河北石家庄	08会电2	T	01	0102	memo	gen
08010202004	李红玲	女	09/08/90	山东荷泽	08会电2	T	01	0102	memo	gen
08010102001	李国志	男	02/28/89	山西运城	08财管2	F	01	0101	memo	gen
08010102002	赵明超	男	06/01/92	湖北武汉	08财管2	F	01	0101	memo	gen
08010102003	赵艳玲	女	07/03/91	湖北武汉	08财管2	T	01	0101	memo	gen
08010101002	徐英平	男	10/30/89	北京市	08财管1	T	01	0101	memo	gen
08010201003	王国栋	男	03/16/90	河南郑州	08会电1	T	01	0102	memo	gen
08010202006	张晓旭	男	05/23/91	河北石家庄	08会电2	F	01	0102	memo	gen
08010201004	李晓辉	男	04/20/90	河南南阳	08会电1	F	01	0102	memo	gen
08010202007	王科伟	男	09/11/89	陕西西安	08会电2	T	01	0102	memo	gen
08010201005	李玲想	女	01/23/89	北京市	08会电1	T	01	0102	memo	gen

图 4-13 记录添加删除标记

若对满足一定条件的记录进行删除，可在当前表浏览窗口中选择“表”→“删除记录...”命令，弹出如图 4-14 所示的“删除”对话框，确定作用范围和条件后，单击“删除”按钮，即可加上删除标记。例如，删除学生档案表中所有男生记录，可在“删除”对话框的 For 文本框中输入条件：性别="男"，在“作用范围”下拉列表框中选择一个记录范围 ALL，表示在整个表的范围内操作。单击“删除”按钮，结果如图 4-15 所示。

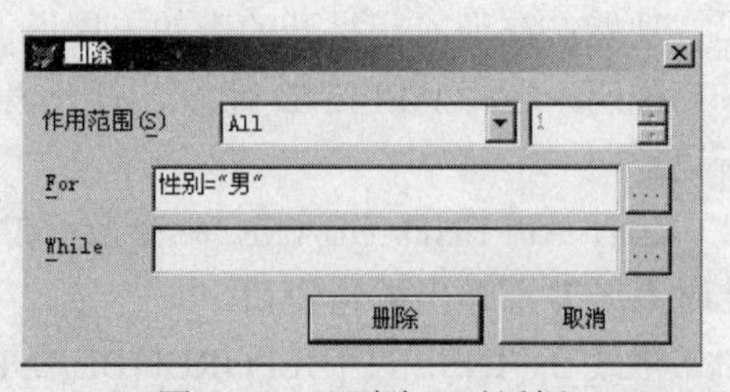

图 4-14 “删除”对话框

学生档案

学号	姓名	性别	出生年月	籍贯	班级	团员否	院系代码	专业代码	简历	照片
08010401001	李红丽	女	08/06/91	黑龙江哈尔滨	08商英1	F	01	0102	Memo	Gen
08010401002	王晓刚	男	06/05/90	河北石家庄	08审计1	F	01	0104	Memo	Gen
08010402001	李刚	男	03/12/90	浙江杭州	08审计2	F	01	0104	Memo	gen
08010201001	王心玲	女	05/06/89	河南南阳	08会电1	T	01	0102	memo	gen
08010201002	李力	男	03/05/91	河南平项山	08会电1	T	01	0102	memo	gen
08080301001	王小红	男	09/02/90	陕西西安	08商英1	T	08	0803	memo	gen
08080301002	杨晶晶	男	09/04/90	山东枣庄	08商英1	T	08	0803	memo	gen
08080302001	王虹虹	女	05/09/91	湖北黄石	08商英2	F	08	0803	memo	gen
08010202002	王明	男	12/09/91	广西柳州	08会电2	F	01	0102	memo	gen
08010202003	张建明	男	11/12/91	河北石家庄	08会电2	T	01	0102	memo	gen
08010202004	李红玲	女	09/08/90	山东荷泽	08会电2	T	01	0102	memo	gen
08010102001	李国志	男	02/28/89	山西运城	08财管2	F	01	0101	memo	gen
08010102002	赵明超	男	06/01/92	湖北武汉	08财管2	F	01	0101	memo	gen
08010102003	赵艳玲	女	07/03/91	湖北武汉	08财管2	T	01	0101	memo	gen
08010101002	徐英平	男	10/30/89	北京市	08财管1	T	01	0101	memo	gen
08010201003	王国栋	男	03/16/90	河南郑州	08会电1	T	01	0102	memo	gen
08010202006	张晓旭	男	05/23/91	河北石家庄	08会电2	F	01	0102	memo	gen
08010201004	李晓辉	男	04/20/90	河南南阳	08会电1	F	01	0102	memo	gen
08010202007	王科伟	男	09/11/89	陕西西安	08会电2	T	01	0102	memo	gen
08010201005	李玲想	女	01/23/89	北京市	08会电1	T	01	0102	memo	gen

图 4-15　添加删除标记

若要取消删除标记，选择“表”→“恢复记录...”命令，则弹出如图 4-16 所示的“恢复记录”对话框。同理，确定作用范围和条件后，单击“恢复记录”按钮可取消删除标记。

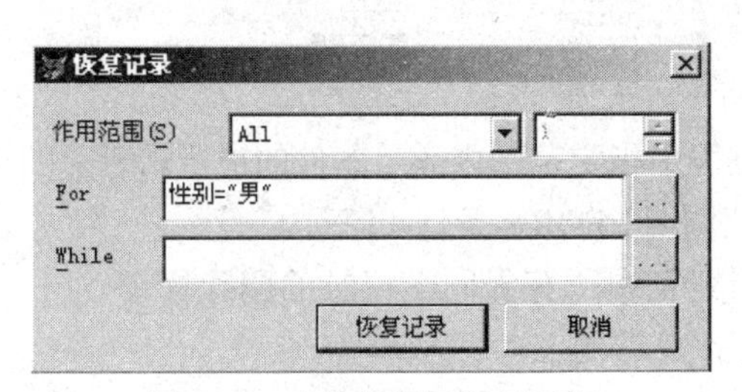

图 4-16　“恢复记录”对话框

2）物理删除。

若要彻底删除记录，选择“表”→“彻底删除”命令，Visual FoxPro 中弹出系统提示对话框，询问用户是否要真正从表中移去有删除标记的记录，单击“是”按钮，将所有带删除标记的记录彻底从表中删除，并重新构造表中余下的记录。

注意：*进行物理删除的表，必须以独占方式打开。*

（2）命令方式。

格式 1：DELETE [<范围>] [FOR <条件>]

功能：对当前表中指定范围内满足条件的记录添加删除标记，是逻辑删除。

说明：

<范围>的意义同前介绍，缺省值为当前记录。

FOR <条件>子句用于指定一个条件，仅给满足逻辑条件的记录添加删除标记。若同时缺省<范围>和<条件>子句，则仅删除当前的记录。

该命令与一个设置有关，若执行了 SET DELETED ON 命令，则操作时忽略被逻辑删除的记录；若执行了 SET DELETED OFF（默认值）命令，则操作时可以访问被逻辑删除的记录。

含逻辑删除标记的记录在 DISPLAY 或 LIST 命令中显示时，记录前加“*”号，在浏览窗口中该记录前的小方块变成黑色。

【例 4-3】对学生档案表中所有男同学的记录添加删除标记。

在命令窗口输入如下命令：

```
USE  学生档案
DELETE  FOR  性别="男"
LIST
```

显示结果如下：

记录号	学号	姓名	性别	出生年月	团员否	籍贯	院系代码	专业代码	班级	简历	照片
1	08010401001	李红丽	女	08/06/91	.F.	黑龙江哈尔滨	01	0102	08商英1	Memo	Gen
2	*08010401002	王晓刚	男	06/05/90	.F.	河北石家庄	01	0104	08审计1	Memo	Gen
3	*08010402001	李刚	男	03/12/90	.F.	浙江杭州	01	0104	08审计2	Memo	gen
4	08010201001	王心玲	女	05/06/89	.T.	河南南阳	01	0102	08会电1	memo	gen
5	*08010201002	李力	男	03/05/91	.T.	河南平项山	01	0102	08会电1	memo	gen
6	*08080301001	王小红	男	09/02/90	.T.	陕西西安	08	0803	08商英1	memo	gen
7	*08080301002	杨晶晶	男	09/04/90	.T.	山东枣庄	08	0803	08商英1	memo	gen
8	08080302001	王虹虹	女	05/09/91	.F.	湖北黄石	08	0803	08商英2	memo	gen
9	*08010202002	王明	男	12/09/91	.F.	广西柳州	01	0102	08会电2	memo	gen
10	*08010202003	张建明	男	11/12/91	.T.	河北石家庄	01	0102	08会电2	memo	gen
11	08010202004	李红玲	女	09/08/90	.T.	山东荷泽	01	0102	08会电2	memo	gen
12	*08010102001	李国志	男	02/28/89	.F.	山西运城	01	0101	08财管2	memo	gen
13	*08010102002	赵明超	男	06/01/92	.F.	湖北武汉	01	0101	08财管2	memo	gen
14	08010102003	赵艳玲	女	07/03/91	.T.	湖北武汉	01	0101	08财管2	memo	gen
15	*08010101002	徐英平	男	10/30/89	.T.	北京市	01	0101	08财管1	memo	gen
16	*08010201003	王国栋	男	03/16/90	.T.	河南郑州	01	0102	08会电1	memo	gen
17	*08010202006	张晓旭	男	05/23/91	.F.	河北石家庄	01	0102	08会电2	memo	gen
18	*08010201004	李晓辉	男	04/20/90	.F.	河南南阳	01	0102	08会电1	memo	gen
19	*08010202007	王科伟	男	09/11/89	.T.	陕西西安	01	0102	08会电2	memo	gen
20	08010201005	李玲想	女	01/23/89	.T.	北京市	01	0102	08会电1	memo	gen

如果需要恢复当前数据表中指定范围内满足条件的被逻辑删除的记录，使用 RECALL 命令。

格式 2：RECALL [<范围>] [FOR <条件>]

【例 4-4】取消学生档案表中所有男同学记录的删除标记。

在命令窗口输入如下命令：

```
RECALL  FOR 性别="男"
```

此时的显示结果中性别为“男”的学生学号前取消“*”标记。

格式 3：PACK

功能：将有删除标记的记录从当前表中永久删除。

格式 4：ZAP

功能：删除当前表中所有记录，只留下表的结构。

说明：该命令等价于 DELETE ALL 和 PACK 联用，但 ZAP 速度更快。

3. 修改记录

利用菜单方式打开数据表的编辑窗口或浏览窗口，将光标定位到所要修改的数据上，便可直接修改该数据。修改结束后，关闭浏览窗口，同时保存修改结果。按 Esc 键则放弃最近一次的修改结果。

也可以通过命令方式修改表记录。

格式：REPLACE [<范围>] <字段名 1> WITH <表达式 1>[, <字段名 2> WITH <表达式 2>…] [FOR<条件>]

功能：用指定表达式的值替换当前表中指定范围内满足条件的记录中指定字段的值。范围选项的缺省值为当前记录。

说明：该命令适合对当前表文件中指定字段内容进行成批的、有规律的修改。缺省范围和条件时，仅替换当前记录。表达式的数据类型必须与字段的数据类型一致。表达式的值不能超出字段宽度，否则数据无效。

【例 4-5】将成绩表中课程代码为“001”的课程成绩每人加 5 分。

在命令窗口输入如下命令：

```
REPL 成绩 WITH 成绩+5 FOR 课程代码="001"
```

4. 查询记录

格式 1：LOCATE [范围] [FOR 条件]

功能：LOCATE 命令指在当前表中按顺序查找，并将记录指针定位到满足条件的第一条记录上，如果没有满足条件的记录，则指针指向文件结束位置，此时 EOF()函数为.T.。

说明：若缺省[范围]项，系统默认为 ALL；若缺省所有可选项，则记录指针指向第一条记录。

格式 2：CONTINUE

功能：必须与 LOCATE 命令配套使用，使指针指向下一条满足 LOCATE 条件的记录，如果没有记录再满足条件，则指针指向文件结束的位置。

说明：为了判别 LOCATE 或 CONTINUE 命令是否找到满足条件的记录，可以使用函数 FOUND()。如果有满足条件的记录，该函数为.T.，否则返回.F.。

【例 4-6】查询学生档案表中姓“李”的学生记录。

在命令窗口输入如下命令：

```
USE 学生档案
LOCATE FOR 姓名="李"
DISPLAY
CONTINUE
DISPLAY
USE
```

4.2.5 记录的定位

记录号用于标识数据记录在表文件中的物理顺序。记录指针是一个指示器，它始终指向当前表中正在操作处理的记录。正在被操作处理的记录称为当前记录。如果要对某条记录进行处理，必须移动记录指针，使其指向该记录。移动记录指针可通过菜单方式和命令方式实现。

1. 菜单方式

单击“表”→“转到记录”菜单项，在其子菜单中可选择将记录指向以下记录：

（1）第一个：将记录指针指向第一条记录。

（2）最后一个：将记录指针指向最后一条记录。

（3）下一个：将记录指针指向当前记录的下一条记录。

（4）上一个：将记录指针指向当前记录的上一条记录。

（5）记录号...：将记录指针指向指定记录号的记录。

（6）定位...：将记录指针指向满足一定条件的第一条记录。

2．命令方式

（1）绝对定位。

格式：GO TOP | BOTTOM | <n>

功能：将记录指针定位到指定记录位置。

说明：

1）TOP：记录指针指向表的第一个记录。

2）BOTTOM：记录指针指向最后一个记录。

3）<n>：指定一个物理记录号，记录指针将移至该记录。

【例 4-7】使用 GO 命令进行记录定位。

在命令窗口中输入如下命令：

```
USE  学生档案
GO  BOTTOM                  && 将学生档案表中最后一条记录设为当前记录
?RECNO()                    && 该函数返回当前记录指针所指向记录的编号
GO  TOP                     && 将第 1 条记录设为当前记录
?RECNO()                    && 显示 1
GO  6                       && 将第 6 条记录设为当前记录
?RECNO()                    && 显示 6
```


（2）相对定位。

格式：SKIP [n]

功能：将记录指针相对于当前记录往前或往后移动若干条记录。

说明：

1）没有任何参数的 SKIP 命令相当于 SKIP 1，会将记录指针下移一条记录。

2）如果 n 为正数，记录指针向文件尾移动 n 个记录；如果 n 为负数，记录指针将向文件头移动 n 个记录。

3）如果记录指针指向表的最后一个记录，并且执行不带参数的 SKIP 命令，RECNO()函数返回值比表中记录总数大 1。

【例 4-8】使用 SKIP 命令进行记录定位。

在命令窗口中输入如下命令：

```
USE  学生档案
?RECNO()                    && 显示 1
SKIP                        && 向下移动一条记录
?RECNO()                    && 显示 2
SKIP 6
?RECNO()                    && 显示 8
GO BOTTOM
?EOF()                      && 显示.F.
SKIP
```

```
?RECNO()                    && 显示表文件的记录数+1
?EOF()                      && 显示.T.
```

4.3 索引

4.3.1 索引的概念

数据在表文件中的存储顺序称为物理顺序，记录号就是物理顺序号。当在数据表中查找满足某个条件的记录时，必须从头开始在整个表记录中进行查找，这种查找方法速度慢、效率低。为了缩短查询时间，实现快速查询，可以为数据表建立索引。索引就是依据表中某些字段（或字段表达式）建立记录的逻辑顺序，即对需要查找的数据项进行排序，将所选数据项的排序结果与对应数据物理顺序的记录号保存到相应的文件（称为索引文件）中，在索引文件中能够很方便地定位到需要查找的数据，然后根据记录号得到该数据项在表文件中的实际位置，这就是索引技术，这个过程称为索引。

建立索引所依据的字段或字段表达式，称为索引关键字。为表创建的索引存储在索引文件中，索引文件与表文件分别存储，并且不改变表中记录的物理顺序。例如，学生档案表中可以按“学号”建立索引，则“学号”字段即为索引关键字；也可以按“班级”和“姓名”建立索引，则“班级+姓名”所组成的字段表达式即为索引关键字。一个表可以建多个索引，为了区分它们，每一个索引都要起一个名字，称为索引标识。

4.3.2 索引的类型

1. 按文件类型分类

Visual FoxPro 中的索引按文件类型，可分为独立索引文件和复合索引文件两类。

（1）独立索引文件。

独立索引文件是指索引文件中只能保存一个索引项，其扩展名为.idx。一个表可以有多个独立索引文件，每个独立索引文件是相互独立的，其文件名通常与相应的表名没有任何关系，即使索引文件与表同名，也不会随表文件的打开而自动打开。在打开表时，可以通过命令方式打开所有的独立索引文件，也可以只打开其中的若干个独立索引文件。

（2）复合索引文件。

复合索引文件是指若干个索引存放在同一个索引文件中，其扩展名为.cdx。可以包含多个索引项，索引之间用唯一的索引标识区别，一个索引标识等价于一个独立索引文件。复合索引文件又分为两种：

1）结构复合索引文件。

结构复合索引文件的文件名与表文件名相同。表文件打开时，它随表的打开而打开。关闭表时，随表的关闭而关闭。在添加、修改和删除记录时，系统会自动对结构复合索引文件的全部索引标识进行维护。

2）非结构复合索引文件。

与结构复合索引文件不同，该文件的文件名与表文件名不同，定义时要求用户为其命名。因此当表文件打开或关闭时，该文件不能自动打开或关闭，必须由用户操作打开。

2. 按功能分类

Visual FoxPro 中的索引按照功能可以分为以下四类：主索引、候选索引、普通索引和唯一索引。主索引只能用于数据库表，候选索引、普通索引和唯一索引在数据库表和自由表中都可以使用。

（1）主索引。

主索引（Primary Index）不允许指定字段或索引表达式中出现重复值，例如，在学生档案表中，若以“学号”作为索引关键字建立主索引，则学号字段的值不能重复；若以“姓名”作为索引关键字建立主索引，则表中姓名字段的值不能重复。作为主索引的字段或表达式在取值时具有唯一性，即其值有且只有一个。一个数据库表只能建立一个主索引。如果在任何一个包含重复值的字段中指定主索引，Visual FoxPro 将返回错误信息。

（2）候选索引。

与主索引相同，候选索引（Candidate Index）也不允许指定字段或索引表达式中出现重复值。但是，一个数据表中可以建立多个候选索引，如果一个表中已有主索引，则对于只允许取唯一值的字段或索引表达式只能建立候选索引。

（3）普通索引。

普通索引（Regular Index）允许在指定的字段或表达式中有重复值，一个数据表可以建立多个普通索引。

（4）唯一索引。

唯一索引（Unique Index）允许索引表达式出现重复值，但是它只是存储重复值中的第一个值到索引文件中，忽略重复值的第二次及以后的出现，即“唯一”。一个数据表可以建立多个唯一索引。

4.3.3 索引的建立

在 Visual FoxPro 中，可以在表设计器中建立索引，也可以使用命令方式建立。

1. 命令方式

格式：INDEX ON <索引表达式> TO <独立索引文件名> | TAG<索引标识名> [OF<复合索引文件名>] [ASC | DESC] [UNIQUE | CANDIDATE]

功能：为当前表建立一个索引文件或增加索引标识。

说明：

1）INDEX ON <索引表达式>：根据索引表达式建立索引。索引表达式可以是表中字段或字段的组合。

2）TO <独立索引文件名>：用于建立独立索引文件，扩展名为.idx。<独立索引文件名>由用户指定。

3）TAG <索引标识名> [OF <复合索引文件名>]：用于为当前结构化复合索引增加索引标识，或建立非结构化复合索引文件。若要建立结构化复合索引文件，可以省略[OF<复合索引文件名>]。[OF<复合索引文件名>]用于为非结构化复合索引文件命名。

4）ASC | DESC：指定文件升序或降序，默认为升序。

5）[UNIQUE | CANDIDATE]：UNIQUE 用于建立唯一索引，CANDIDATE 说明建立的是候选索引，但必须与 TAG 子句同时使用。此命令默认建立普通索引。

【例 4-9】为学生档案表建立独立索引文件。

在命令窗口中输入如下命令：

```
USE  学生档案
INDEX  ON  姓名 TO  name
LIST
INDEX  ON  出生年月  TO  birthday
LIST              && 建立多个索引，按最近一次建立的索引顺序显示记录
```

在数据库默认目录下可以观察到 name.idx 和 birthday.idx 两个独立索引文件。

【例 4-10】为成绩表建立按学号和课程代码为索引关键字的复合索引文件。

在命令窗口中输入如下命令：

```
USE 成绩表
INDEX  ON  学号+课程代码 TAG  xhkch
BROWSE
```

xhkch 为与成绩表同名的复合索引文件“成绩表.cdx”中的一个标识，随着表文件的打开自动打开。

2. 菜单方式

Visual FoxPro 在表设计器建立的索引都是结构复合索引。

表设计器有三个选项卡，其中“字段”选项卡和“索引”选项卡都可以建立或修改索引，但二者有区别。利用“字段”选项卡只能建立普通索引，如图 4-17 所示，为学生档案表中的“学号”字段建立索引，选定要设置索引的字段，在“索引”下拉列表框中选择一种排序方式，就建立了一个普通索引，索引名与字段名相同，索引表达式即对应的字段。

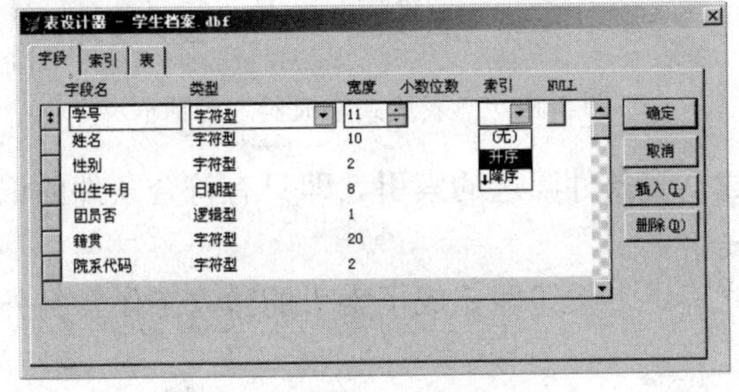

图 4-17　设置字段时建立索引

选中“索引”选项卡，在“索引名”文本框中输入索引标识名。“类型”下拉列表框在自由表中有三种选项：普通索引、候选索引和唯一索引，如图 4-18 所示；在数据库表中有四种选项：普通索引、候选索引、唯一索引和主索引。“表达式”可以是单个字段，也可以是组合字段。

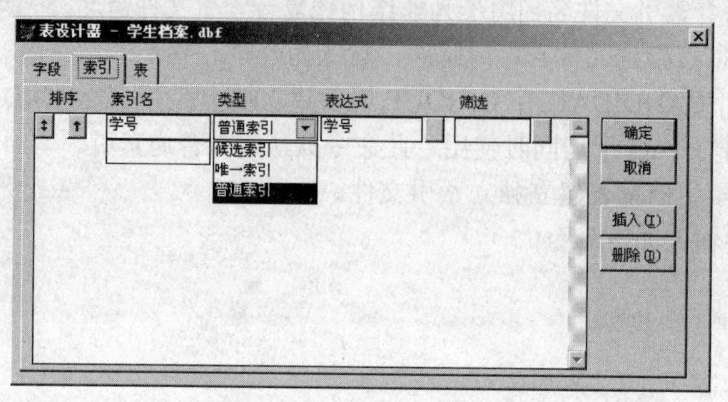

图 4-18 “索引”选项卡

除了在“表达式”文本框中输入表达式外，还可以通过表达式生成器构造复杂的表达式。单击表达式旁边的…按钮，在弹出的“表达式生成器”对话框中构造表达式，如图 4-19 所示。

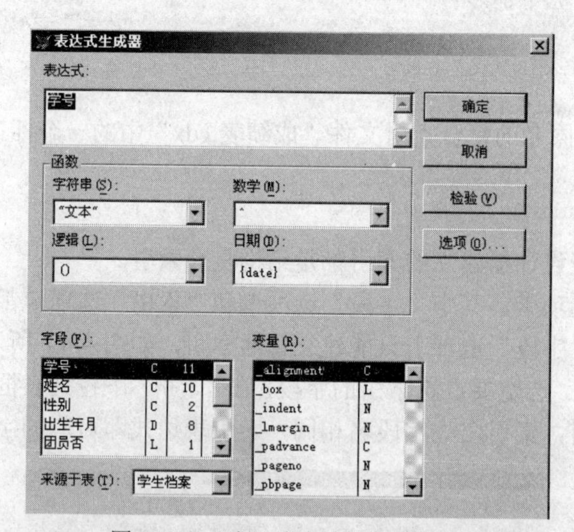

图 4-19 “表达式生成器”对话框

“筛选”选项用于建立有条件筛选的索引。即只有符合条件的记录才会出现在索引文件的索引关键字值列表中。

设置完成后，单击“确定”按钮即完成了索引的建立工作。另外可以使用“删除”按钮删除选定的索引。

利用索引可以提高查询速度，但维护索引是需要付出代价的。当对表进行插入、删除和修改等操作时，系统会自动维护索引，即索引会降低插入、删除和修改等操作的速度。索引应建立在必需的基础上。

4.3.4　索引的使用

1．索引的打开

要使用索引文件，必须先打开表文件，索引文件不能脱离表文件而单独使用。打开索引文件有两种方式：

（1）表和索引文件同时打开。

格式：USE <表文件名> INDEX <索引文件名表> | ?

功能：打开指定的表及其相关的索引文件。

说明：

<索引文件名表>指定要打开的一个或多个索引文件。若是多个索引文件，中间用逗号分隔，其中第一个索引文件为主控索引文件。

若未指定索引文件或使用了“?”，Visual FoxPro 则显示“打开”对话框，提示用户选择索引文件。

（2）打开表后再打开索引文件。

格式：SET INDEX TO [<索引文件名表>] [ADDITIVE]

功能：为当前表打开一个或多个索引。

说明：

ADDITIVE 选项的作用是在打开新的索引文件时，不关闭已经打开的索引文件，若省略该选项，则意味着在打开新的索引文件时，关闭所有已打开的索引文件。

2．索引文件的关闭

（1）结构化复合索引随表的打开而打开，随表的关闭而关闭，所以，只有关闭表才能关闭结构化复合索引。

（2）关闭当前表的所有独立索引文件。

格式：SET　INDEX　TO

（3）关闭所有索引文件。

格式：CLOSE　INDEX

（4）关闭表将关闭这个表的所有索引。

3．设置主控索引

一个表可以打开多个索引文件，但任何时候只有一个索引文件起作用，在复合索引文件中也只有一个索引标识起作用。起作用的当前索引文件称为主控索引文件，起作用的当前索引标识称为主控标识。在使用某个特定索引项进行查询，或记录按某个特定索引项的顺序显示时，必须指定该特定索引项为主控索引（当前索引）。主控索引的设置有两种方法。

（1）命令方式。

格式：SET ORDER TO [独立索引文件名] | [TAG]<索引标识名>

功能：指定表的主控索引文件或主控索引标识。

说明：

[独立索引文件名]指定一个独立索引文件作为主控索引文件。

[TAG]<索引标识名>用于指定一个已打开的复合索引文件中的一个索引标识为主控索引。

SET ORDER TO 的功能是取消控制索引，按数据表物理顺序显示。

（2）菜单方式。

利用菜单方法指定主控索引的步骤如下：

步骤一：打开表浏览窗口，选择“表”→“属性”选项，打开如图 4-20 所示的“工作区属性”对话框。

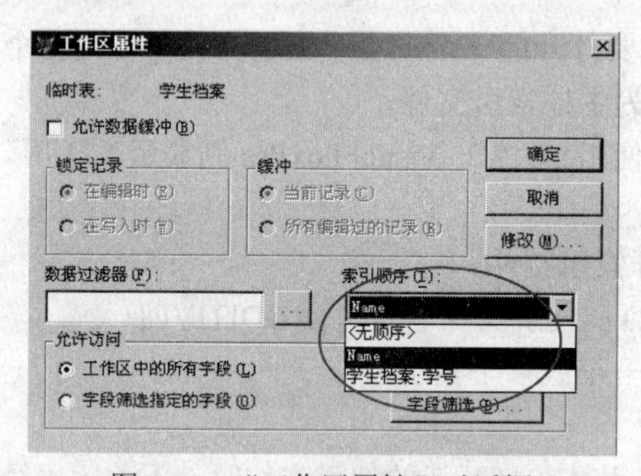

图 4-20 “工作区属性”对话框

步骤二：在“索引顺序”下拉列表中选择索引名，再单击“确定”按钮，即可按该索引对数据表排序。

若要取消主控索引，只需在“工作区属性”对话框的“索引顺序”下拉列表框中选择“<无顺序>”选项即可。

4. 利用索引查询

索引查询是按记录的逻辑顺序查询，速度快，又称为快速查询。利用索引查询的前提是表文件已经建立并打开了索引。

索引查找命令有两条：FIND 和 SEEK。

（1）FIND 命令。

格式：FIND <字符型常量> | <n>

功能：按主控索引，查找满足条件的第一个记录。

说明：

该命令只能查找字符型或数值型数据。若是字符型数据，可以加定界符，也可以不加定界符。

如果查找成功，RECNO()函数返回第一条匹配记录的记录号；FOUND()函数返回“真”（.T.）；EOF()函数返回“假”（.F.）；如果查找失败，RECNO()函数的返回值等于表的记录数加 1；FOUND()函数返回“假”（.F.）；EOF()函数返回“真”（.T.）。

（2）SEEK 命令。

格式：SEEK <表达式>

功能：在索引文件中查找关键字内容与表达式相同的第一条记录，并将记录指针定位到该条记录上。

说明：

该命令可以查找字符型、数值型、日期型和逻辑型数据。若是字符型常量，则必须加定界符。

查找之后，RECNO()、FOUND()、EOF() 等函数值与 FIND 命令查找结果相同。

【例 4-11】用 SEEK 命令查找姓名为“王明”的记录。

在命令窗口中输入如下命令：

```
USE　学生档案
INDEX　ON　姓名　TO　name
SEEK "王明"
DISP
```

显示结果如下：

记录号	学号	姓名	性别	出生年月	团员否	籍贯	院系代码	专业代码	班级	简历	照片
9	08010202002	王明	男	12/09/91	.F.	广西柳州	01	0102	08会电2	memo	gen

利用 LOCATE-CONTINUE 查询记录与利用 FIND、SEEK 命令作索引查询的区别是：

1）LOCATE 是按照记录的物理顺序查找，而索引查询是按照记录的逻辑顺序查询；

2）使用 LOCATE 进行查询时，表中的记录不需要进行索引；而使用索引查询时，表中的记录必须进行索引，并且只能对索引关键字进行查询。

5. 删除索引

可用如下方法删除一个不需要的索引项或索引文件。

（1）在表设计器中删除索引。

在表设计器中，利用“索引”选项卡右边的“删除”按钮，可删除光标所在行的索引项。此方法只删除结构化复合索引文件中的一个索引项，而不删除索引文件本身。

（2）在 Windows 视窗中删除索引。

打开 Windows 的“资源管理器”窗口，将要删除的索引文件删除，这种方法删除的是索引文件整体。

4.4　数据库

前面介绍了有关自由表的创建、基本操作和建立索引。自由表是独立存在的、不受其他表文件约束的表。可以使用自由表存储数据，也可以通过一定的方式访问和处理表中的数据，但依靠自由表来管理数据，远远不能满足用户的要求。在解决实际问题时，只用一张二维表来描述大量数据会出现很多弊端，一般情况下，将相互联系的若干个表有机地组织在一起进行统一的管理，才能真实地反映出客观事物的整体。

本节以学生信息管理系统为例，介绍数据库的创建和使用。

4.4.1 数据库的创建

在 Visual FoxPro 中，数据库文件的默认扩展名为. dbc，同时还会自动产生与数据库文件同名的两个文件：其一是用来存储相关数据库的备注信息，扩展名为. dct 的文件；其二是用来存储数据库索引信息，扩展名为. dcx 的文件。

创建数据库有菜单方式和命令方式。

1. 菜单方式

（1）可以利用数据库设计器来创建数据库。操作步骤如下：

步骤一：选择“文件”→“新建”命令，或在工具栏中单击“新建”按钮，打开“新建”对话框。

步骤二：选择“数据库”选项，单击“新建文件”按钮，打开“创建”对话框。

步骤三：在“创建”对话框中，输入新建数据库文件的文件名 xsgl，单击“保存”按钮，即可创建一个新数据库，并显示新建的“数据库设计器-Xsgl”窗口，如图 4-21 所示。

图 4-21 “数据库设计器－Xsgl”窗口

（2）在“项目管理器”窗口中选择“数据库”选项，单击“新建”按钮。

（3）选择“工具”菜单中的“向导”→“数据库”命令，建立数据库。

2. 命令方式

格式：CREATE DATABASE [<数据库名>]

功能：创建一个数据库。

说明：

<数据库名>指定生成的数据库文件，一般需要用户为数据库指定其路径。如果不指定数

据库名，则弹出“创建”对话框，用户在对话框中输入数据库名并选择数据库存放的路径，保存后即建立该数据库，并且以独占方式打开数据库。

【例 4-12】以命令方式建立一个名为“人事管理”的新数据库，存放在 D 盘 aa 目录下。

在命令窗口中输入如下命令：

```
CREATE   DATABASE   D:\aa\人事管理
```

4.4.2 数据库的基本操作

1. 数据库的打开和关闭

要对数据库进行操作，首先要打开数据库。操作完成后，需要关闭数据库。

（1）菜单方式。

在系统菜单栏选择“文件”→“打开”命令，或单击常用工具栏上的“打开”按钮，在弹出的对话框中选择数据库文件所在的文件夹、类型及文件名，然后单击“确定”按钮，即打开所选数据库。数据库使用完后可单击数据库设计器右上角的“关闭”按钮，将数据库设计器窗口关闭。

（2）命令方式。

1）打开数据库。

格式：OPEN DATABASE <数据库文件名>

功能：打开一个数据库。

2）关闭数据库。

格式：CLOSE DATABASE

功能：关闭当前打开的数据库。

3）删除数据库。

格式：DELETE DATABASE <数据库文件名>

功能：从磁盘上删除一个扩展名为.dbc 的数据库文件。

2. 向数据库中添加表

当数据库设计器处于打开方式时，可以通过“数据库”菜单、“数据库设计器”工具栏、或在数据库设计器中右击，在弹出的快捷菜单中选择“新建表”命令，打开如图 4-22 所示的“新建表”对话框。

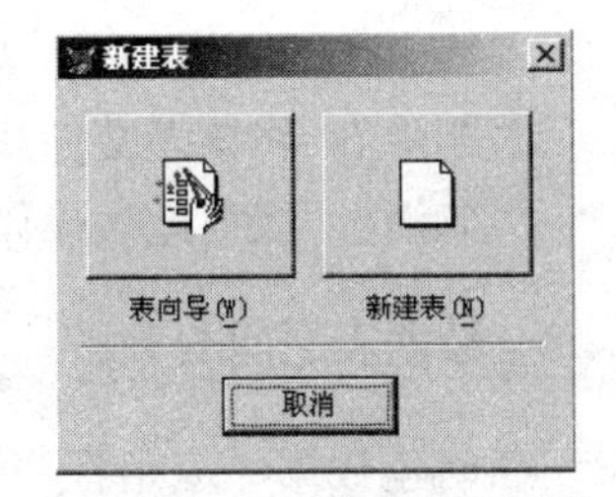

图 4-22 “新建表”对话框

此时，可单击“表向导”或“新建表”按钮，根据前面所介绍的建表步骤完成新建表。也可以通过选择系统的“数据库”菜单、工具栏或快捷菜单中的“添加表”命令，打开一个已经存在的表，并将它加入到新的数据库中去。将之前建立的学生档案表和成绩表添加到 xsgl 数据库中，如图 4-23 所示。

在数据库中添加表是指把自由表添加到数据库中，使之成为数据库表。但必须注意，一个数据表只能属于一个数据库，在将表插入到新的数据库中时，必须保证它不属于其他任何数据库，或将其从其他数据库中移去成为自由表后再添加。

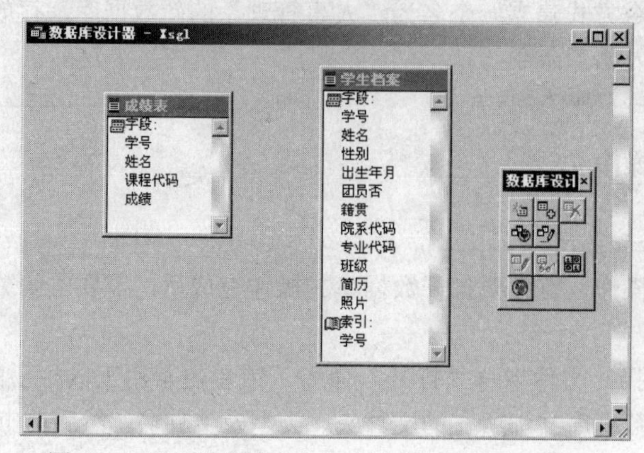

图 4-23　添加学生档案表和成绩表到 xsgl 数据库中

3. 删除表或移去表

当数据库中不再需要某一个表或其他数据库将要使用此表时，可以选择“数据库”→“移去”命令。此时，出现如图 4-24 所示的系统提示对话框，其中有“移去”、“删除”和“取消”三个按钮。

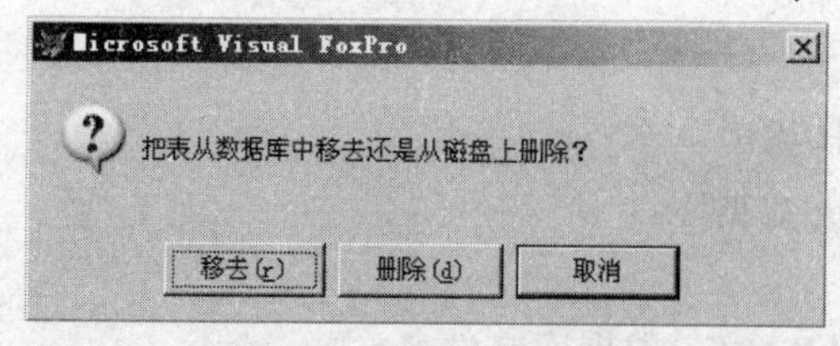

图 4-24　系统提示对话框

“移去”：将该表文件从当前数据库中移去，而成为一个自由表。

“删除”：将该表文件从当前数据库中移出，同时将其从磁盘中删除。

“取消”：取消此次操作。

4.4.3 数据表之间的关系

在创建数据库应用程序系统时，用户不可能只操作一个表就可以完成任务，往往需要同时对多个表进行操作，因而需要对这些表建立关联关系。建立起数据库表之间的关联是实现多表间数据操作的基础。

建立关联的两个表，一个是建立关联的表，称为父表（或主表）；另一个是被关联的表，称为子表（或从表）。子表记录指针的移动受父表的影响。根据父表和子表间公共字段值的情况，表间关系可分为三种：

一对一关系（1:1）：父表中的一条记录对应子表中的一条记录。

一对多关系（1:n）：父表中的一条记录对应子表中的多条记录。

多对多关系（m:n）：一个表中的一条记录与其相关表中的多条记录相关联。Visual FoxPro 不处理多对多关系，如果出现多对多关系，则需创建第三个表，将多对多关系分解成两个一对多关系，然后再进行处理。

在两个数据表之间可以创建两种关系类型：永久性关系和临时性关系。永久性关系是建立在两个数据库表之间的关系，常在数据库设计器中完成关系的创建。而临时性关系的两张表可以是自由表也可以是数据库表形式，在“数据工作期”窗口创建或利用命令创建。

1. 永久性关系

永久性关系的建立有三个前提条件：一是相关联的两张表必须隶属于同一个数据库，并将其中的一个表确定为主表或父表，另一个表确定为子表。例如，学生档案表和成绩表均属于 xsgl 数据库，学生档案表为主表，成绩表为子表；二是两张表必须包含至少一个内容及类型均一致的字段作为关联的纽带，例如在学生档案表和成绩表中均存在“学号”字段；三是在两张表中均以共同字段建立了索引，作为两表之间相互关联的依据。主表中的字段称为主关键字段，必须为主索引或候选索引；子表中的字段称为相关表关键字段，可以是主索引、候选索引、普通索引或唯一索引。通过分析，学生档案表中“学号”字段为主索引类型，成绩表中的“学号”字段和“课程代码”字段为普通索引，“学号+课程代码”为主索引类型。满足上述三个条件即可为两张表建立永久性关系。

（1）建立关联。

在数据库设计器中，通过鼠标的拖放操作，将学生档案表的主索引“学号”字段拖至成绩表的普通索引“学号”字段上，此时在两张表之间显示一条连接线，如图 4-25 所示，标志着两数据库表之间的“一对多”永久性关系已经建立起来。它将作为数据库内容的一部分永久保存在数据库中。

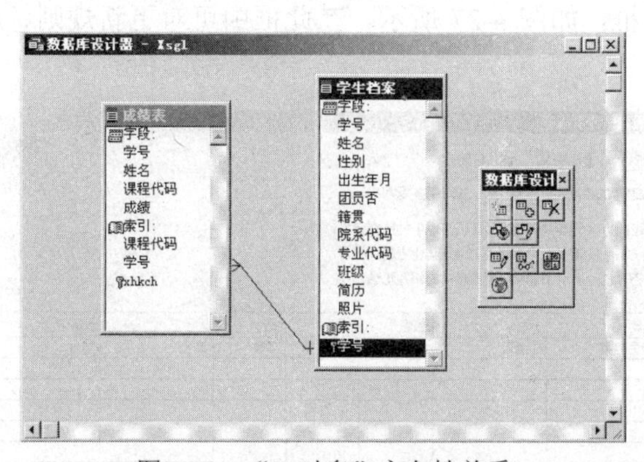

图 4-25 “一对多”永久性关系

关系类型取决于子表的索引类型。若子表的关键字索引是主索引或候选索引，则两表之间为“一对一”关系；若子表的关键字索引是普通索引，则为“一对多”关系。

（2）编辑关联。

单击永久关系的关联线，当连线成为粗线时，表示关系被选中，此时可以对表之间的永久关系进行编辑。右击该粗线，在弹出的快捷菜单中选择“编辑关系”命令，出现“编辑关系”对话框，如图 4-26 所示，可以重新确定两表之间建立关系的关键字段，实现两表间以新的关键字段建立关系。在数据库设计器区域内双击关联线，同样可打开该对话框。

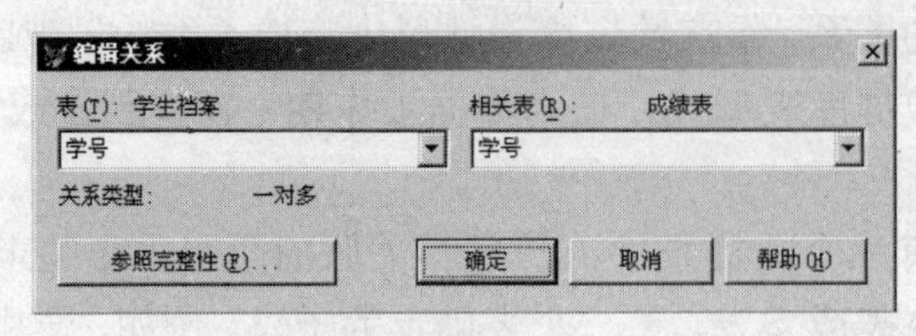

图 4-26 “编辑关系”对话框

如果要将某个已存在的关系删除，右击关联线，在弹出的快捷菜单中选择“删除关系”命令；或当连线被选中成为粗线时，直接按 Delete 键，即可将该关联关系彻底删除，连线也将同时撤消。

（3）设置参照完整性。

参照完整性是关系模型的一种完整性约束条件，用于在已建立关系的表间控制记录的一致性。对于永久性关系的相关表，在更新、插入或删除记录时，如果只改某一张表中内容，不能随时更新另一张表，就会造成数据的不一致，影响数据的完整性。因此对于具有关系的表，必须建立完整性来保证数据的一致性。在 Visual FoxPro 中，可以通过设置参照完整性来建立这些规则，以便控制相关表中记录的插入、更新或删除。

选中数据库中学生档案表和成绩表的关联线，然后选择菜单“数据库”→“编辑参照完整性”命令；或右击关联线，在弹出的快捷菜单中选择“编辑参照完整性”命令，即可打开“参照完整性生成器”对话框，如图 4-27 所示。在此框中可对更新规则、删除规则及插入规则进行设定。

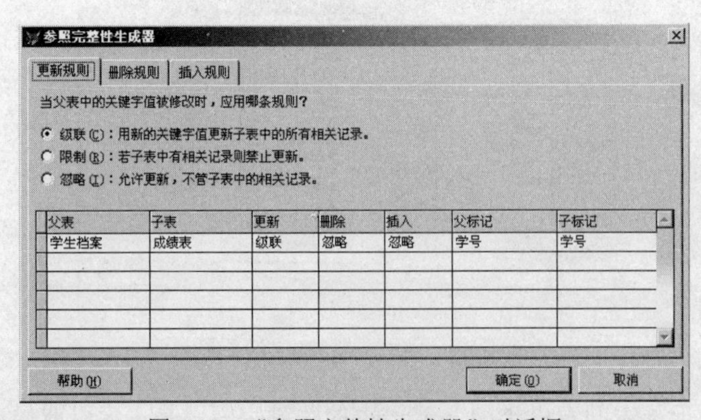

图 4-27 “参照完整性生成器”对话框

“更新规则”、“删除规则”、“插入规则”选项卡用来确定对哪个规则进行编辑。在每个选项卡的下方列出了其选项，用户根据需要选择后单击“确定”按钮，会依次出现生成参照完整性代码的提示框，单击“是”按钮即可。

其选项意义如下：

1）更新规则。

级联：当修改父表中的某一记录时，子表中相应的记录将随之改变；

限制：当修改父表中的某一记录时，若子表中有相应的记录，则禁止更新；

忽略：两表更新操作互不影响。

2）删除规则。

级联：当删除父表中的某一记录时，将删除子表中相应的记录；

限制：当删除父表中的某一记录时，若子表中有相应的记录，则禁止删除；

忽略：两表删除操作互不影响。

3）插入规则。

限制：当在子表中插入某一记录时，若父表中没有相应的记录，则禁止插入；

忽略：两表插入操作互不影响。

【例 4-13】通过设置参照完整性修改学生档案表（父表）中学号为“08010401001”的记录，同时自动更新成绩表（子表）中相应的学号。

操作步骤如下：

（1）选中“一对多”关系连线，单击“数据库”→“编辑参照完整性(I)...”命令，则弹出“参照完整性生成器”对话框，修改“更新规则”选项卡，选择“级联”单选项，如图4-27所示。

（2）单击“确定”按钮，出现两个确认对话框，如图4-28和图4-29所示，单击“是”按钮完成设置；

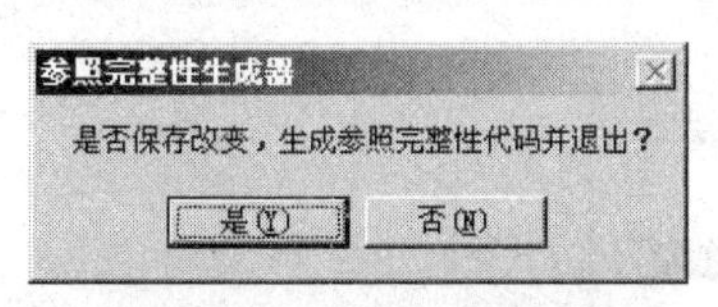

图4-28　确认对话框1

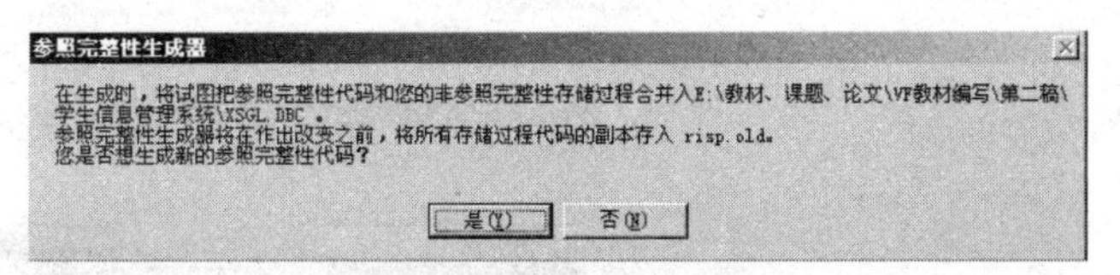

图4-29　确认对话框2

（3）在学生档案表中，将学号“08010401001”改为“08010401222”，此时再打开成绩表，相应的学号自动更新完成。

2. 临时性关系

当表间没有建立关系时，在编写程序时可以利用命令建立临时关系，它是相对于永久关系而言的，可存在于任何表之间，既可以是自由表，也可以是数据库表。临时关系不被保存，使用时建立起来，当关闭两表中的任意一个或关闭 Visual FoxPro 系统时，表之间的临时关系都将被解除。

在建立了表间的临时关系后，父表可以控制子表。当在父表中移动记录指针时，子表中的记录指针也相应移动。但反过来，如果子表的记录指针发生了变化，父表的记录指针并不随之发生改变。

（1）在“数据工作期”窗口建立临时关系。

单击“窗口”→“数据工作期”命令，打开“数据工作期”对话框。如果表没有打开，则单击“打开”按钮，打开要建立临时关系的表。然后从“别名”列表框中选中要建立关系的主表，单击“关系”按钮，在“关系”列表框中会出现该表的别名，别名下面有一条折线。再从“别名”列表框中选择要相关联的子表，在弹出的“表达式生成器”对话框中选择建立关系的索引字段，如图 4-30 所示，再单击“确定”按钮完成临时关系创建。此时，在“数据工作期”窗口的关系列表框中自动显示出两表间的关系，如图 4-31 所示，其中折线的竖直方向指向主表，横向指向子表。

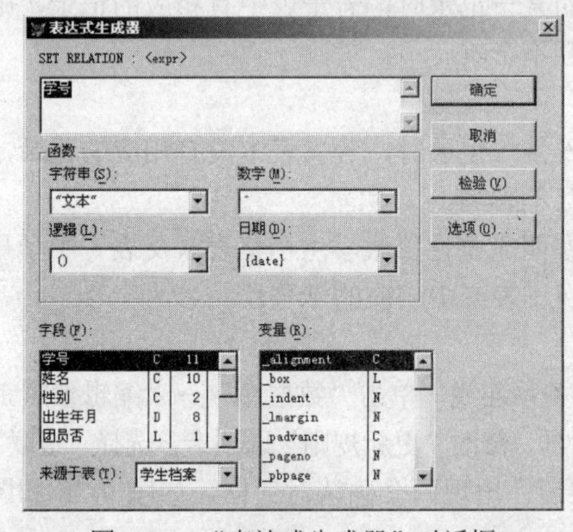

图 4-30　“表达式生成器”对话框

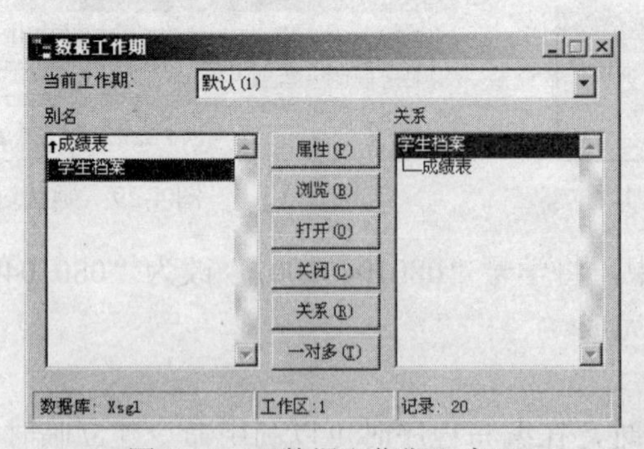

图 4-31　“数据工作期”窗口

临时关系已经存在后，同时浏览两表，改变学生档案表中的当前记录，可以看到学生成绩表浏览窗口只显示相关记录，如图 4-32 所示，这一点是与两表间建立永久性关联的主要区别之一。

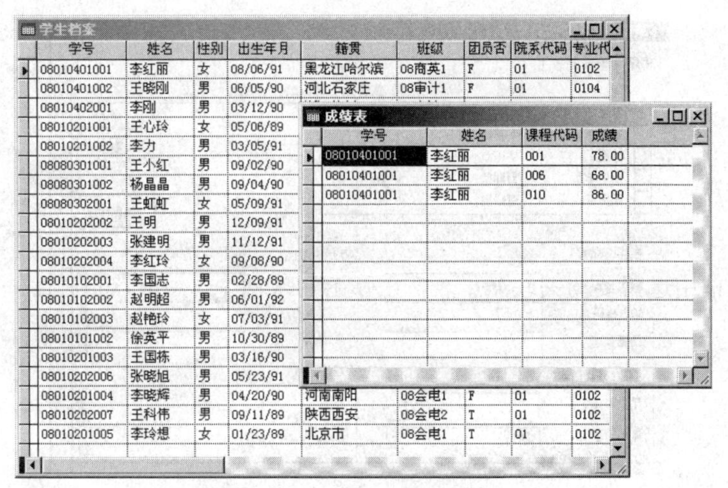

图 4-32 验证表间的临时关系

（2）使用命令建立临时关系。

命令格式：SET RELATION TO <关系表达式 1> INTO <工作区 1> | <表别名 1>[,<关系表达式 2> INTO <工作区 2> | <表别名 2>…][IN <工作区> | <表别名>] [ADDITIVE]

说明：

1）<关系表达式>：表示在父表与子表之间建立关联的关系表达式。

2）INTO <工作区 1> | <表别名 1>：指定子表的工作区编号或子表别名。

3）IN <工作区> | <表别名>：指定父表的工作区编号或父表别名。

4）ADDITIVE：建立新关系的同时，仍然保持该主表与其他表间的原有关系。

4.4.4 数据库设置

数据库不仅将多张表集中到一起，而且还将数据库中各种数据的定义或设置信息（包括表的属性、字段属性、记录规则、表间关系以及参照完整性等）保存到数据字典中。数据字典是包含数据库中所有表信息的一个表，它记录关于数据的信息。在 Visual FoxPro 中，数据字典的各种功能使得对数据库的设计和修改更加灵活。使用数据字典可以设置字段级和记录级的有效性检查，保证主关键字字段内容的唯一性。

数据字典中保存的各种属性和信息均通过数据库设计器来设置、显示或修改，并由系统自动保存到数据字典中，直到相关的表从数据库中移去为止。

1．设置字段属性

数据库表具有比自由表更多的功能和属性，如字段的标题、字段验证规则、默认值等。这些属性显示在数据库表设计器的下半部分，如图 4-33 所示。它们的设置值都被作为数据库内容的一部分永久保存，可供用户随时使用。但是，当表从数据库中移去成为自由表时，这些新属性也将随之取消，不再拥有。

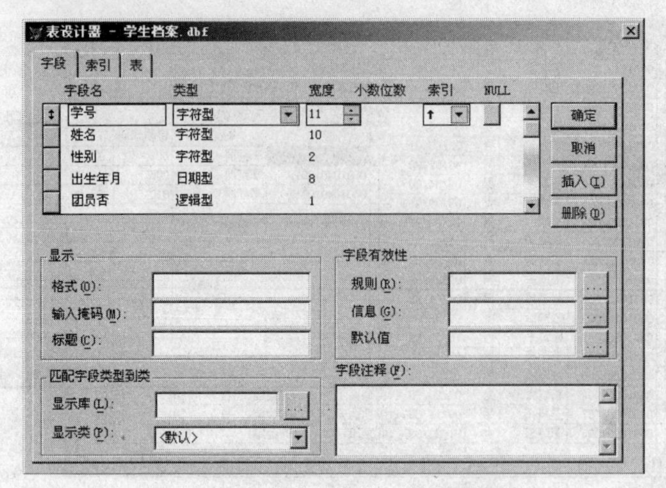

图 4-33 表设计器中的“字段”属性

（1）“显示”区域。

“显示”区域中的三个属性用于设定数据库表的显示属性。

1）格式。

数据库表的格式属性设置并存储了字段的输出格式。选定某字段，在“格式”文本框中输入相应的格式代码，即可为每个字段分别设置一种格式要求。格式代码的具体含义如表 4-3 所示。

表 4-3 格式代码列表

代码格式	含义说明
A	只允许是字母符号，禁止汉字、空格或标点符号
D	使用当前的默认日期格式显示数据。日期的默认格式可用 SET DATE 命令设定
E	以英国日期格式编辑日期型数据
L	将数值型数据前面的空格位用前导零填充，而非空格
T	删除字段中的前导空格和尾部空格
!	将字段中的小写字母转换成大写字母
^	使用科学计数法显示数值型字段的值
$	显示当前的货币符号，只用于数值型或货币型字段

在“格式”文本框中输入的是一位格式代码，指定的是整个字段内每个字符的输入限制条件条件和显示格式。表中所列的不同格式代码可以组合使用。

例如，对“姓名”字段设置格式属性为 AT，表示在该字段下输入或显示的数据只能是字母字符，且禁止前导空格和尾部空格。若违反了所设置的格式规则，则禁止新数据的录入；若表中的原有数据违反了所设置的格式规则，系统将给出提示信息。

2）输入掩码。

输入掩码用于确定字段中数据的输入格式，这一限定是对所输入的每一个字符进行的正确性验证，防止数据的非法输入。可先选定某个字段，然后在“输入掩码”文本框中输入相应的掩码。掩码的具体含义如表4-4所示。

表4-4 输入掩码列表

输入掩码	含义说明
X	可输入任何字符
9	可输入数字和正负号
#	可输入数字、空格和正负号
$	在指定位置显示当前的货币符号
.	用来指定小数点的位置
,	用来分隔小数点左边的整数部分，通常作为千分位隔点

“输入掩码”文本框中的一个符号只能控制对应字段中的一位数据，因此输入掩码的个数应与字段的宽度相对应。

例如：若某个数值型字段宽度为10，小数位数为2，可将其输入掩码设置为“9,999,999.99”。

3）标题。

可以为数据库表中的每个字段分别设置一个标题，该标题将作为浏览窗口中的列标题。但应注意，所设置的字段标题在浏览窗口中只作为临时显示的列标题，并未改变表结构中的字段名。该文本框中的内容一般是对字段含义的直观描述或具体解释。

（2）“字段有效性”区域。

对输入数据库表的数据，以字段为整体设置其验证规则，称为字段的有效性，又称为字段级验证。当输入到表中的数据违反了字段有效性规则时，系统会拒绝接收新数据，并显示出错的提示信息。字段有效性在上述格式和输入掩码规则验证的基础上，进一步保证了数据的准确性。

1）规则。

“规则”设置的是对字段的验证规则。可在“规则”文本框中直接输入一个逻辑表达式，也可使用该文本框右侧的...按钮，在表达式生成器中构造逻辑表达式。当向表中输入的数据使得表达式值为.T.时，通过字段验证；否则系统拒绝接收新数据。

例如，“性别”字段的有效性规则表达式为：性别="男".OR.性别="女"

在向“性别”字段输入数据时，只能输入“男”或“女”两个汉字，输入其他均为非法数据。

2）信息。

该文本框中的内容是对设置了有效性规则的字段输入数据后，不能通过字段验证时显示的提示内容。在该文本框中输入的字符串，必须加字符定界符。若不进行该项设置，则系统显示默认的提示信息，如性别字段设置，系统默认提示信息为“违反了字段性别的有效性规则”。

3）默认值。

如果某个字段的值对于多数记录都是相同的，则可以为该字段设置一个默认值。例如：如果在校的学生中男生的人数明显居多，便可将学生档案表中性别字段的默认值设为“男”。其作用是每当以后在数据表中添加一个新记录时，系统便会自动地将默认值填入相应的字段中，从而简化数据的录入过程。

（3）“匹配字段类型到类”区域。

通过这项功能，可将一个用户自定义的类挂载到指定字段上。例如，若将一个已建好的组合框类挂载到某个字段上，在创建表单时，将包含该字段的表添加到表单的数据环境中，当用鼠标将该字段拖放到表单上时，就会自动生成一个组合框控件。

（4）“字段注释”编辑框。

对于数据库表，可以为某个字段加上一些注释信息，对该字段的含义进行较为详细的解释和说明，有利于用户对该字段的理解，并正确使用该字段。

若要为某个字段添加注释信息，只需在“字段注释”编辑框中输入相关内容即可。

2. 设置表属性

（1）记录的有效性规则。

不仅可以在数据库中设置表中字段的有效性规则，而且可以设置记录的有效性规则，用于验证输入到数据库表中记录的数据是否合法和有效，这一规则又称为记录级验证。当用户改变记录中某些字段的值并试图将记录指针移开该记录时，系统便会立即进行记录的有效性检验，即将记录中的数据与规则表达式相比较，只有匹配后才允许记录指针离开，否则将显示错误提示信息，并将记录指针重新指向该记录。

记录有效性规则的设置在数据库表设计器的“表”选项卡中，如图 4-34 所示，类似于字段有效性的设置。

1）规则。

由一个逻辑表达式构成，用以验证当前记录中某些字段的值是否满足条件，其输入同字段有效性中的规则。

例如，若要保证记录的“学号”字段的内容不能为空，可在规则文本框内输入规则表达式“.NOT.EMPTY(学号)”。

2）信息。

在此文本框中输入当前记录中的数据没通过记录的有效性验证时，要显示的错误提示信息内容，其要求与字段有效性中的信息相同。

（2）触发器。

触发器是绑定在表中的表达式，当插入、更新或删除表中的记录时则激活此触发器，作为对数据库表中已存在的数据进行插入、更新或删除操作时的数据验证规则，用于防止非法数据的输入。触发器是对表中数据进行有效性检查的机制之一，可以作为数据库表的一种属性而建立并存储在数据库中。如果某一表从数据库中被移去，则与此相关的触发器同时被删除。

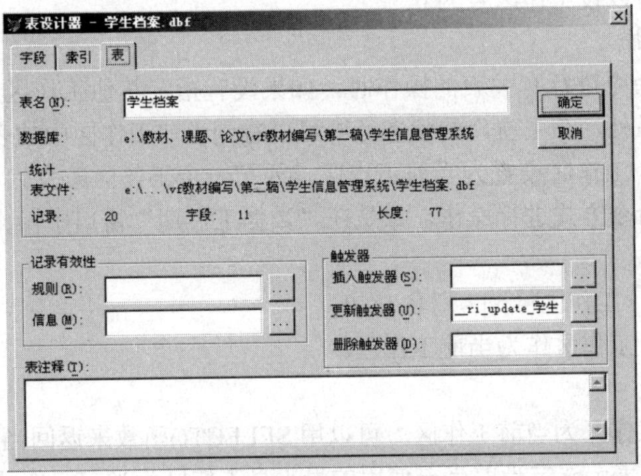

图 4-34 设置记录规则及触发器

数据库表的触发器有三种，即插入触发器、更新触发器和删除触发器。每种触发器对应的文本框中可输入的内容是一个逻辑表达式，作为对数据库表中数据进行插入、更新和删除时的验证规则。当对该表执行了插入新记录、修改原有记录的字段值或者删除记录等操作时，便会自动引发相应触发器中所包含的规则代码并返回一个逻辑值，若触发器的返回值为.F.时，将显示触发器失败的信息，说明表中数据不符合触发器验证规则。

4.4.5 Visual FoxPro 中的工作区

工作区是 Visual FoxPro 在打开数据表时所使用的内存区。在任意时刻，只有一个工作区是当前工作区，用户只能在当前工作区对打开的当前数据表进行操作。在一个工作区中，某一时刻只能打开一个表，每打开一个表将自动关闭该工作区此前打开的表。要访问多个表，需使用多个工作区。

1. 工作区的标识

每一个工作区用工作区号或别名来标识。

（1）工作区号：Visual FoxPro 最多允许使用 32767 个工作区，每个工作区都有编号，编号为 1～32767。系统初始建立的默认工作区标识为 1。

（2）别名：是工作区编号以外的另一种标识方式，在 Visual FoxPro 中每个数据库都有两个等效的别名，一个是系统指定的（A、B、…J、W11、W12、…、W32767），另一个是用户可以使用 USE 命令在打开表文件的同时为其建立的一个别名（表别名）。

格式：USE <表文件名> [IN <工作区号>][ALIAS<别名>]

功能：在指定工作区打开数据表文件，并为该数据表文件取一个别名。

说明：

在指定工作区中打开表，若指定的工作区中已经存在打开的表，要自动选择在最低可用工作区中打开表，可以设工作区号为 0。

2. 工作区的选择

当通过界面或命令进行有关表的操作时，如果没有指定其他工作区，则其作用对象是当前工作区中的表。另外，在主窗口的状态行中可以看到当前工作区中的表的别名。

可以把任何一个工作区设置为当前工作区。要把一个工作区改变为当前工作区，可以有两种方法：一是用命令方式进行操作，二是在“数据工作期”窗口中操作。

（1）命令方式。

格式：SELECT <工作区号> | <别名> | 0

功能：选定一个工作区作为当前工作区。

说明：

系统默认 1 号工作区为当前工作区。可以用 SELECT()函数来返回当前工作区的区号。

命令 SELECT 0 表示选定当前尚未使用的最小号工作区为当前工作区，该命令使用户不必考虑工作区号。

只有已打开的表在切换工作区时，可以使用“SELECT 别名”命令。

（2）在“数据工作期”窗口中操作。

在“窗口”菜单中选择“数据工作期”命令，打开“数据工作期”窗口，在该窗口中的“别名”列表中，可以看到所有打开的表的别名，单击需要的别名，则其所在的工作区成为当前工作区。

每个工作区上打开的表文件有各自独立的记录指针，工作区的切换不影响各工作区记录指针的位置。

习题 4

一、单项选择题

1．在 Visual FoxPro 系统中，用户打开一个数据表后，若要显示其中的记录，可以使用的命令是（　　）。

A）BROWSE　　B）SHOW　　C）VIEW　　D）USE

2．在 Visual FoxPro 系统中，删除记录有（　　）。

A）逻辑删除和物理删除　　B）逻辑删除和彻底删除

C）物理删除和彻底删除　　D）物理删除和移去删除

3．下列字段中，在.dbf 文件中仅保存标记，其具体内容存放在.fpt 文件中的是（　　）。

A）字符型　　B）通用型　　C）逻辑型　　D）日期型

4. 在创建索引时，索引表达式可以包含一个或多个数据表字段。在下列数据类型的字段中，不能作为索引表达式的字段为（ ）。

A）日期型 B）字符型 C）备注型 D）数值型

5. 不能用在自由表中的索引是（ ）

A）普通索引 B）唯一索引 C）候选索引 D）主索引

6. 建立表结构时，由系统自动设置宽度的字段类型是（ ）。

A）字符型、备注型和逻辑型 B）日期型、数值型和字符型

C）逻辑型、备注型和日期型 D）浮点型、日期型和逻辑型

7. 不允许记录中出现重复索引值的索引是（ ）。

A）主索引 B）主索引、候选索引和普通索引

C）主索引和候选索引 D）主索引、候选索引和唯一索引

8. 修改表结构的命令是（ ）。

A）MODIFY COMMAND B）MODIFY STRUCTURE

C）MODIFY DATABASE D）MODIFY FILE

9. 打开一张空表（无任何记录的表）后，未做记录指针移动操作时，RECNO()、BOF()和EOF()函数的值分别为（ ）。

A）0、.T.、.T. B）0、.T.、.F.

C）1、.T.、.T. D）1、.F.、.T.

10. 在 Visual FoxPro 中，在表与表之间建立参照完整性的目的是（ ）。

A）定义表的临时关系

B）定义表的永久关系

C）定义表的外部关系

D）在插入、更新、删除记录时，确保已定义的表间关系

11. 参照完整性规则中不包括（ ）。

A）索引规则 B）更新规则 C）删除规则 D）插入规则

12. 在参照完整性生成器的“删除规则”选项卡中，若删除父表中的记录时自动删除子表中相关的所有记录，应当设置（ ）选项。

A）删除 B）级联 C）限制 D）忽略

13. 在数据库设计器中，建立两个表之间的一对多关系是通过（ ）索引实现的。

A）父表的主索引或候选索引，子表的普通索引

B）父表的主索引，子表的普通索引或候选索引

C）父表的普通索引，子表的主索引或候选索引

D）父表的普通索引，子表的候选索引或普通索引

14. 在 Visual FoxPro 中，字段的数据类型不可以指定为（ ）。

A）日期型 B）时间型 C）通用型 D）备注型

15．在创建数据库表结构时，为该表中一些字段建立普通索引的目的是（　）。

A）改变表中记录的物理顺序　　B）为了对表进行实体完整性的约束

C）加快数据库表的更新速度　　D）加快数据库表的查询速度

二、简答题

1．什么是自由表和数据库表？

2．逻辑删除和物理删除的含义有什么不同？

3．在 Visual FoxPro 中，<范围>有几种取值，分别是什么？

4．LIST 和 DISPLAY 有什么区别？

5．Visual FoxPro 中有几种索引文件类型？各自的含义是什么？

6．Visual FoxPro 中的索引关键字有几种类型？

7．为什么要设置参照完整性？参照完整性是在哪几个方面作出限制的？

8．永久关系有几种类型？依据是什么？

9．数据库表的触发器有几种类型？

三、应用题

附全国计算机等级考试模拟题，如图 4-35 所示。

本模拟试题用于学生了解等级考试的出题方式，题中提到的教师表 TEACHER、学生表 STUDENT 和班级表 CLASS 在考试时存放在考生文件夹中，可打开文件夹直接使用。

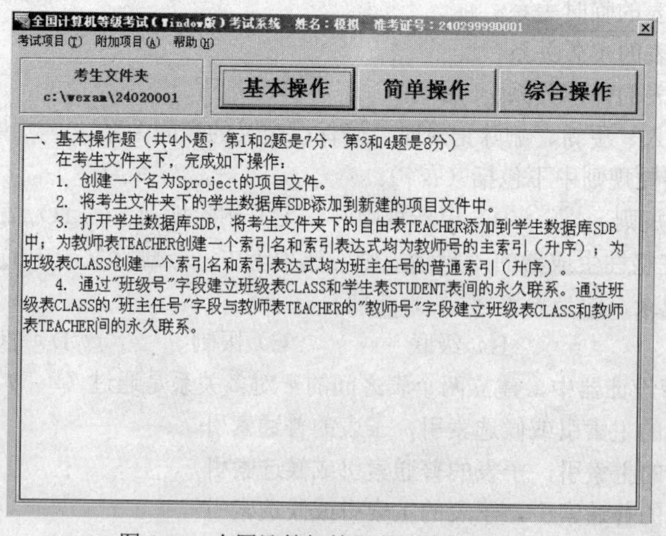

图 4-35　全国计算机等级考试模拟题界面

5 查询与视图

数据库管理系统的优点在于它具有很强的查询功能。查询就是从指定的数据库、表或视图中，根据用户给定的筛选条件，检索满足条件记录的操作过程。查询操作还可以在查询的同时将记录进行排序和分组，并且将查询结果输出到浏览器、表、报表、标签或图形中。在 Visual FoxPro 中，查询操作可以通过查询设计器或 SQL- SELECT 语句来实现。

视图是在数据库表的基础上创建的一种表，它兼有表和查询的特点，既可以实现查询功能，也可以更新表中的数据。视图存储在数据库文件中，而查询则存储在单独的文件中。

读者在本章的学习中应重点掌握如何利用查询设计器和 SELECT 语句对数据库进行查询。

5.1 查询设计器

查询就是根据用户的要求在数据表中检索出符合条件的记录，并将查询结果显示出来或生成相应的查询文件。查询设计器是一种简单而有效的查询设计工具，使用查询设计器创建查询的结果是生成一个查询文件，其扩展名为.qpr。

5.1.1 打开查询设计器

打开查询设计器的操作步骤如下：

（1）单击“文件”菜单中的“新建”命令，在弹出的“新建”对话框中选择“查询”选项，单击“新建文件”按钮。

（2）在弹出的“打开”对话框中选择查询的数据来源表并单击“确定”按钮。

（3）出现“添加表或视图”对话框，如图 5-1 所示，通过此对话框可以继续添加表，选择后单击“添加”按钮即可。

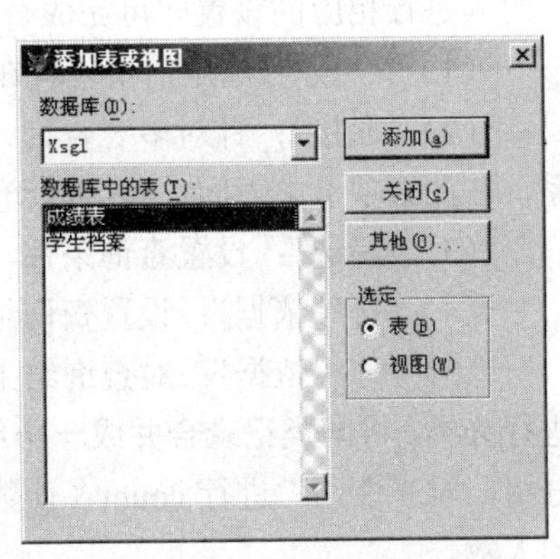

图 5-1 “添加表或视图”对话框

查询是基于表或视图的，所以在设计查询之前，首先要选取查询的数据来源；如果事先打开了数据库或表，则步骤（2）略去，直接跳到步骤（3），选择好查询所涉及的表，即可打开如图 5-2 所示的“查询设计器－查询 1”窗口。

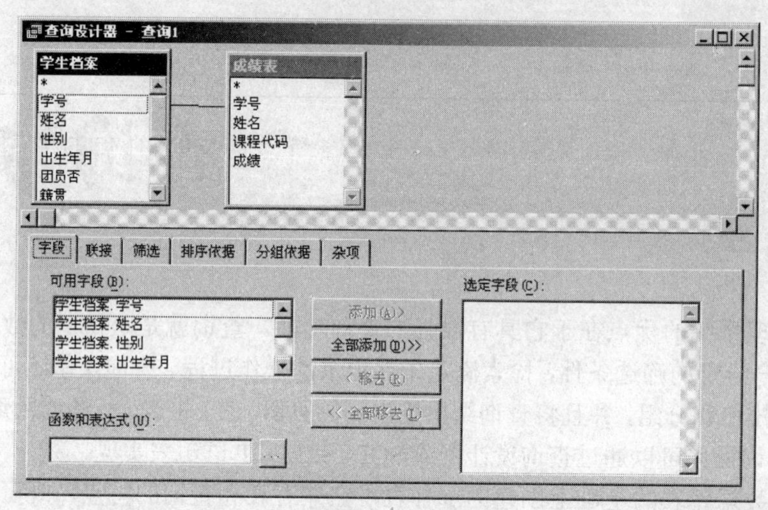

图 5-2 “查询设计器－查询 1”窗口

5.1.2 查询设计器的组成

1. “查询设计器”窗口

“查询设计器”窗口分为两部分。上半部分用于显示查询中要使用的表或视图，每一张表都由可改变大小的窗口来表示，窗口中列举了该表的字段信息。如果查询包含多个表，并且其中两个表之间有一条线相连，就表示这两个表之间建立了关系。下半部分有 6 个选项卡，用户对其进行相应的设置即可完成查询。各选项卡的功能如下：

（1）“字段”：选定需要包含在查询结果中的字段。可选择部分字段，也可选择所有字段。

（2）“联接”：针对多表查询，可在此建立表间联接，如果在数据库中已经建立了表间关系，在此选项卡中表间关系会自动显示出来，则此步骤可省略。

（3）“筛选”：设置查询条件，以筛选出满足条件的记录。

（4）“排序依据”：设置查询结果（记录）的排列顺序，可按字段进行升序或降序排列。

（5）“分组依据”：对查询结果基于指定字段进行分组操作。分组操作是按某一字段的值进行分类，将同类记录合并成一个结果记录，可以对这组记录进行各种计算。例如，按“性别”分组，对“性别”进行 count（计数）计算，其结果是生成两个记录，分别统计出男、女同学的人数。

（6）“杂项”：设置查询结果中是否包含重复记录以及记录的个数。

2. “查询设计器”工具栏

“查询设计器”工具栏中各按钮的功能如图 5-3 所示。

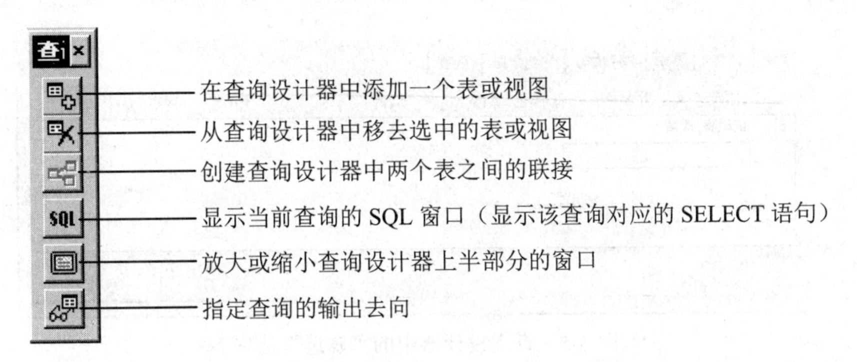

图 5-3 “查询设计器”工具栏

5.1.3 使用查询设计器创建、运行和修改查询

下面以一个具体的例子说明查询设计器的使用方法。

【例 5-1】在“成绩表”中查询所有成绩在 80 分以上的学生名单，并按成绩的降序排列。

操作步骤如下：

1. 新建查询

（1）打开查询设计器。在菜单栏中单击“新建”图标，选择“查询”命令，单击“新建文件”按钮，在打开的“添加表或视图”对话框中选择“成绩表”进行添加。

（2）选择所需字段。根据题意，在查询设计器中的“字段”选项卡中需要添加所有字段，单击“全部添加”按钮，或者将查询设计器上半部分中“成绩表”窗口的“*”拖动到“选定字段”列表框中，如图 5-4 所示。

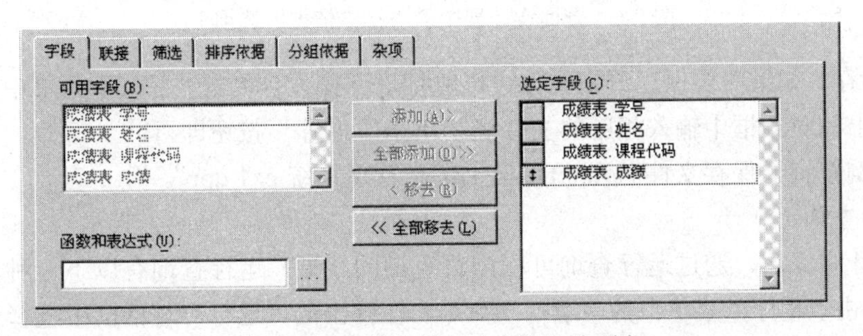

图 5-4 查询设计器的“字段”选项卡

如果只添加部分字段，则可在“可用字段”列表框中逐一双击这些字段或将其拖动到“选定字段”列表框中。

（3）设置查询条件：成绩≥80。在“筛选”选项卡中，在“字段名”中选择“成绩”字段，在“条件”下拉列表框中选择“>=”，“实例”文本框中输入 80，如图 5-5 所示。

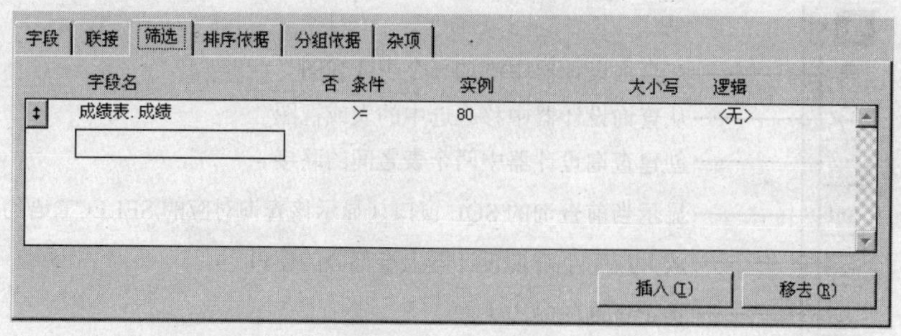

图 5-5　查询设计器中的“筛选”选项卡

如果筛选条件比较复杂，则需要从“逻辑”列表框中选择“AND”或“OR”来构造包含多个条件的逻辑表达式。

（4）排序。在“排序依据”选项卡中，在“选定字段”列表框中选中“成绩”字段，单击“添加”按钮，将其添加到“排序条件”列表框中，在“排序选项”中选择“降序”单选项，如图 5-6 所示。

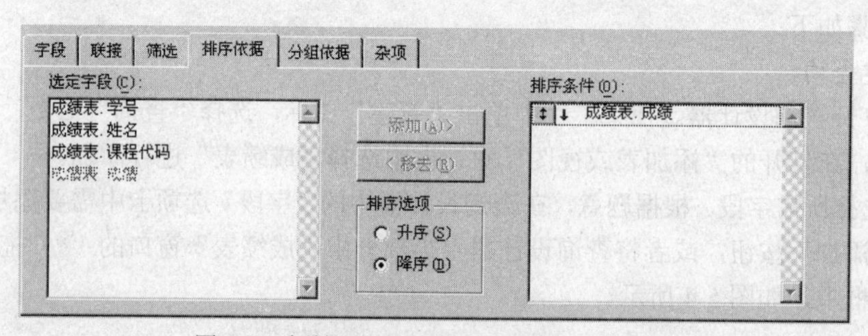

图 5-6　查询设计器中的“排序依据”选项卡

（5）保存。如果需要保存查询文件，可执行以下操作：单击“保存”菜单中的“另存为”命令，在弹出的对话框中输入相应的文件名，单击“保存”按钮即可。

对于本例查询，保存文件名为“D:\学生信息管理系统\cx1.qpr”。

2. 运行查询

查询设计完成后，通过运行查询可以浏览查询的结果。运行查询有以下三种方法。

（1）单击“程序”菜单中的“运行”命令，在弹出的“运行”对话框中选择查询文件后，单击“运行”按钮。

（2）在命令窗口中输入命令“DO <查询文件名.qpr>”，查询文件必须给出扩展名。

例如：DO D:\学生信息管理系统\cx1.qpr，其作用为运行查询文件 cx1.qpr。

（3）在查询设计器中打开要运行的查询文件后，单击“常用”工具栏上的 ! 按钮。

在此例中，单击 ! 按钮得到查询结果如图 5-7 所示。

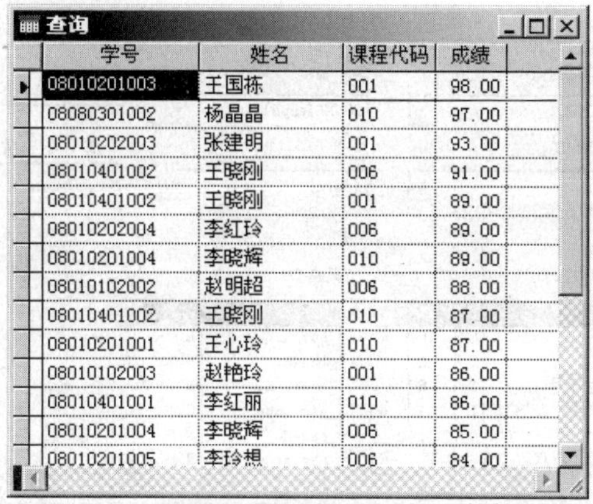

查询

学号	姓名	课程代码	成绩
08010201003	王国栋	001	98.00
08080301002	杨晶晶	010	97.00
08010202003	张建明	001	93.00
08010401002	王晓刚	006	91.00
08010401002	王晓刚	001	89.00
08010202004	李红玲	006	89.00
08010201004	李晓辉	010	89.00
08010102002	赵明超	006	88.00
08010401002	王晓刚	010	87.00
08010201001	王心玲	010	87.00
08010102003	赵艳玲	001	86.00
08010401001	李红丽	010	86.00
08010201004	李晓辉	006	85.00
08010201005	李玲想	006	84.00

图 5-7　查询结果

3. 修改查询

若要对已建立的查询文件进行修改，只需要重新打开相应的查询文件即可对其进行修改，打开查询文件有以下两种方法。

（1）菜单法。

单击“打开”图标，在“打开”对话框中的“文件类型”中选择“查询”选项，在所列出的查询文件中选择要打开的查询文件即可。

（2）命令法。

打开查询文件的命令格式为：

```
MODIFY  QUERY  [查询文件名.qpr]
```

注意：查询文件名必须包含扩展名。

【例 5-2】在“学生档案”表中查询各城市学生的人数。

分析：本例要求统计出不同城市学生的人数，也就是要按“籍贯”字段分组进行计数（count）计算。操作步骤如下：

（1）打开查询设计器，添加“学生档案”表。

（2）添加字段。查询结果需要两个字段：籍贯和人数。添加“籍贯”字段只要在“可用字段”列表框中的“籍贯”字段上双击即可。而“可用字段”列表框中不存在“人数”字段，对于不存在的字段，就需要设置字段表达式。字段表达式在“函数和表达式”文本框中设置，在文本框中输入“COUNT(*) as 人数”即可，也可以单击文本框右侧的 ... 按钮，在弹出的“表达式生成器”对话框生成字段表达式，如图 5-8 所示，单击“确定”按钮返回“查询设计器”窗口，单击“添加”按钮，将设置好的字段表达式添加到“选定字段”列表框中，如图 5-9 所示。

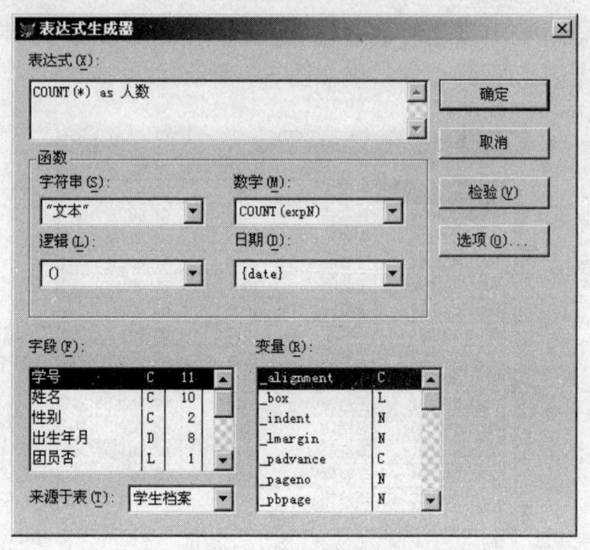

图 5-8 “表达式生成器”对话框

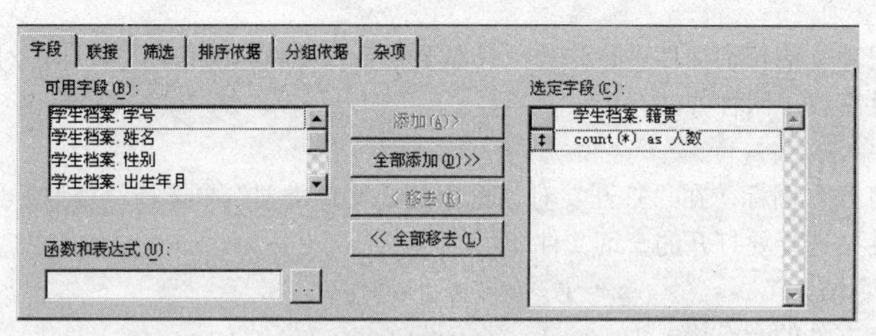

图 5-9 “人数”表达式添加到“选定字段”列表框

（3）分组。在“分组依据”选项卡中双击“籍贯”字段选中即可，如图 5-10 所示。

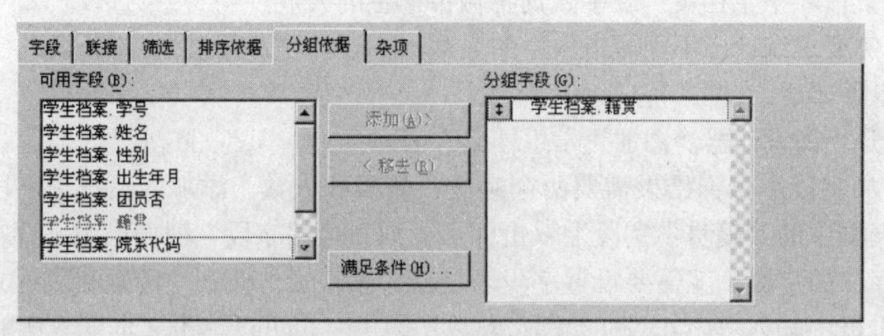

图 5-10 查询设计器中的“分组依据”选项卡

（4）保存。将所建查询保存为查询文件，文件名为“D:\学生信息管理系统\cx2.qpr”。查询的设置至此完成，运行该查询结果如图 5-11 所示。

籍贯	人数
北京	2
广西柳州	1
河北石家庄	3
河南南阳	2
河南平项山	1
河南郑州	1
黑龙江哈尔滨	1
湖北黄石	1
湖北武汉	2
山东曲阜市	1
山东枣庄	1
山西运城	1
陕西西安	2
浙江杭州	1

图 5-11　各城市学生人数查询结果

5.1.4　查询的输出去向

在查询设计器中可以根据需要定制查询的输出去向。定制查询去向要先在查询设计器中打开查询文件，然后单击“查询”菜单中的“查询去向”命令，或是单击查询设计器工具栏中的“查询去向”按钮，即可弹出“查询去向”对话框，如图 5-12 所示。

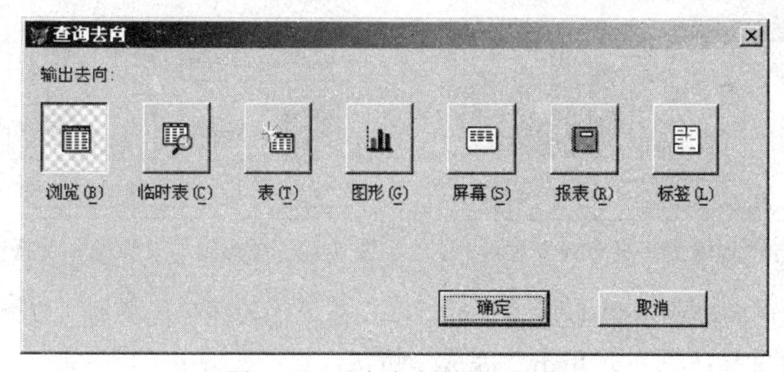

图 5-12　“查询去向”对话框

Visual FoxPro 共提供了 7 种输出去向：

（1）浏览：将查询结果输出到浏览窗口，此种方式为默认的输出去向。

（2）临时表：将查询结果存储在一个临时的只读表文件中。当关闭此文件时，该表自动被删除。

（3）表：将查询结果存储在一个表文件中。

（4）图形：将查询结果以直观的图形显示在 Microsoft Graph（此程序为包含在 Visual FoxPro 中的一个独立的应用程序）中。

（5）屏幕：将查询结果显示在 Visual FoxPro 的工作区中或是当前活动的输出窗口中。

（6）报表：将查询结果输出到一个报表文件（.frx）中。

（7）标签：将查询结果输出到一个标签文件（.lbx）中。

【例 5-3】查询“学生档案”表中来自不同城市的学生人数，并以“图形”方式作为输出去向。

操作步骤如下：

（1）打开例 5-2 中建立的查询文件。

（2）选择“查询”菜单中的“查询去向”命令，在弹出的“查询去向”对话框中选择“图形”选项，单击“确定”按钮。

（3）单击工具栏上的“运行”按钮，弹出图形向导“步骤 2-定义布局”对话框，将“可用字段”列表框中的“人数”字段拖动至“数据系列”列表框中，将“籍贯”字段拖动至“坐标轴”框中，如图 5-13 所示，单击“下一步”按钮。

（4）弹出图形向导“步骤 3-选择图形样式”对话框，在其中选择平面柱形图，如图 5-14 所示，单击“下一步”按钮。

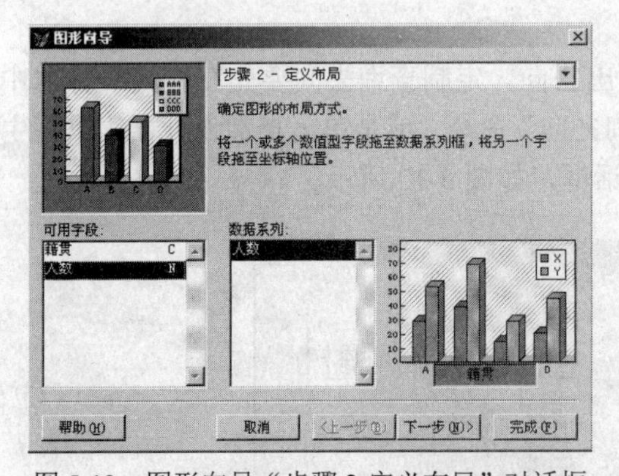

图 5-13　图形向导“步骤 2-字义布局”对话框

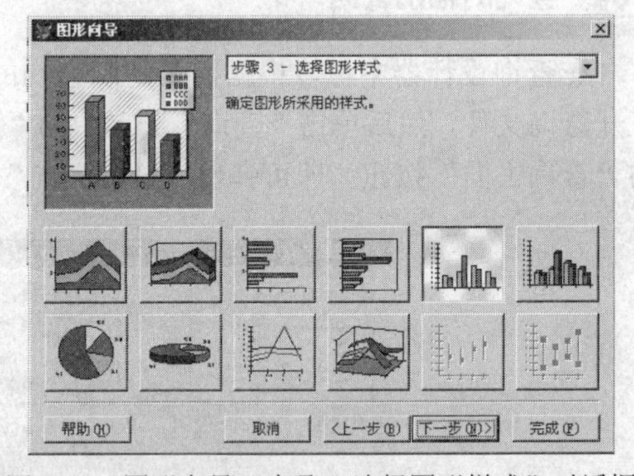

图 5-14　图形向导“步骤 3-选择图形样式”对话框

（5）弹出图形向导“步骤 4-完成”对话框，在“输入图形的标题”文本框中输入“各城市学生人数”，如图 5-15 所示，单击“完成”按钮。

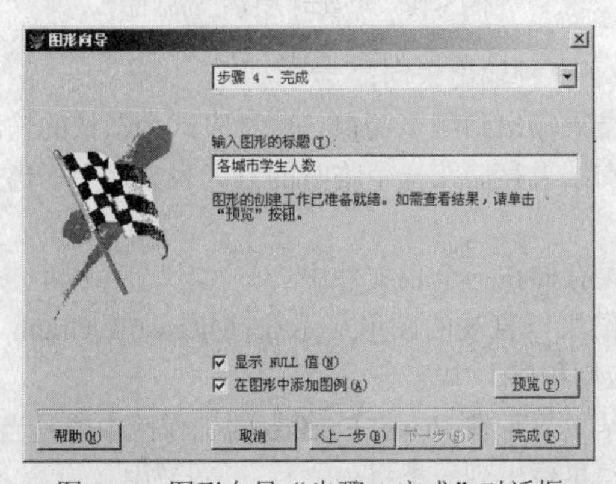

图 5-15　图形向导“步骤 4-完成”对话框

（6）弹出“另存为”对话框，将图形向导生成的结果保存为“D:\学生信息管理系统\cxqx.scx”（表单文件），单击“保存”按钮。

（7）弹出表单设计器窗口，其中显示的表单即为运行查询生成的图形表单，单击工具栏上的“运行”按钮，运行结果如图 5-16 所示。

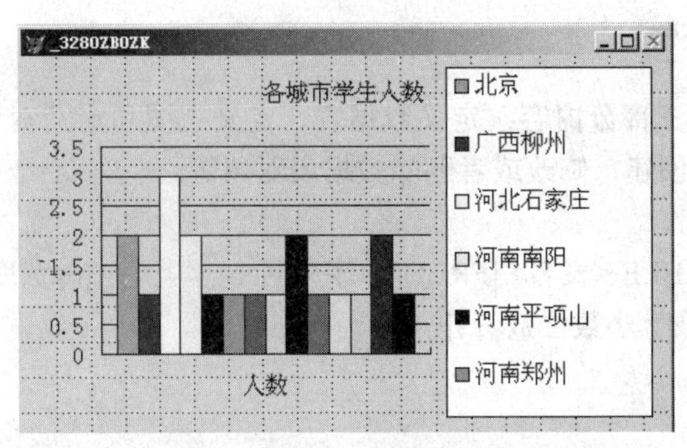

图 5-16　运行查询输出的图形

5.1.5　查看 SQL 语句

用户通过查询设计器创建查询文件，查询设计器根据用户的设置自动生成一条 SELECT 语句，也就是说，查询结果实质上是由一条 SELECT 语句实现的。通过下列方法之一即可查看查询文件生成的 SQL-SELECT 命令。

（1）选择“查询”菜单中的“查看 SQL”命令。

（2）单击查询设计器工具栏中的 按钮。

（3）右击鼠标，在弹出的快捷菜单中选择“查看 SQL”命令。

图 5-17　例 5-1 的 SQL 语句

例如，例 5-1 的 SQL 语句如图 5-17 所示。SELECT 语句是 SQL 语言的语句之一，下面将详细介绍 SQL 语言及 SELECT 语句。

5.2　SQL 语言

结构化查询语言（Structured Query Language，SQL）是关系数据库的标准语言。1986 年美国颁布了 SQL 的美国标准，1987 年国际标准化组织将其采纳为国际标准。SQL 由于其使用方便、功能丰富、语言简洁易学等特点，很快得到推广和应用，目前绝大多数商品化关系数据库管理系统（如 Oracle、Sybase、SQL Sever、Access、FoxPro 等）都支持 SQL 作为查询语言。

Visual FoxPro 引入 SQL 语言后大大增强了自身功能，一条 SQL 命令可以替代多个 VFP 命令。用户不仅可以直接利用 SQL 语言进行查询，还可以将查询设计器中的 SQL-SELECT 语句粘贴到过程或事件代码中运行。

SQL 语言的主要功能是同各种数据表建立联接、检索和更新数据表，Visual FoxPro 支持 SQL 的数据定义、数据查询和数据操纵功能，由于 Visual FoxPro 在安全控制方面的不足，所以它没有提供数据控制功能。

5.2.1 SQL 数据定义语句

数据定义语句包括三部分内容：定义数据表、定义视图和定义索引。定义数据表又包括定义数据表的结构，如创建、修改或者删除数据表对象等。

1. 表的定义

格式：CREATE TABLE <表名> [FREE] (<字段名 1> <类型> [(<宽度>[,<小数位数>])][,<字段名 2> <类型> [(<宽度>[,<小数位数>])]…)

功能：建立数据表。

说明：

（1）表名是所要建立的数据表的名称。

（2）FREE 表示建立一个自由表。

（3）类型为字段的类型，如 C、N、D 等。

【例 5-4】建立 xs.dbf 表，结构为：学号(C,11)，姓名(C,6)，性别(C,2)，出生日期(D)简历(M)。

```
CREATE  TABLE  xs (学号 c(11),姓名 c(6),性别 c(2),出生日期 d,简历 m)
```

2. 表的删除

格式 1：DROP　TABLE　<表名>

功能：删除表。

格式 2：DROP　VIEW　<视图名>

功能：删除视图。

【例 5-5】删除表 xs.dbf 和视图 stru。

```
DROP  TABLE  xs
DROP  VIEW  stru
```

3. 表结构的修改

格式 1：ALTER TABLE <表名> ADD <字段名> <类型> / ALTER <新字段名> <新类型>

功能：添加新的字段或修改已有字段的定义。

【例 5-6】向 xs.dbf 表中增加“政治面貌”字段，数据类型为字符型，宽度为 8。

```
ALTER  TABLE  xs  ADD 政治面貌 c(8)
```

【例 5-7】将 xs.dbf 表中 “政治面貌”字段的类型改为逻辑型。

```
ALTER  TABLE  xs  ALTER 政治面貌 L
```

格式 2：ALTER　TABLE <表名> DROP <字段名>/RENAME <字段名> TO <新字段名>

功能：删除字段或修改字段名。

【例 5-8】将 xs.dbf 表中 “出生日期”字段改为“出生年月”。

```
ALTER  TABLE  xs  RENAME 出生日期 TO 出生年月
```

【例 5-9】删除 xs.dbf 表中的“政治面貌”字段。

```
ALTER  TABLE  xs  DROP 政治面貌
```

5.2.2 SQL 数据操纵语句

数据操纵包括向表中插入数据、修改数据和删除数据，是实现表对数据管理的过程。

1. 记录的插入

格式：INSERT INTO <表名> [(<字段名表>)] VALUES (<表达式表>)

功能：向指定表中添加一条记录。

说明：

（1）<字段名表>可以是一个或多个字段，各字段间以逗号间隔，缺省情况下，按字段的顺序依次赋值。

（2）VALUES (<表达式表>)为要追加的记录各字段的值。

【例 5-10】向 xs.dbf 表中添加一条记录。

```
INSERT INTO xs(学号,姓名,性别,出生年月) VALUES("08010101003","张晶晶","女",{^1990-06-01})
```

2. 记录的删除

格式：DELETE FROM <表名> [WHERE <条件表达式>]

功能：根据给出的条件，逻辑删除表中记录。若省略 WHERE 子句，则逻辑删除表中所有记录。

【例 5-11】将 xs.dbf 表中学号为“08010101003”的记录删除。

```
DELETE  FROM  xs  WHERE 学号="08010101003"
```

3. 记录的更新

记录更新是指对表中记录进行修改。

格式：UPDATE <表名> SET <字段 1> = <表达式 1> [,<字段 2> = <表达式 2>…] [WHERE <条件>]

【例 5-12】将 xs.dbf 表中姓名为“张晶晶”的改为“张晶”

```
UPDATE  xs  SET 姓名="张晶"  WHERE 姓名="张晶晶"
```

5.2.3 SQL 数据查询语句

数据查询是 SQL 语言中最重要、最核心的功能。SQL 的数据查询操作是通过 SELECT 查询命令实现的。

1. SELECT 命令

格式：SELECT [ALL | DISTINCT] [TOP n [PERCENT]] <查询项 1 [AS 列标题 1] > [,<查询项 2 [AS 列标题 2]>…]

FROM <表名 1 [[AS]别名 1]> [,<表名 2 [[AS] 别名 2]>…]

[WHERE <筛选条件> | <联接条件>]

[GROUP BY<分组选项> [HAVING <过滤条件>]]

[ORDER BY<排序选项>][ASC | DESC]

[INTO <目标>] | [TO FILE <文本文件名>] | [TO PRINTER] | [TO SCREEN]

功能：对一个或多个数据表进行查询。

说明：

（1）语句基本形式由 SELECT-FROM-WHERE 模块构成，其余部分皆为可选项，使用时可根据查询的具体需要选用。

（2）SELECT 后面的<查询项>为字段或字段表达式，用于指定查询结果中包含的字段、常量和表达式，即说明要查询的数据；ALL 表示在查询结果中显示所有记录，包括重复记录；DISTINCT 表示只输出无重复结果的记录；TOP n [PERCENT]用于控制显示查询结果的前 n 个或前 n%个记录。

（3）FROM 后面的<表名>为一个或多个数据表的名字，若为多个数据表，表名之间用逗号分隔，用于指定查询的数据来源，即说明要查询的数据来自哪个表或哪些表；[AS 别名]是指选择多个数据库表时，可为其指定别名。

（4）WHERE 子句中的<筛选条件>|<联接条件>均为条件表达式，其中<筛选条件>用于说明要查询符合什么条件的数据，在查询结果中只显示满足条件的记录；<联接条件>用于多表查询时设置表间关联的条件。

（5）GROUP BY 子句中的<分组选项>为字段或字段表达式，用于分组查询；HAVING 子句中的<过滤条件>为条件表达式，用来设置对分组结果的筛选条件，HAVING 子句只能配合 GROUP BY 子句使用。

（6）ORDER BY 子句中的<排序选项>为字段表达式或是数字（指明是表中的第几个字段），用来对查询的结果按升序或降序进行排列；ASC 表示升序，DESC 表示降序，默认为升序方式。

（7）[INTO <目标>] | [TO FILE <文本文件名>] | [TO PRINTER] | [TO SCREEN]用于设置查询结果的输出去向，INTO 后面的目标可以是 ARRAY（数组）、CURSOR（临时表）或 DBF | TABLE（永久表文件，.dbf），TO FILE <文本文件名>用于将查询结果存放到文本文件中，TO PRINTER 用于将查询结果输出到打印机进行打印，TO SCREEN 用于将查询结果显示输出到 Visual FoxPro 的工作区中。在没有设置查询的输出去向时，查询执行后将在“查询”窗口中显示查询结果。

鉴于 SELECT 语句比较复杂，在讲解中采用从简到难的原则，即先讲述简单查询，后介绍高级查询。

2. 简单查询

简单查询是基于一个表的查询，即查询的结果来自于一个表，查询条件简单。查询时，在 SELECT 语句的 FROM 短语后只列出一个表名。

【例 5-13】查询“学生档案”表中的所有记录。

```
SELECT  *  FROM 学生档案
```

说明：

“*”为通配符，表示所有字段。如果只显示部分字段，需要将要显示的字段逐一列出。

【例 5-14】查询“学生档案”表中所有记录的学号、姓名、性别和籍贯。

```
SELECT 学号,姓名,性别,籍贯 FROM 学生档案
```

【例 5-15】查询“学生档案”表中籍贯为陕西和湖北的学生记录。

```
SELECT  *  FROM 学生档案 WHERE 籍贯="陕西" OR 籍贯="湖北"
```

【例 5-16】查询“学生档案”表中女同学的学号、姓名、性别和籍贯，其中“籍贯”字段以“家庭住址”作为标题。

```
SELECT 学号,姓名,性别,籍贯 AS 家庭住址 FROM 学生档案 WHERE 性别="女"
```

【例 5-17】查询张晓旭同学的不及格成绩，查询结果如图 5-18 所示。

```
SELECT * FROM 成绩表 WHERE 姓名="张晓旭" and 成绩<60
```

3. 特殊运算符

在 WHERE 子句中可以使用以下特殊运算符构造条件表达式。

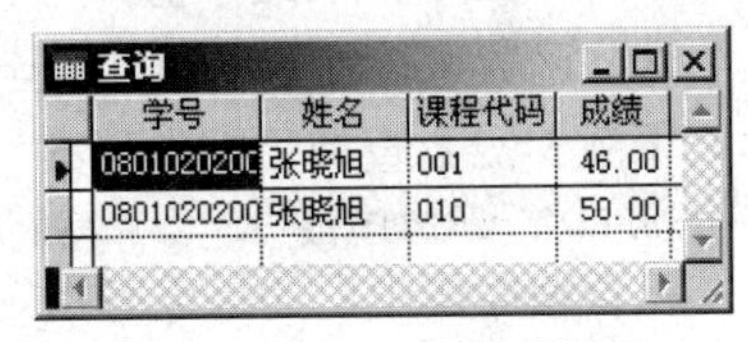

查询

学号	姓名	课程代码	成绩
0801020200	张晓旭	001	46.00
0801020200	张晓旭	010	50.00

图 5-18 例 5-17 查询结果

（1）BETWEEN <m> AND <n>：用来判断某个介于[m,n]之间的值，m 为区间的下限，n 为区间的上限。

【例 5-18】查询“学生档案”表中 1990 年出生的学生记录。

```
SELECT  *  FROM 学生档案 WHERE 出生年月 BETWEEN {^1990-01-01} AND {^1990-12-31}
```

（2）LIKE <字符表达式>，其中字符表达式中可使用“_”或“%”作为通配符；“%”表示 0 个或多个任意字符，“_”表示一个任意字符。

【例 5-19】查询“学生档案”表中姓“王”的学生记录，并显示其学号、姓名、出生年月字段。查询结果如图 5-19 所示。

```
SELECT  学号,姓名,出生年月  FROM 学生档案 WHERE 姓名 LIKE "王%"
```

【例 5-20】查询“学生档案”表中姓“王”并且名字只有一个字的学生记录，并显示其学号、姓名、出生年月字段。查询结果如图 5-20 所示。

```
SELECT  学号,姓名,出生年月  FROM 学生档案 WHERE 姓名 LIKE "王_"
```

查询

学号	姓名	出生年月
0801040100	王晓刚	06/05/90
0801020100	王心玲	05/06/89
0808030100	王小红	09/02/90
0808030200	王虹虹	05/09/91
0801020200	王明	12/09/91
0801020100	王国栋	03/16/90
0801020200	王科伟	09/11/89

图 5-19 例 5-19 查询结果

查询

学号	姓名	出生年月
0801020200	王明	12/09/91

图 5-20 例 5-20 查询结果

（3）“不等于”用“!=”表示，也可以使用否定运算符“NOT”。

【例 5-21】查询“学生档案”表中籍贯不是湖北的学生记录。

```
SELECT  *  from 学生档案 WHERE 籍贯!="湖北"
```

或

```
SELECT  *  FROM 学生档案 WHERE  NOT 籍贯="湖北"
```

4. 统计函数

SELECT 语句不仅具备一般的查询功能，还具有统计方式的查询功能，例如查询学生的平均成绩、学生人数等。SQL 提供的统计函数有：

（1）COUNT()：计数。

（2）SUM()：求和。

（3）AVG()：求平均值。

（4）MAX()：求最大值。

（5）MIN()：求最小值。

这些函数可以在 SELECT 语句中对查询结果进行统计计算。

【例 5-22】查询“学生档案”表中女生的人数，查询结果如图 5-21（a）所示。

```
SELECT  COUNT(*)  AS 女生人数 FROM 学生档案 WHERE 性别="女"
```

在查询操作中，如果没有指定 COUNT(*)列的标题为“女生人数”，则默认显示的列标题为 Cnt，如图 5-21（b）所示。

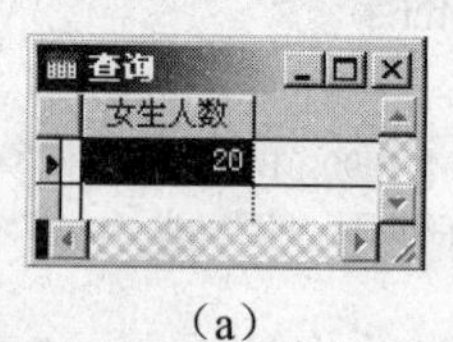

（a）

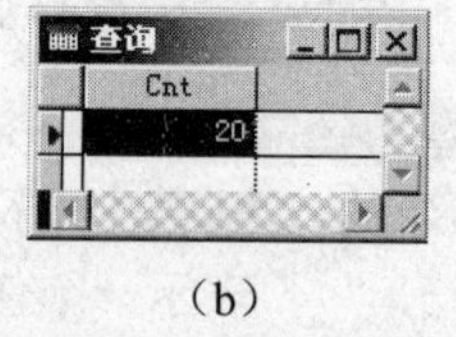

（b）

图 5-21　例 5-22 查询结果

5. 高级查询

（1）分组查询。

所谓分组查询就是把待查询的数据按某种方式分组，然后对分组后的数据进行查询操作。SELECT 语句的 GROUP BY 子句用来实现分组查询，还可配合 HAVING 短语对分组后的待查询数据设置过滤条件，即只对分组后满足 HAVING<条件>的数据记录进行查询操作。

【例 5-23】查询“学生档案”表中来自不同地方的学生人数。

```
SELECT 籍贯,COUNT(*)  AS 人数 FROM 学生档案 GROUP  BY 籍贯
```

【例 5-24】查询“学生档案”表中来自陕西和湖北的学生人数。

```
SELECT 籍贯,COUNT(*)  AS 人数 FROM 学生档案 GROUP BY 籍贯 ;
HAVING 籍贯="陕西" OR 籍贯="湖北"
```

【例 5-25】查询所有平均分在 80 分以上的学生名单，并显示出平均成绩，查询结果如图 5-22 所示。

```
SELECT 学号,姓名,AVG(成绩) AS 平均成绩 FROM 成绩表 GROUP BY 学号 HAVING 平均成绩>=80
```

学号	姓名	平均成绩
08010102002	赵明超	81.33
08010201005	李玲想	80.00
08010202003	张建明	83.00
08010401002	王晓刚	89.00
08080301002	杨晶晶	82.00

图 5-22　例 5-25 查询结果

（2）排序。

通过 SELECT 语句，还可以对查询的结果进行排序，这样更便于用户观察查询的结果。SELECT 语句的 ORDER BY 子句用来实现查询结果的排序功能。

【例 5-26】查询“学生档案”表中的所有记录，查询结果按出生年月升序排列。

```
SELECT * FROM 学生档案 ORDER  BY 出生年月
```

【例 5-27】计算每名同学的总成绩，并按总成绩的降序排列，查询结果如图 5-23 所示。

```
SELECT 学号,姓名,SUM(成绩) AS 总成绩 FROM 成绩表 GROUP  BY 学号 ORDER BY 总成绩 DESC
```

学号	姓名	总成绩
08010401002	王晓刚	267.00
08010202003	张建明	249.00
08080301002	杨晶晶	246.00
08010102002	赵明超	244.00
08010201005	李玲想	240.00
08010202007	王科伟	234.00
08010201004	李晓辉	232.00
08010401001	李红丽	232.00

图 5-23　例 5-27 查询结果

【例 5-28】查询“学生档案”表中的所有记录，首先按“性别”的降序排列，如果性别相同，再按“出生年月”的升序排列。

```
SELECT  *  FROM 学生档案 ORDER BY 性别 DESC, 出生年月
```

（3）简单的联接查询。

联接是关系的基本运算之一。联接查询是一种基于多个关系的查询，即查询的结果出自多个表。实现简单的联接查询的方法是在 WHERE 后面给出联接条件，联接条件是两个表的公共字段值相等，也就是说，进行联接查询的两个表必须要存在公共字段。

【例 5-29】查询商务秘书系学生的院系名称、学号、姓名、性别、出生年月和籍贯，查询结果如图 5-24 所示。

院系名称	学号	姓名	性别	出生年月	籍贯
商务秘书系	08080301001	王小红	男	09/02/90	陕西西安
商务秘书系	08080301002	杨晶晶	男	09/04/90	山东枣庄
商务秘书系	08080302001	王虹虹	女	05/09/91	湖北黄石

图 5-24　例 5-29 查询结果

分析：因为学生档案表中只有院系代码，而在院系信息表中含有院系名称，所以，查询涉及两个表的联接查询。

```
SELECT A.院系名称,B.学号,B.姓名,B.性别,B.出生年月,B.籍贯 FROM 院系信息 A,学生档案 B WHERE A.院系代码=B.院系代码 AND A.院系名称="商务秘书系"
```

说明：

1）在涉及多表的联接查询中，通常会为查询引用的表设置别名，本例中 FROM 后面的“学生档案 B”的含义为数据来源于“学生档案”表，且在本例 SELECT 语句中该表可用别名“B”表示。

2）WHERE 子句中的表达式“A.院系代码=B.院系代码”为联接表达式，其作用等价于“学生档案.院系代码=院系信息.院系代码”，即两个表的公共字段值相等作为联接查询的联接条件。

3）当查询涉及多个表，而这些表又具有公共字段时，访问公共字段时必须用“表名.字段名”的格式，如“学生档案.院系代码”明确表示要访问的“院系代码”字段来源于“学生档案”表。

4）如果 FROM 后面有多个表，即查询基于多个表时，这些表之间往往存在着某种联系。例如，本例中“院系信息”表和“学生档案”之间为一对多联系。

（4）嵌套查询。

嵌套查询与简单的联接查询的相同之处在于查询的条件都涉及多个表，不同之处在于嵌套查询的结果出自一个表而非多个表。

【例 5-30】查询学生数据库中成绩不及格的学生的学号、姓名和班级信息。

分析：查询的数据涉及两个表，但查询的结果只涉及“学生档案”表，因此属于嵌套查询的问题。

```
SELECT 学号,姓名,班级 FROM 学生档案 WHERE 学号 IN (SELECT 学号 FROM 成绩表 WHERE 成绩<60)
```

说明：

1）本例中含有两个查询块，即内层查询块和外层查询块，内层查询块的功能是在“成绩表”中查询成绩不及格的学生的学号，外层查询块利用内层查询块的结果进一步在“学生档案”表中查询这些学生的学号、姓名和班级信息。

2）IN 的作用相当于集合运算符∈（包含于）。

【例 5-31】查询无不及格课程的学生的学号、姓名和班级信息。

```
SELECT 学号,姓名,班级 FROM 学生档案 WHERE 学号 NOT IN (SELECT 学号 FROM 成绩表 WHERE 成绩<60)
```

如果有的学生已经在“学生档案”表中注册了，但是在“成绩表”中没有相应记录对应时，上面的查询语句就会出现问题，即没有成绩的学生也会被查询出来。因此，要解决上述问题，SELECT 语句可以改写如下：

```
SELECT 学号,姓名,班级 FROM 学生档案 WHERE 学号 NOT IN (SELECT 学号 FROM 成绩表 WHERE 成绩<60) AND 学号 IN (SELECT 学号 FROM 成绩表)
```

改写后，在查询结果中就不会出现没有考试成绩的学生信息。

（5）利用空值（.NULL.）查询。

在 Visual FoxPro 中有两个容易混淆的概念，空值和“空”值。所谓“空”值，是指该字段没有输入任何值，“空”值依字段的数据类型不同而不同，对于字符型来说，“空”值就是空格或空串；对于数值型来说，“空”值就是 0；对于逻辑型来说，“空”值就是.F.。所谓空值（.NULL.）是一个特定的值，是一个需要输入的值，其含义是目前尚待确定的值。

SELECT 支持利用空值进行查询。因为空值不是一个确定的值，查询是否为空值时要使用“IS NULL”，而不能使用“=NULL”。

【例 5-32】“商品信息”表如图 5-25（a）所示，查询其中售价为 NULL 的商品信息，如图 5-25（b）所示。

```
SELECT * FROM 商品信息 WHERE 售价 IS NULL
```

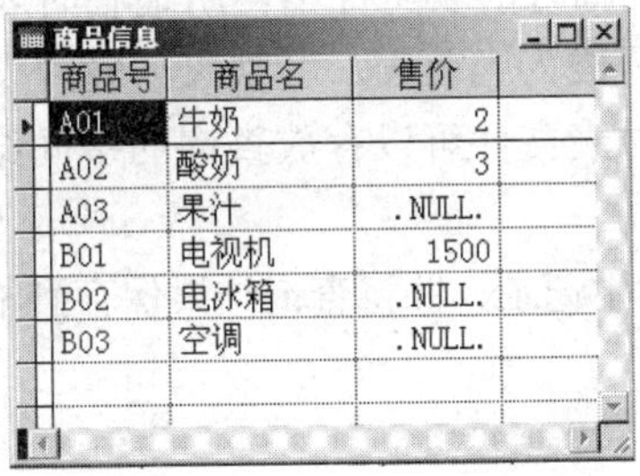

商品信息

商品号	商品名	售价
A01	牛奶	2
A02	酸奶	3
A03	果汁	.NULL.
B01	电视机	1500
B02	电冰箱	.NULL.
B03	空调	.NULL.

（a）

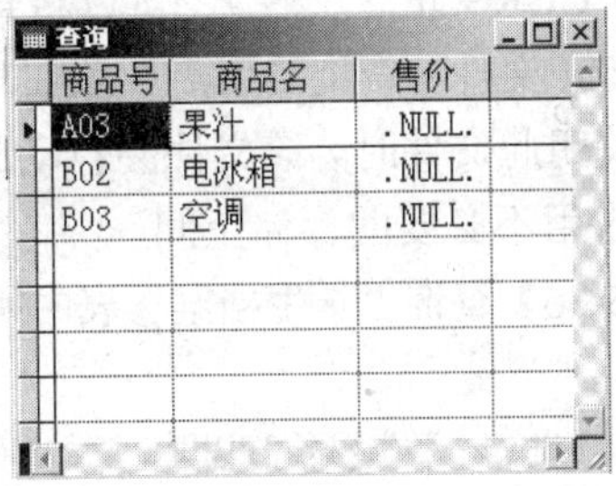

查询

商品号	商品名	售价
A03	果汁	.NULL.
B02	电冰箱	.NULL.
B03	空调	.NULL.

（b）

图 5-25　例 5-32 查询结果

【例 5-33】查询“商品信息”表中售价不为 NULL 的商品信息。

```
SELECT * FROM 商品信息 WHERE 售价 IS NOT NULL
```

（6）显示部分结果。

当查询结果包含的记录数较多时，可以只显示部分记录。若只需显示前几条记录，可以在 SELECT 语句中使用 TOP n 进行查询，n 为 1～32767 间的整数，作用为只显示前 n 条记录；当使用 TOP n PERCENT 时，n 为 0.01～99.99 间的实数，作用为显示结果中前百分之 n 的记录，TOP n [PERCENT]短语要与 ORDER BY 子句同时使用才有效。

【例 5-34】查询“学生成绩”表中总成绩最高的三名学生。

```
SELECT TOP 3 学号, 姓名, SUM(成绩) AS 总成绩 FROM 成绩表 GROUP BY 学号 ORDER BY 总成绩 DESC
```

（7）定制查询的输出。

可以在 SELECT 语句中使用[INTO <目标>]来控制查询结果的输出去向，下面介绍两种特殊的用法。

1）将查询结果存放到数组中。

INTO ARRAY <数组名>可以将查询结果存放到数组中。一般情况下，存放结果的数组为二维数组，每行为一条记录，每列对应一个字段，将查询结果存放在数组中，使得在程序中使用数据更加方便。

【例 5-35】查询“学生档案”表中的所有记录，并将结果存放在数组 stu 中。

```
SELECT  *  FROM 学生档案  INTO  ARRAY stu
```

在命令窗口输入如下命令，就可看到相应的显示结果。

执行命令：? stu(1,1)↙

显示结果：08010401001

执行命令：? stu(1,2)↙

显示结果：李红丽

执行命令：? stu(1,9)↙

显示结果：08 审计 1

2）将查询结果存放到临时文件中。

INTO CURSOR <文件名>可以将查询结果存放到临时的表文件中。所谓临时表，就是一个只读的.dbf 文件，查询结束后，该临时文件自动打开成为当前表，可以像一般的表文件一样使用，当关闭此文件时，该文件会自动删除。利用临时表文件可以存放查询的中间结果，同时不会长久占用不必要的存储空间。

【例 5-36】查询“学生档案”表中所有会计系的学生记录，并将查询结果保存到临时表文件 dep1.dbf 中。

```
SELECT * FROM 学生档案 WHERE 院系代码="01" INTO CURSOR depl
```

再执行命令：

```
BROWSE↙                  && 此时 depl.dbf 已成为当前表，浏览该表
```

（8）超联接查询。

在 Visual FoxPro 中，支持 SQL 的超联接查询，格式如下：

SELECT <…>

FROM <表名> [INNER] | LEFT | RIGHT | FULL JOIN <表名> ON <联接条件>

WHERE <…>

说明：

1）INNER JOIN 等价于 JOIN，在 Visual FoxPro 中称为内部联接，指定只有满足联接条件的记录包含在结果中，此类型为默认的，也是最常用的联接类型。

2）LEFT JOIN 为左联接，指定满足条件的记录及满足联接条件左侧表中的记录（即使不匹配联接条件），都包含在结果中。

3）RIGHT JOIN 为右联接，指定满足条件的记录及满足联接条件右侧表中的记录（即使不匹配联接条件），都包含在结果中。

4）FULL JOIN 为全联接，即两个表中的记录无论是否满足联接条件都将在查询结果中出现，不满足联接条件的记录对应部分为.NULL.。

5）关键字 ON 后面需给出联接条件。

【例 5-37】从学生数据库中查询学生的学号、姓名、班级和成绩。

```
SELECT 学生档案.学号, 学生档案.姓名, 学生档案.班级, 成绩表.成绩 FROM 学生档案 INNER JOIN 成绩表 ON
```

```
学生档案.学号=成绩表.学号
```

上面的查询语句作用等价于：

```
SELECT 学生档案.学号, 学生档案.姓名, 学生档案.班级, 成绩表.成绩 FROM 学生档案,成绩表 WHERE 学生档案.学号=成绩表.学号
```

5.3 视图

在 Visual FoxPro 中，视图提供了一种存取或编辑存储在多个相关文件中数据的方法。使用视图能够从表中提取一组记录，改变这些记录的值，并将改变后的值存入表中。即使用视图可以检索并更新表中的记录。视图还允许对同一台机器或远程服务器上的数据进行访问。在使用服务器数据时，用户只需将服务器数据库中的一部分数据取回本地机器上进行修改，然后再把它返回服务器即可。

视图提取数据的来源可以是本地表、其他视图、存储在服务器上的表或远程数据源。根据数据源的不同，Visual FoxPro 中的视图分为本地视图和远程视图。使用当前数据库中的表建立的视图称为本地视图，使用当前数据库以外的数据源建立的视图称为远程视图。

5.3.1 视图的基本概念

1. 视图的概念

视图是一个虚拟表，它的数据来源于数据库表，这些数据在数据库中并不实际存储，仅在数据库的数据字典中存储视图的定义，但视图一经定义，就成为数据库的一个组成部分。对视图可以进行查询操作，也可以利用它实现对数据库表的修改。

视图兼有“表”和“查询”两者的特点。它可以像查询一样进行数据的检索，也可以浏览和修改表中数据，但视图在使用上比表更灵活。

2. 建立视图的优点

（1）保证数据的安全性和完整性。通常数据库是供多用户使用的，不同的用户只能查看与自己相关的数据，可根据用户的权限定义不同的视图，没有权限的用户就看不到机密的数据，更不能修改，从而保证机密数据的安全。

（2）简化对数据库的操作。数据库的操作往往只是针对有限字段或记录进行更新、修改或删除等操作的。视图可将各表中的相关数据集中在一起，更新视图也就同时更新了各表中的数据。

（3）从多角度看待同样的数据。相同的数据在不同应用中意义不同，可根据用户的需要建立不同的视图，以便从不同的角度分析同一数据。

5.3.2 创建本地视图

在 Visual FoxPro 中创建视图是通过“视图设计器”完成的。

1. 打开视图设计器

打开视图设计器有以下几种方法：

（1）单击“文件”菜单中的“新建”命令，在弹出的“新建”对话框中选择“视图”或“远程视图”，其中的“视图”选项即为本地视图，单击“新建文件”按钮，将弹出“视图设计器”窗口，如图 5-26 所示。

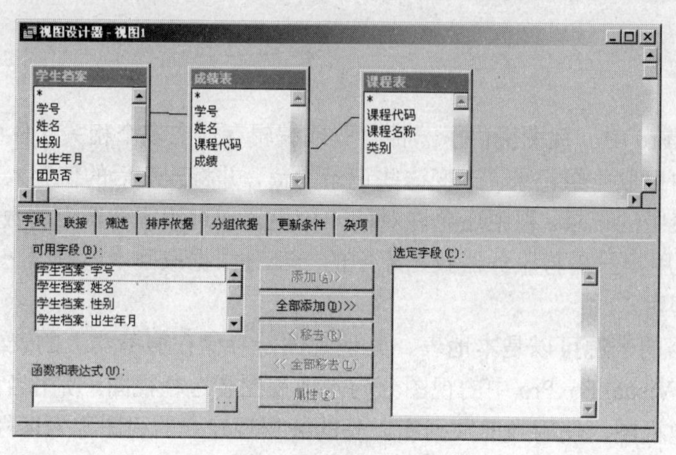

图 5-26 “视图设计器”窗口

视图是存储在数据库中的，因此创建视图前要先创建或打开一个数据库，使用视图时也要先把其所在的数据库打开。图 5-27（a）所示为没有当前数据库时的“新建”对话框，其中的“视图”选项为灰色不可用状态，图 5-27（b）所示为有当前数据库时的“新建”对话框，其中的“视图”选项为可用状态。

（2）单击“数据库设计器”工具栏中的“新建本地视图”按钮，弹出如图 5-28 所示的“新建本地视图”对话框，单击“新建视图”按钮即可弹出“视图设计器”窗口。

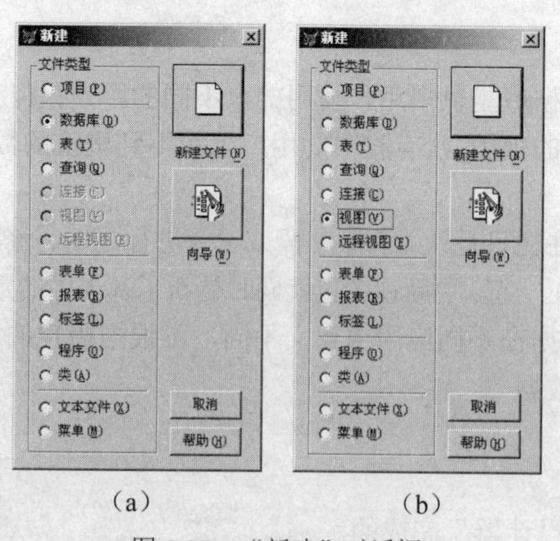

（a） （b）

图 5-27 “新建”对话框

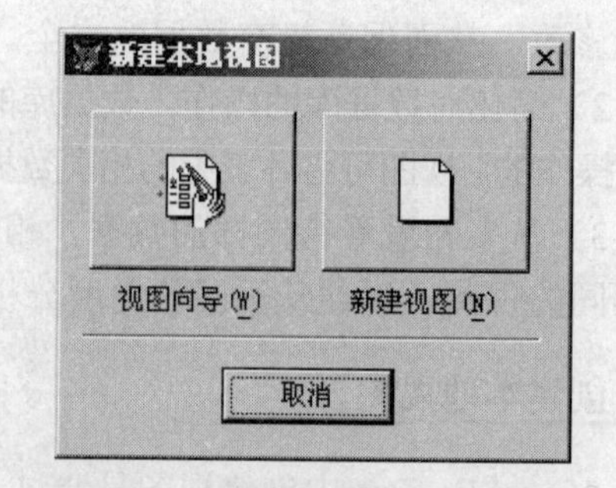

图 5-28 “新建本地视图”对话框

（3）在“数据库设计器”窗口中的空白处右击，弹出如图 5-29 所示的快捷菜单，选择

“新建本地视图(L)...”选项，弹出“新建本地视图”对话框，单击“新建视图”按钮即可弹出“视图设计器”窗口。

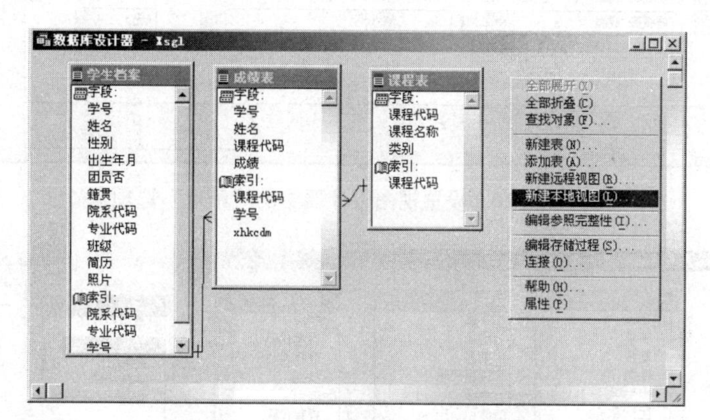

图 5-29　数据库设计器中的快捷菜单

2. 视图设计器

从图 5-26 中可以看出，视图设计器与查询设计器界面非常相似，设计方法也基本相同，其不同点主要有以下几个方面：

（1）查询设计器的结果是将查询以.qpr 文件的形式保存在磁盘上；而视图设计完成后是保存在数据库文件中的，没有生成独立的文件。

（2）查询可以单独运行，而视图的运行依赖于数据库中的数据表，它本身并不保存数据，它的数据来源于数据表。

（3）查询不可更新，视图可以更新数据。所以，视图设计器相比查询设计器增加了一个“更新条件”选项卡。

（4）“视图设计器”工具栏中没有“查询去向”按钮，即视图不能设置查询去向。

【例 5-38】在学生管理数据库中创建一个本地视图，查询所有成绩在 55～60 分之间的记录。

操作步骤如下：

（1）打开学生管理数据库 xsgl.dbc，单击“数据库设计器”工具栏中的“新建本地视图”按钮，在弹出的“新建本地视图”对话框中单击“新建视图”按钮。

（2）在打开的“添加表或视图”对话框中，选择学生数据库中的“成绩表”，单击“添加”按钮将其添加到视图中，然后单击“关闭”按钮关闭对话框。

（3）在视图设计器的“字段”选项卡中单击“全部添加”按钮，选中所有字段。

（4）在视图设计器的“筛选”选项卡中设置筛选条件“成绩>=55 and 成绩<60”，如图 5-30 所示。

（5）单击“常用”工具栏中的“保存”按钮，在弹出的“保存”对话框中输入视图的名称 stu1。保存完成后，可以在学生管理数据库的“数据库设计器”窗口中看到新增了一个视图 stu1，如图 5-31 所示。

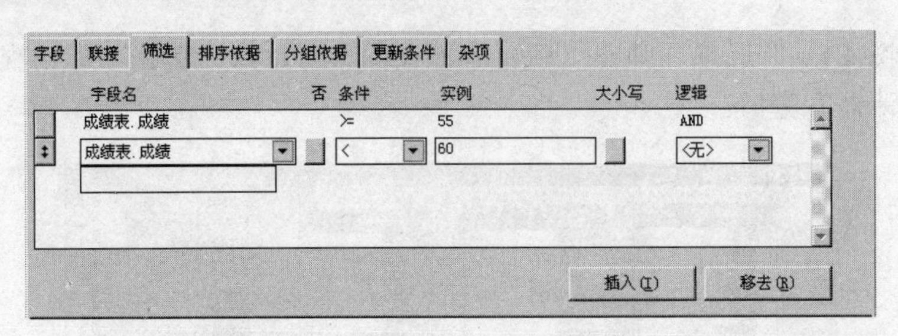

图 5-30　设置视图设计器中的“筛选”选项卡

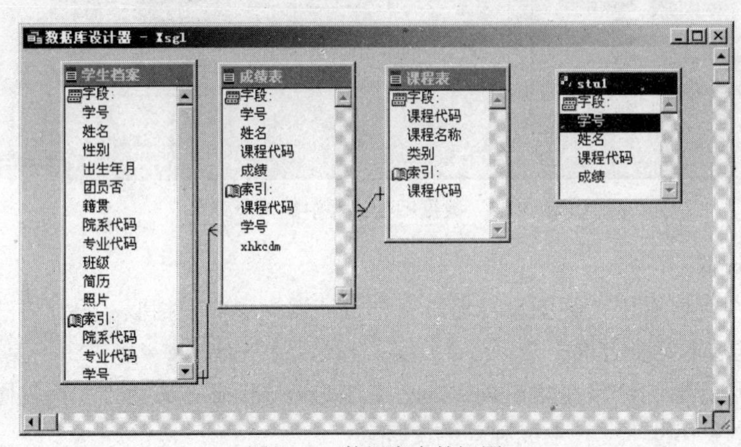

图 5-31　数据库中的视图

3. 使用视图

（1）打开视图的方法。

在数据库设计器中，在“视图”窗口的标题栏上右击，在弹出的快捷菜单中单击“修改”命令，即可弹出“视图设计器”窗口。

（2）运行视图的方法。

运行视图的方法有以下三种：

1）打开数据库后，使用如下命令：

```
USE <视图名>
BROWSE
```

可以完成打开视图并显示运行视图后的记录。

2）双击“数据库设计器”窗口中“视图”窗口的标题栏。

3）在视图设计器中打开视图，单击工具栏上的“运行”按钮。

视图设计器中除“更新条件”以外各选项卡的作用及用法与查询设计器相同，这里不再赘述，本节重点介绍“更新条件”选项卡的使用及远程视图的创建。

5.3.3　更新数据

视图的最大特点在于可以更新源表中的数据，这也是视图与查询的主要区别，在本地视图和远程视图中都可以更新数据。

1. “更新条件”选项卡

利用视图更新数据是在视图设计器中的“更新条件”选项卡中进行设置的。“更新条件”选项卡如图 5-32 所示。

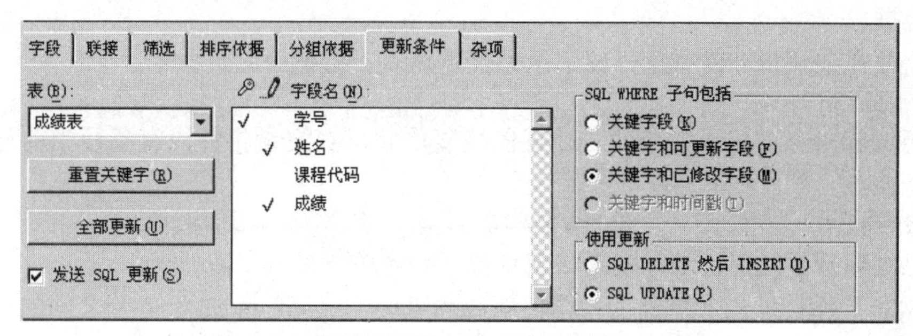

图 5-32　视图设计器中的“更新条件”选项卡

各选项的作用介绍如下：

（1）表：指定视图中包含的哪个表可以被修改。

（2）字段名：显示了表中的字段，在字段名左侧有两列标志，🔑表示关键字，此列字段前若带“√”，表明该字段为关键字段；✎表示更新，此列字段前若带“√”，表明该字段内容可以被更新。关键字段不可更新。

（3）“发送 SQL 更新”复选框：指定是否将视图记录中的更新结果传回源表中。默认情况下，视图是不能更新表中的数据的，若要使用视图更新表中的数据，必须选中“发送 SQL 更新”选项。

（4）“全部更新”按钮：选择除了关键字字段以外的所有字段进行更新，在“字段名”文本框中字段左边✎符号下面显示一个“√”，表示这些字段的值均可通过视图更新。

（5）“重置关键字”按钮：从表中选择主关键字字段作为视图的关键字字段，关键字字段可以用来使视图中的修改与表中的原始记录相匹配。

（6）“SQL WHERE 子句包括”单选框：用于指定当更新数据传回源表时，检测更新冲突的条件。冲突是由视图中的旧值和原始表的当前值之间的比较结果决定的。如果两个值相等，不存在冲突；如果不相等，则存在冲突。在给出的三个选项中选择其一作为 SQL WHERE 子句的条件。此区域共包含 4 个单选项：

1）关键字段：基本表中的某个关键字段被改变时，更新失败。

2）关键字和可更新字段：如果修改了任何可更新的字段，更新失败。

3）关键字和已修改字段：若在视图中改变的任一字段在基本表中被改变，更新失败。

4）关键字和时间戳：如果源表记录的时间戳首次检索以后被修改，更新失败。

（7）“使用更新”单选框：指定当向基本表发送 SQL 更新时，字段在后端服务器上的更新方式。此区域包含 2 个单选项：

1）SQL DELETE 然后 INSERT：先删除表中的记录，再插入一个更新后的新记录。

2）SQL UPDATE：用视图中的修改结果直接修改源表中的记录。

2. 更新数据的说明

当在视图中对数据进行了修改，所修改的内容在记录指针离开当前记录时，自动更新相应表中的数据。

如果需要在记录指针没有离开该记录时就更新表，可使用如下命令：

```
TABLEUPDATE()
```

如果想放弃对当前记录的修改，使视图恢复原状，在记录指针没有离开当前记录前，可使用如下命令：

```
TABLEREVERT()
```

如果已经离开了当前记录，就无法恢复视图和表中的数据了。

【例 5-39】利用例 5-38 创建的视图更新成绩表中的成绩：将 55～60 分之间的成绩均改为 60 分。

操作步骤如下：

（1）打开数据库 xsgl.dbc，在视图 stu1 上右击，在弹出的快捷菜单中选择“修改”命令，则打开 stu1 的视图设计器。

（2）“更新条件”选项卡的设置如图 5-32 所示，最后一定要选中“发送 SQL 更新”复选框。

（3）运行视图，结果显示在如图 5-33 所示的浏览窗口中。

stu1

学号	姓名	课程代码	成绩
08010402001	李刚	001	56.00
08010202004	李红玲	001	56.00
08010201004	李晓辉	001	58.00
08010201001	王心玲	006	59.00
08010202004	李红玲	010	59.00
08010101002	徐英平	010	56.00

图 5-33　视图 stu1 的运行结果

（4）将所有成绩改为 60，浏览成绩表，查看修改后的成绩。

5.3.4 创建远程视图

本地视图只能查询 VFP 数据库数据，而借助远程视图可以查询其他数据源中的数据，这些数据源必须是 ODBC 数据源，包括 dBASE、EXCEL、ACCESS 等数据库。

开放数据库互连（Open DataBase Connectivity，ODBC）是微软公司开放服务结构（Windows Open Services Architecture，WOSA）中有关数据库的一个组成部分，ODBC 的最大优点是能以统一的方式处理所有数据库。

通过 ODBC 可以建立 VFP 与 ODBC 数据源的连接。所谓连接，就是通向数据源的通道。一旦 VFP 与数据源之间建立起连接，就可以通过远程视图访问这些数据。

创建远程视图的步骤如下。

1．和远程数据源建立连接

“连接”是数据库的一部分，要在数据库中建立连接并保存。

操作步骤如下：

（1）打开数据库设计器，单击“文件”菜单中的“新建”命令，在弹出的“新建”对话框中选择“连接”命令，弹出如图 5-34 所示的“连接设计器”对话框。

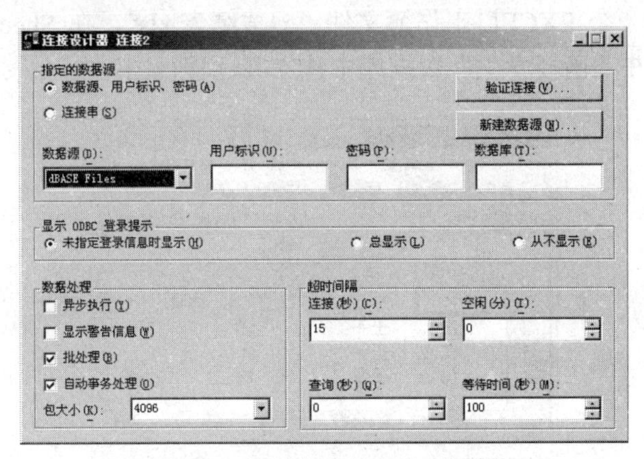

图 5-34　“连接设计器”对话框

（2）在“数据源”下拉列表框中选择数据源类型。

（3）单击“验证连接”按钮，在弹出的“选择数据库”窗口中打开数据源文件，单击“确定”按钮验证。如果验证成功则显示“连接成功”，表示 VFP 已与数据源成功连接。

（4）验证成功后，单击工具栏上的“保存”按钮，将该连接保存在当前数据库中。

2．在连接的基础上创建远程视图

操作步骤如下：

（1）打开“连接”所在的数据库，单击“文件”菜单中的“新建”命令，在弹出的“新建”对话框中选择“远程视图”命令，弹出“选择连接或数据源”对话框，如图 5-35 所示。

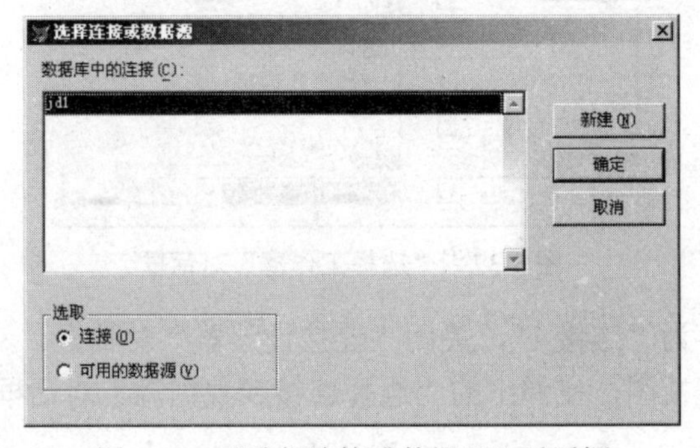

图 5-35　“选择连接或数据源”对话框

（2）从中选择已创建好的连接，单击“确定”按钮，也可在此单击“新建”按钮进行连接的创建。

（3）再次弹出“选择数据库”窗口，从中选择与“连接”一致的数据源文件并单击“确定”按钮。

（4）弹出“视图设计器”窗口，设计方法同本地视图，这里不再赘述，设计完成后，单击工具栏上的“保存”按钮即可完成视图的创建，并将其保存在数据库中。

【例 5-40】已知一个 EXCEL 工作簿文件“c:\成绩表.xls”，在 Sheet1 工作表中包含如图 5-36 所示的成绩表。在“函授学生”数据库中建立其远程视图。

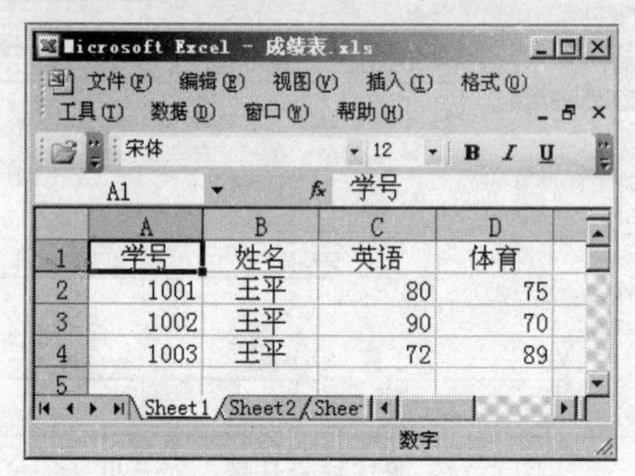

图 5-36　学生成绩表

操作步骤如下：

（1）新建“函授学生”数据库，新建“连接”，在“连接设计器”对话框的“数据源”列表框中选择“Excel Files”，单击“验证连接”按钮。

（2）弹出如图 5-37 所示的“选择工作簿”对话框，从中找到文件“成绩表.xls”后，单击“确定”按钮，弹出表示连接成功的提示对话框，单击“确定”按钮。

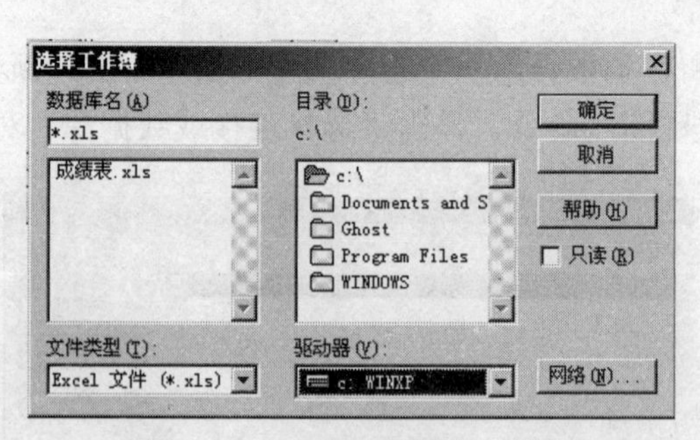

图 5-37　“选择工作簿”对话框

（3）将此连接保存为“连接 1”，关闭“连接设计器”对话框。

（4）新建一个远程视图，在弹出的“选择连接或数据源”对话框中选择已创建好的“连接 1”并确定。

（5）系统再次弹出“选择工作簿”对话框，从中选择文件“成绩表.xls”后单击“确定”按钮。

（6）弹出如图5-38所示的“打开”对话框，选中对话框左下方的“包含系统表”复选项，上面的列表框中显示出“成绩表.xls”中包含的三张工作表，选中Sheet1$后，单击“添加”按钮。

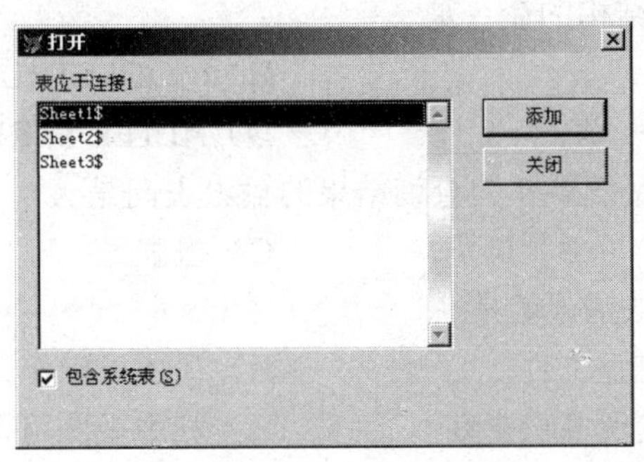

图5-38 “打开”对话框

（7）弹出“视图设计器”窗口，在“字段”选项卡中选择“全部添加”命令。

至此远程视图创建完成，设计完成后单击“保存”按钮，将视图保存为stu2，在“函授学生”数据库的数据库设计器中显示出视图stu2的窗口。运行视图，结果如图5-39所示。

stu2

学号	姓名	英语	体育
1001.00	Memo	80.00	75.00
1002.00	Memo	90.00	70.00
1003.00	Memo	72.00	89.00

图5-39 远程视图运行结果

若要查看学生姓名，在Memo上双击即可。

习题5

一、单项选择题

1．SQL有四大功能，Visual FoxPro 不支持的是（ ）。
  A）定义功能 B）操纵功能 C）查询功能 D）控制功能

2．SQL-SELECT语句的条件子句的关键字是（ ）。
  A）WHILE B）WHERE C）FOR D）CONDITION

3．SQL的数据操作语句不包括（ ）。

A）INSERT　　B）UPDATE
C）DELETE　　D）CHANGE

4．SQL 语句中删除表的命令是（　）。
A）DROP TABLE　　B）DELETE TABLE
C）EREASE TABLE　　D）DELETE

5．SQL 语句中修改表结构的命令是（　）。
A）ALTER　　B）MODI STRU
C）ALTER TABLE　　D）ALTER STRU

6．在查询设计器中，系统默认的查询结果的输出去向是（　）。
A）表　　B）浏览　　C）报表　　D）图形

7．关于视图，下面说法错误的是（　）。
A）视图可以产生磁盘文件　　B）视图可以作为查询数据源
C）利用视图可以实现多表查询　　D）利用视图可以更新表数据

8．关于视图，以下说法错误的是（　）。
A）可以使用 USE 命令（在数据库中）打开或关闭视图
B）可以在“浏览器”窗口中显示或修改视图中的记录
C）可以使用 SQL 语句操作视图
D）视图建立之后，可以脱离数据库单独使用

9．以下（　）是视图不能够完成的。
A）指定可更新的表　　B）指定可更新的字段
C）检查更新合法性　　D）删除和视图相关联的表

10．下面关于查询的叙述不正确的是（　）。
A）查询只能在数据库表中进行
B）查询实际上就是一个定义好的 SELECT 语句，在不同场合可以直接使用
C）查询可以在自由表和数据库表之间进行
D）查询文件的扩展名是.qpr

11．SQL 的查询结果可以存放到多种类型的文件中，下列（　）的文件类型都可以用来存放查询结果。
A）永久性表、临时表　　B）视图、文本文件
C）永久性表、文本文件　　D）永久性表、视图

12．有“仓库”表和“职工”表，以下（　）语句可以检索基本工资大于 3000 元的职工姓名和他们所在的仓库名。
A）SELECT 姓名,仓库名 FROM 职工,仓库 WHERE 基本工资>3000
B）SELECT 姓名,仓库名 FROM 职工,仓库;
WHERE 基本工资>3000 AND 职工.职工号=仓库.仓库号

C）SELECT 姓名,仓库名 FROM 职工,仓库;
WHERE 基本工资>3000 OR 职工.职工号=仓库.仓库号

D）SELECT 姓名,仓库名 FROM 职工,仓库;
WHERE 基本工资>3000 AND 职工.仓库号=仓库.仓库号

13．在 SQL SELECT 语句中，与 INTO TABLE 等价的短语是（　）。

A）INTO DBF　　B）TO TABLE　　C）INTO FORM　　D）INTO FILE

14．假设有 student 表，可以正确添加字段"平均分数"的命令是（　）。

A）ALTER TABLE student ADD 平均分数 F(6,2)

B）ALTER DBF student ADD 平均分数 F 6,2

C）CHANGE TABLE student ADD 平均分数 F(6,2)

D）CHANGE TABLE student INSERT 平均分数 F 6,2

15．SQL SELECT 语句中，"HAVING<条件表达式>"用来筛选满足条件的（　）。

A）列　　B）行　　C）关系　　D）分组

第 16～20 题基于学生表 S 和学生选课表 SC 两个数据库表，它们的结构如下：
S(学号,姓名,性别,年龄)，其中学号、姓名和性别为 C 型字段，年龄为 N 型字段。
SC(学号,课程号,成绩)，其中学号和课程号为 C 型字段，成绩为 N 型字段（初始为空值）。

16．查询学生选修课程成绩小于 60 分的学号，正确的 SQL 语句是（　）。

A）SELECT DISTINCT 学号 FROM sc WHERE 成绩<"60"

B）SELECT DISTINCT 学号 FROM sc WHERE "成绩"<60

C）SELECT DISTINCT 学号 FROM sc WHERE 成绩<60

D）SELECT DISTINCT "学号" FROM sc WHERE "成绩"<60

17．查询学生表 S 的全部记录并存储于临时表文件 one 中的 SQL 命令是（　）。

A）SELECT * FROM 学生表 INTO CURSOR one

B）SELECT * FROM 学生表 TO CURSOR one

C）SELECT * FROM 学生表 INTO CURSOR DBF one

D）SELECT * FROM 学生表 TO CURSOR DBF one

18．查询成绩在 70 分至 85 分之间学生的学号、课程号和成绩，正确的 SQL 语句是（　）。

A）SELECT 学号,课程号,成绩 FROM sc WHERE 成绩 BETWEEN 70 AND 85

B）SELECT 学号,课程号,成绩 FROM sc WHERE 成绩>=70 OR 成绩<=85

C）SELECT 学号,课程号,成绩 FROM sc WHERE 成绩>=70 OR <=85

D）SELECT 学号,课程号,成绩 FROM sc WHERE 成绩>=70 AND <=85

19．查询有选课记录，但没有考试成绩的学生的学号和课程号，正确的 SQL 语句是（　）。

A）SELECT 学号,课程号 FROM sc WHERE 成绩= ""

B）SELECT 学号,课程号 FROM sc WHERE 成绩= NULL

C）SELECT 学号,课程号 FROM sc WHERE 成绩 IS NULL

D）SELECT 学号,课程号 FROM sc WHERE 成绩

20．查询选修 C2 课程号的学生姓名，下列 SQL 语句中错误的是（　　）。

A）SELECT 姓名 FROM s WHERE EXISTS
(SELECT * FROM sc WHERE 学号=s.学号 AND 课程号="C2")

B）SELECT 姓名 FROM s WHERE 学号 IN
(SELECT 学号 FROM sc WHERE 课程号="C2")

C）SELECT 姓名 FROM s JOIN sc ON s.学号= sc.学号 WHERE 课程号="C2"

D）SELECT 姓名 FROM s WHERE 学号=
(SELECT 学号 FROM sc WHERE 课程号="C2")

二、填空题

1．SQL-SELECT 的分组计算查询中，还可用________进一步限定分组的条件。

2．SQL-SELECT 语句中，空值用________来表示。

3．视图分为________和________，建立远程视图的前提是建立________。

4．在 SELECT 语句中，要将查询结果存放到临时表中应使用________短语。

5．视图设计器有________个选项卡，其中________选项卡是查询设计器中不包含的，视图建立后保存在________中。

三、应用题

1．用 SELECT 语句实现以下任务：

（1）查询学生数据库的学生成绩表中平均成绩在前 6 名的学生名单，并按成绩降序排列。

（2）统计籍贯为“河南郑州”的学生人数。

（3）显示学生的学号、姓名、班级和成绩。

2．在学生数据库中设计一个视图，查询学生成绩表中至少有一门不及格的学生的学号、姓名、所在班级和有关成绩，查询结果按学号排序。

6 结构化程序设计

Visual FoxPro 命令的执行有多种方式，除了前面用到的命令方式和菜单方式以外，还有程序方式。命令方式是在命令窗口输入命令，每输入一条命令按回车键后系统立即执行；菜单方式是通过选择菜单项中的命令来完成相应的功能。与这两种方式相比，程序方式更加重要，许多实际任务只靠一条命令或一项菜单操作是无法完成的，而是要通过一组命令来完成，程序方式更容易实现数据库应用系统的强大功能。

本章主要介绍结构化程序设计的基本方法和编程思路，重点讲解程序的三种基本结构。通过本章学习，读者应能够编写具有一定功能的程序以完成较复杂的任务，并且掌握通过程序来操作数据库的方法。

6.1 程序和程序文件

程序是能够完成一定任务的命令的有序集合。许多任务单靠一条命令是无法完成的，而是要执行一组命令来完成。学习 Visual FoxPro 的目的就是要学习利用命令来编写程序，以完成一些具体的任务。

程序以文件形式保存在磁盘上，被称为程序文件或命令文件，扩展名为.prg。VFP 的程序文件和其他高级语言程序一样，是一个文本文件。程序运行时，系统会按照一定的次序自动执行包含在程序文件中的命令。编写程序文件与在命令窗口中逐条输入命令相比有以下优点：

（1）可以利用编辑器方便地输入、编辑和保存程序；

（2）可以利用多种方式、多次运行程序；

（3）可以在一个程序中调用另一个程序。

6.1.1 建立和编辑程序文件

建立和编辑程序文件有两种操作方式：菜单方式和命令方式。

1．菜单方式

（1）建立程序文件。

从“文件”菜单中选择“新建”命令，然后在“新建”对话框中选择“程序”命令，单击“新建文件”按钮，弹出如图 6-1 所示的“程序”窗口，在窗口中输入程序即可。

图 6-1 “程序”窗口

（2）编辑程序文件。

要编辑程序文件，首先需要打开程序文件。打开程序文件的方法是：从“文件”菜单中选择“打开”命令，然后在“打开”对话框的“文件类型”列表框中选择“程序”选项，选择要打开的程序文件，单击“确定”按钮即可。

2．命令方式

格式：MODIFY COMMAND [<文件名>]

说明：

（1）命令中若省略<文件名>，则直接建立一个有默认名字（如程序 1、程序 2 等）的程序文件。

（2）若<文件名>指定的文件不存在，则此命令为新建文件。

（3）若<文件名>指定的文件已存在，则此命令为打开文件进行编辑。

（4）编辑修改后，从“文件”菜单中选择“保存”命令；如果此时要放弃修改，可从“文件”菜单中选择“还原”命令或按 Esc 键。

例如，MODIFY COMMAND D:\t1.prg

上述命令的功能是在 D 盘驱动器上建立一个名为 t1.prg 的程序文件。如果此文件已经存在，命令的作用为打开该程序文件进行修改。

6.1.2 运行程序

运行程序文件有三种方法：菜单法、工具栏按钮和命令法。

1．菜单法

从“程序”菜单中选择“运行”命令，打开“运行”对话框，从列表中选择要运行的程序文件，单击“运行”按钮。

2. 工具栏按钮

先打开要运行的程序文件，此时“常用”工具栏上的“运行”按钮 ! 被点亮，单击此按钮即可运行程序。

3. 命令法

格式：DO <文件名>

功能：运行程序文件。

说明：

（1）DO 命令既可以在命令窗口中使用，也可以在某个程序文件中使用，在程序文件中使用可以调用其他程序。

（2）执行程序时，程序文件中包含的命令将依次执行，直到所有的命令或语句被执行完毕，或者执行到 RETURN 命令或 QUIT 命令。RETURN 命令的作用是结束当前程序的执行，返回调用它的上级程序，若没有上级程序则返回命令窗口；QUIT 命令的作用是退出 Visual FoxPro 系统。

6.1.3 基本命令

以下是程序中经常用到的一些基本命令，现将其命令格式、功能和用法逐一进行介绍。

1. 清屏命令

格式：CLEAR

功能：清除工作区显示的内容。

说明：

当工作区显示内容较多时，可以使用此命令清除，以便于查看当前程序执行的输出结果。

2. INPUT 命令

格式：INPUT [<字符表达式>] TO <内存变量>

功能：程序运行时，通过键盘给变量赋值。

说明：

（1）系统显示<字符表达式>的内容作为输入的提示信息，如果不指定<字符表达式>，则执行命令时，屏幕上只显示光标等待输入。

（2）输入的数据可以是任意类型的常量、变量或表达式，但不能为空，而且变量必须是赋过值的。

（3）输入字符型常量、逻辑型常量和日期型常量时，必须正确使用与类型相符的定界符。

【例 6-1】编写程序，计算圆的周长和面积，半径由键盘输入。

程序内容如下：

```
* 求圆的周长和面积
INPUT "请输入半径：" TO r
a=2*3.14*r          && 计算周长
```

```
s=3.14*r**2          && 计算面积
? "圆周长为：",ALLTRIM(STR(a,10,2))   && 将 a 的值转换为字符串显示并保留两位小数
? "圆面积为：", ALLTRIM(STR(s,10,2))
```

程序运行结果如下：

```
请输入半径：2.5↙
圆的周长为：15.70
圆的面积为：19.62
```

3. ACCEPT 命令

格式：ACCEPT [<字符表达式>] TO <内存变量>

功能：程序运行时，通过键盘把字符型常量给变量赋值。

说明：

（1）系统显示<字符表达式>的内容作为输入的提示信息，如果不指定<字符表达式>，则执行命令时，屏幕上只显示光标等待输入。

（2）此命令只能接收字符型常量，用户在输入时不需要加字符串定界符，否则系统会把定界符作为字符串内的字符。

（3）如果不输入内容而直接按“回车”键，系统将把空串赋值给指定的内存变量。

【例 6-2】输入姓名，在“学生档案”表中查询该学生的学号。

程序内容如下：

```
USE  学生档案
ACCEPT "请输入姓名：" TO xm
LOCATE FOR  姓名=xm
? 姓名,学号
USE
```

程序运行结果如下：

```
请输入姓名：王心玲↙
王心玲    08010201001
```

4. WAIT 命令

格式：WAIT [<字符表达式>] [TO <内存变量>] [WINDOW [AT<行,列>]] [TIMEOUT <数值表达式>]

功能：显示<字符表达式>的内容作为提示信息，暂停程序的执行，直到用户按任意键或单击鼠标时继续执行。

说明：

（1）如果<字符表达式>的值为空串，则不会显示任何提示信息；如果省略<字符表达式>，显示默认的提示信息为“按任意键继续…”。

（2）内存变量用来保存用户键入的字符，其类型为字符型；若用户按的是“回车”键或单击了鼠标，则内存变量中保存的是空串；若省略 TO <内存变量>，则不保存用户输入的字符。

（3）一般情况下，提示信息被显示在工作区中，如果指定了 WINDOW 参数，则会出现一个提示窗口，默认位置在工作区的右上角，也可以用 AT 短语指定其在工作区中的位置。

（4）TIMEOUT 参数用来控制程序暂停执行的秒数，一旦超时，程序则会自动向下执行。

例如：

```
WAIT "输入无效，请重新输入…" WINDOW TIMEOUT 5
```

该语句的作用是在工作区右上角显示一个提示窗口，提示信息为“输入无效，请重新输入…”，用户单击鼠标或按任意键继续，或者等待五秒后程序继续执行。

5. 程序的注释

在程序中添加注释是为了提高程序的可读性，VFP 提供了注释语句和注释子句两种方式来为程序添加说明信息。

（1）注释语句。

格式：NOTE / * <注释内容>

说明：

这是一条非执行语句，注释内容可以是任何文本符号。

（2）注释子句。

格式：<命令> && <注释内容>

说明：

它是添加在命令行尾部的注释，也可以作为一个注释语句，这时其作用与 NOTE / *相同。

注释的使用方法可参照例 6-1。

6. 终止程序命令

（1）RETURN 命令。

格式：RETURN

功能：结束当前程序的执行，返回到调用它的上一级程序，若无上一级程序，则返回到命令窗口。

（2）CANCEL 命令。

格式：CANCEL

功能：终止正在运行的程序，返回命令窗口。

（3）QUIT 命令。

格式：QUIT

功能：退出 VFP 系统。

6.2 选择结构程序设计

程序有三种基本结构：顺序结构、选择结构和循环结构。

顺序结构是指程序在运行时，按照语句或命令在文件中的先后顺序执行。因此，顺序结构是程序中最简单、最普遍使用的一种基本结构。但是大多数问题仅靠顺序结构是无法解决的，还要用到选择结构和循环结构。

选择结构又称为分支结构，在 Visual FoxPro 中提供了分支语句（IF 语句）和多分支语句（DO CASE 语句）实现分支结构。

6.2.1 分支语句

Visual FoxPro 提供了两种格式的分支语句。

1. 语句格式

（1）格式 1。

```
IF <条件>
    <语句序列>
ENDIF
```

（2）格式 2。

```
IF <条件>
    <语句序列 1>
    ELSE
        <语句序列 2>
ENDIF
```

其中，<条件>可以是关系表达式或逻辑表达式。

2. 语句执行过程

（1）格式 1。

如果<条件>满足，则执行<语句序列>，然后转向执行 ENDIF 语句的下一语句；否则直接执行 ENDIF 语句的下一语句。语句的执行过程如图 6-2 所示。

（2）格式 2。

如果<条件>满足，则执行<语句序列 1>，否则执行<语句序列 2>；然后转向执行 ENDIF 后面的语句。语句的执行过程如图 6-3 所示。

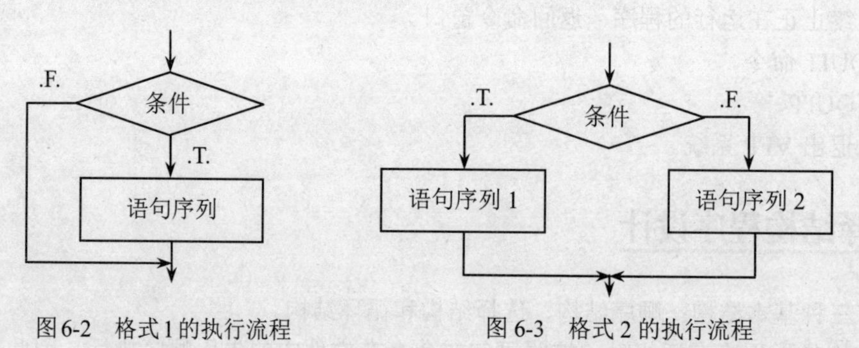

图6-2 格式1的执行流程　　图 6-3 格式 2 的执行流程

【例 6-3】输入任意 3 个数，求最大值。

算法分析：程序中用到 4 个变量 a、b、c、m，其中，a、b、c 用于表示 3 个数，m 用于表示最大值。先比较 a 和 b 的大小，将较大者赋值给 m，再用 m 和 c 比较，若 c 大于 m，则将 c 赋值给 m，此时 m 的值就是 3 个数中的最大值。

程序内容如下：

```
INPUT "请输入 a 的值：" TO a
INPUT "请输入 b 的值：" TO b
INPUT "请输入 c 的值：" TO c
IF a>b
    m=a
ELSE
    m=b
ENDIF
IF m<c
   m=c
ENDIF
? m
```

程序运行结果如下：

```
请输入 a 的值：12↙
请输入 b 的值：8↙
请输入 c 的值：16↙
               16
```

思考：如果程序中第二个 IF 语句的条件不是 m<c，而是 m>c，程序该如何修改？试比较这两种写法的优劣。

【例 6-4】输入任意 3 个数，编写程序，将其按由大到小排序。

算法分析：设这 3 个数分别为 a、b、c。第一步 a 与 b 比较，若 a 小，则交换 a、b 的值，使得 a 为最大。第二步 a 与 c 比较，若 a 小，则交换 a、c 的值，这样经过两次比较，a 就成为 3 个数中的最大值。第三步 b 与 c 比较，若 b 小，则交换 b、c 的值。此时 a、b、c 已按由大到小的顺序排列。

程序内容如下：

```
INPUT "请输入 a 的值：" TO a
INPUT "请输入 b 的值：" TO b
INPUT "请输入 c 的值：" TO c
IF a<b
    t=a
    a=b
    b=t         && 交换 a、b 的值
ENDIF
IF a<c
    t=a
    a=c
    c=t         && 交换 a、c 的值
ENDIF
IF b<c
    t=b
    b=c
```

```
    c=t        && 交换 b、c 的值
ENDIF
? a,b,c
RETURN
```

程序运行结果如下：

```
请输入 a 的值：12↙
请输入 b 的值：8↙
请输入 c 的值：16↙
    16  12  8
```

在 Visual FoxPro 程序中，一行可以写多个语句，语句间以“：”间隔，一行最多不超过 255 个字符。本例应注意学习排序的方法以及交换两个变量值的方法。

【例 6-5】在“学生档案”表中按姓名查找满足条件的记录，若找到则显示该学生的学号、姓名、性别、家庭住址；若没找到，则显示“姓名输入错误！”。

算法分析：可利用 LOCATE 命令在表中查找满足条件的记录，再通过 FOUND()函数判断查找的结果，若找到就显示该记录。

程序内容如下：

```
SET TALK OFF
USE 学生档案
ACCEPT "请输入要查找的学生姓名：" TO name
LOCATE FOR 姓名=name
IF FOUND()
   DISPLAY
ELSE
   ? "姓名输入错误!"
ENDIF
USE
SET TALK ON
```


程序运行结果如下：

```
请输入要查找的学生姓名：王心玲

  记录号  学号          姓名    性别  籍贯
       4  08010201001  王心玲  女    河南南阳
```

程序中出现的 SET TALK ON | OFF 命令的作用是开启或屏蔽系统的反馈信息。在 Visual FoxPro 中，许多数据处理命令（如 AVERAGE、SUM、SELECT 等）在执行时都会返回一些与执行状态有关的信息，这些信息通常会显示在工作区或状态栏中，SET TALK OFF 命令可关闭这些信息的显示，默认值为 ON。

【例 6-6】输入货物重量，计算货物的托运费。计费标准为每公斤 0.1 元，当超过 50 公斤时，超出部分为每公斤 0.2 元。

算法分析：设货物重量为 w，托运费为 f，则托运费计算公式为：

$$f=\begin{cases} w\times 0.1 & w<=50 \\ 50\times 0.1+(w-50)\times 0.2 & w>50 \end{cases}$$

程序内容如下：

```
INPUT "请输入货物重量：" TO w
IF w<=50
    f=w*0.1                                 && 货物重量没有超过 50 公斤
ELSE
    f=50*0.1+(w-50)*0.2                     && 货物重量超过 50 公斤
ENDIF
? "托运费为："+ALLT(STR(f,10,2))+ "元"
```

程序运行结果如下：

```
请输入货物重量：30↙
托运费为：3.00 元
```

程序运行结果如下：

```
请输入货物重量：60↙
托运费为：7.00 元
```

6.2.2　嵌套的分支语句

IF 语句中还可以出现 IF 语句，这就构成了 IF 语句的嵌套。

1. IF 语句嵌套的一般格式

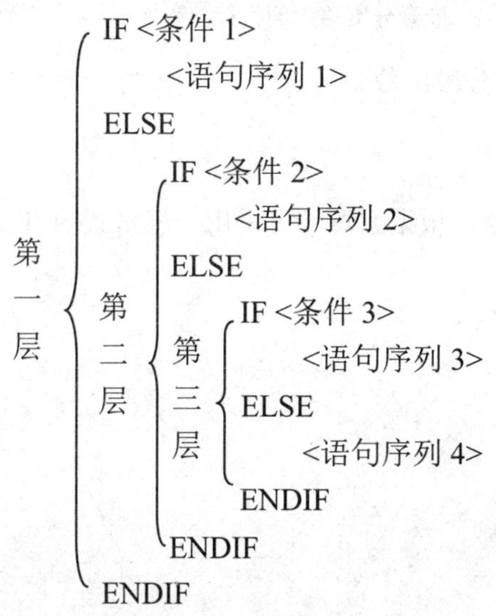

2. 语句执行过程

上述格式中嵌套的 IF 语句均嵌套在 ELSE 子句中，如果<条件 1>成立，则执行<语句序列 1>；否则（即条件 1 不成立）判断<条件 2>，当<条件 2>成立时执行<语句序列 2>；否则（即条件 1 和条件 2 均不成立）判断<条件 3>，当<条件 3>成立时执行<语句序列 3>，否则（即条件 1、条件 2 和条件 3 均不成立）执行<语句序列 4>，然后转向执行 ENDIF 后面的程序。语句执行流程如图 6-4 所示。

3. 说明

（1）也可以在 IF 子句中嵌套，或是在 IF 和 ELSE 子句中同时嵌套；

（2）每个嵌套中的 IF 和 ENDIF 必须成对出现；

（3）各层嵌套不得交叉。

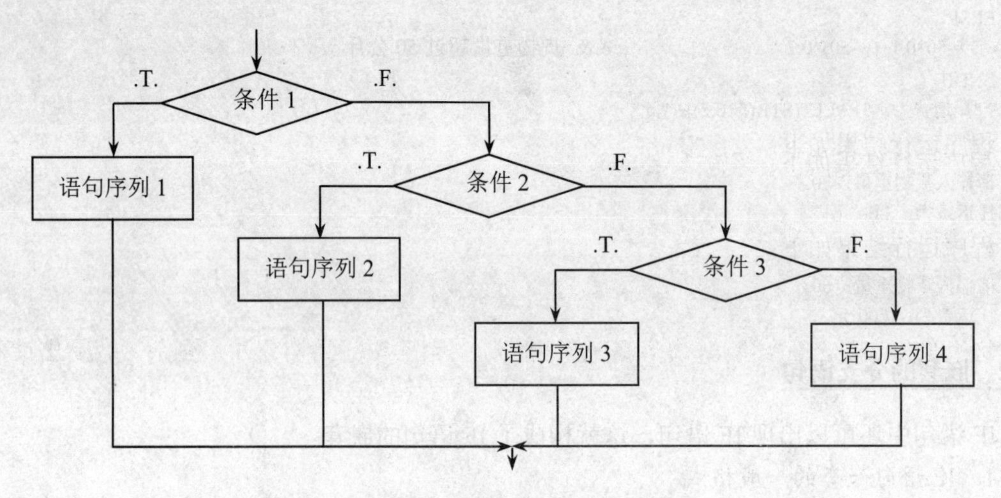

图 6-4　嵌套分支语句的执行流程

【例 6-7】编程实现如下规定的分段函数。

$$y=\begin{cases}1 & \text{当 } 0<x<1 \text{ 时} \\ 0 & \text{当 } x\geqslant 1 \text{ 或 } x\leqslant 0 \text{ 时}\end{cases}$$

算法分析：根据 x 的值确定 y 值，根据题意，可采用一般格式的 IF 语句解决，也可采用嵌套的 IF 语句来解决。

方法一：使用一般格式的 IF 语句。

程序内容如下：

```
CLEAR
INPUT "输入 x 的值："TO x
IF x>0 .AND. x<1
   y=1
ELSE
   y=0
ENDIF
? "y=",y
```

方法二：使用嵌套的 IF 语句。

程序内容如下：

```
CLEAR
INPUT "输入 x 的值："TO x
IF x>0
   IF x<1
      y=1
```

```
    ELSE
        y=0
    ENDIF
ELSE
    y=0
ENDIF
? "y=",y
```

程序运行结果如下：

```
输入 x 的值：2↙
y=0
```

6.2.3　多分支语句

嵌套的分支语句虽然能解决多次判断的问题，但其语句结构繁冗、复杂，容易出错，且可读性差。对于这种情况，采用多分支语句是一种很好的解决方法。

1. 格式

```
DO CASE
    CASE <条件 1>
        <语句序列 1>
    CASE <条件 2>
        <语句序列 2>
            ……
    CASE <条件 n>
        <语句序列 n>
    [OTHERWISE
        <语句序列 n+1>]
ENDCASE
```

2. 语句执行过程

语句执行时，依次判断 CASE 后面的条件是否成立，当发现<条件 i>（1≤i≤n）成立时，就执行<语句序列 i>，然后直接跳转到 ENDCASE 语句的下一语句继续执行。如果所有 CASE 后面的条件都不成立，则执行 OTHERWISE（如果有的话）后面的<语句序列 n+1>。语句执行过程如图 6-5 所示。

3. 说明

（1）不论有几个 CASE 后面的条件成立，只有最先成立的 CASE 后面的语句序列被执行。

（2）DO CASE 和 ENDCASE 必须成对出现。

（3）OTHERWISE 可以缺省。

【例 6-8】某百货公司为了促销，采用购物打折的优惠方法，每位顾客一次性购物的金额同折扣的关系如下：

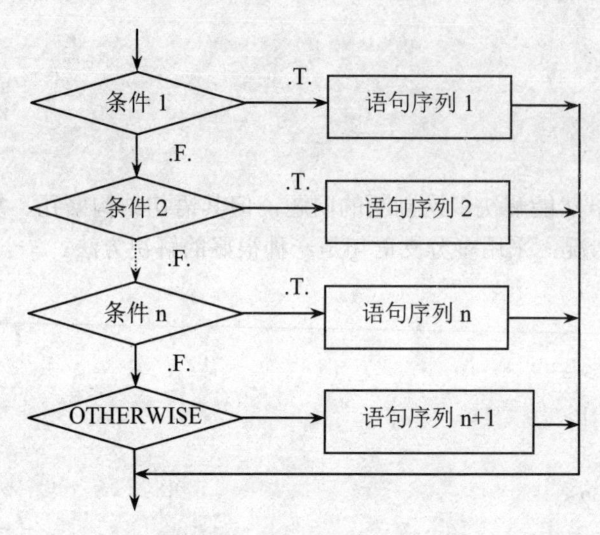

图 6-5　多分支语句执行流程

程序内容如下：

```
CLEAR
INPUT "请输入购物货款：" TO x
DO CASE
   CASE x<1000
      y=x
   CASE x>=1000 AND x<2000
      y=x*0.95
   CASE x>=2000 AND x<3000
      y=x*0.9
   CASE x>=3000 AND x<5000
      y=x*0.85
   CASE x>=5000
      y=x*0.8
ENDCASE
? "顾客应付货款为：",y, "元"
RETURN
```

程序运行结果如下：

```
请输入购物货款：2500↙
顾客应付货款为：2250 元
```

程序中DO CASE语句的最后一个CASE分支(CASE X>=5000)也可替换为OTHERWISE，程序功能不变。

【例 6-9】利用 DO CASE 语句编程计算定期存款利息。定期存款利率（%）如下所示。

$$
利率=\begin{cases}0.36 & 定期<1年\\ 2.25 & 1年\leqslant定期<3年\\ 3.33 & 3年\leqslant定期<5年\\ 3.6 & 5年\geqslant定期\end{cases}
$$

程序内容如下：

```
CLEAR
INPUT "输入定期存款年限：" TO y
INPUT "输入定期存款金额：" TO c
DO CASE
    CASE y<1
        t=0.0036
    CASE y<3
        t=0.0225
    CASE y<5
        t=0.0333
    OTHERWISE
        t=0.036
ENDCASE
x=c*t*y                    && 利息的计算公式为：利息＝本金×利率×存期
? "利率＝"+ALLT(STR(t,6,4))
? ALLT(STR(C))+"元定期存"+ALLT(STR(y))+"年到期后的利息为"+ALLT(STR(x,10,2))+"元"
```

程序运行结果如下：

```
输入定期存款年限：1↙
输入定期存款金额：10000↙
利率＝0.0225
10000 元定期存 1 年到期后的利息为 225.00 元
```

6.3 循环结构程序设计

试想要解决这样一个问题：求 1～10 的累加和。如何编程序来解决这个问题？当然，可以写出一个求和表达式，如 sum＝1+2+3+4+5+6+7+8+9+10。可是如果问题变成求 1～1000 的累加和，又如何解决呢？显然，简单的使用表达式求和是不可行的，而且这样的程序也毫无意义。如果使用前面讲的顺序结构可以写成如下形式：

```
sum=0
sum=sum+1
sum=sum+2
```

…

sum=sum+i

…

sum=sum+1000

程序书写十分冗长，但仔细分析以上程序可以发现，实际上是先让 sum 初始值为 0，再让语句 sum=sum+i 重复执行 1000 次。当然，在重复执行的过程中，i 的值是从 1～1000 不断递增的，这就是循环结构。

循环结构是指在某一给定条件下，重复执行某段程序。循环结构是结构化程序设计的基本结构之一，它和顺序结构、选择结构共同作为各种复杂程序的基本构造单元。

VFP 提供的实现循环结构的语句有：DO WHILE 语句、FOR 语句和 SCAN 语句。

6.3.1 DO WHILE 语句

1. 格式

```
DO WHILE <条件>
<语句序列 1>
[LOOP]
<语句序列 2>
   [EXIT]
<语句序列 3>
ENDDO
```

2. 语句执行过程

执行该语句时，先判断 DO WHILE 语句的循环条件是否成立，如果条件为真，则执行 DO WHILE 和 ENDDO 之间的语句序列（即循环体）；当执行到 ENDDO 时，程序流程返回到 DO WHILE，再次判断条件是否为真，如果为真，则再次执行循环体，当条件为假时，则结束循环，执行 ENDDO 语句的下一语句。语句的执行过程如图 6-6 所示。

3. 说明

（1）如果第一次判断条件即为假，则循环体一次也不执行。

（2）如果条件始终为“真”，则循环体无限次执行，这种情况被称为无终止循环或死循环。这种情况在程序设计中是不允许出现的。控制循环的关键是选择一种合适的方法，使条件由“真”变为“假”，即避免死循环。

（3）LOOP 语句的作用是结束本次循环，即不再执行 LOOP 后面的循环体语句，而是回到 DO WHILE 处重新判断条件，如果条件满足，则继续下一次循环。

（4）EXIT 语句的作用是终止整个循环，转去执行 ENDDO 语句的下一的语句。

（5）通常 LOOP 或 EXIT 出现在循环体内嵌套的选择语句中，根据一定的条件来选择执行 LOOP 或 EXIT。包含 LOOP 或 EXIT 语句的执行过程如图 6-7 所示。

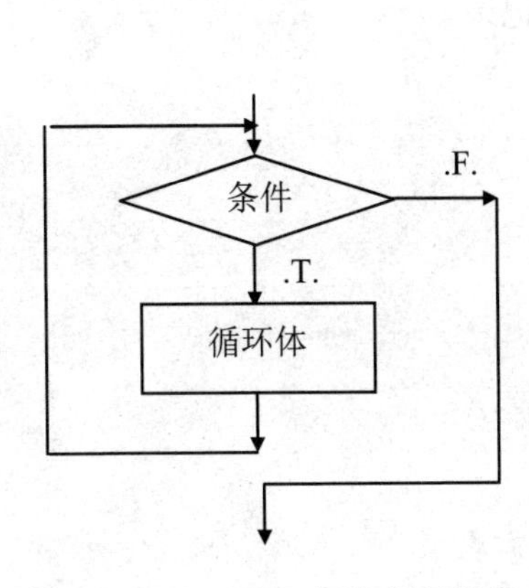

图 6-6　DO WHILE 语句执行流程

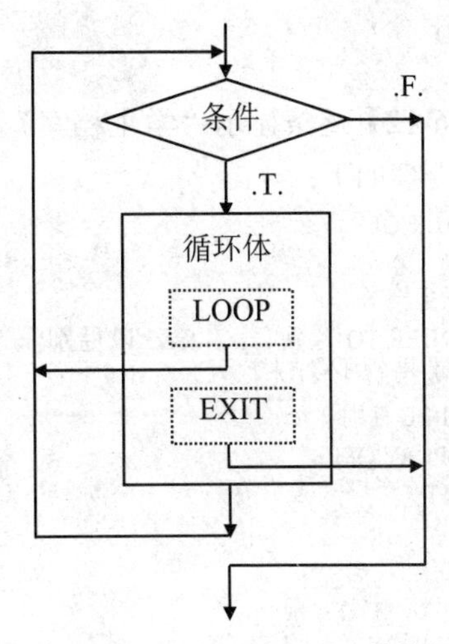

图 6-7　含有 LOOP 和 EXIT 的执行流程

【例 6-10】求 1+2+3+……+100 的累加和。

算法分析：在循环结构中，用变量 s 表示累加和，s 赋初值为 0；变量 n 用来控制循环次数，也称为计数器，此外，在本程序中，n 还作为累加到 s 中的数值，从 1 开始，到 100 结束。

程序内容如下：

```
CLEAR
n=1
s=0
DO WHILE n<=100
    s=s+n
    n=n+1
ENDDO
? "1+2+3+…+100=",s
```

程序运行结果如下：

```
1+2+3+…+100=     5050
```

【例 6-11】逐条显示“学生档案”表中 1990 年出生的学生记录。

算法分析：查找符合条件的学生记录可使用 LOCATE 命令先查找第一条满足条件的记录，再通过循环利用 CONTINUE 命令查找其他所有满足条件的记录，直到数据表的底。

程序内容如下：

```
CLEAR
USE 学生档案
LOCATE FOR YEAR(出生年月)=1990          && 将记录指针定位在满足条件的第一条记录
DO WHILE .NOT. EOF()                   && 测试是否到数据表的底
    DISPLAY OFF                        && 显示当前记录
    WAIT " "
    CONTINUE
```

```
ENDDO
USE
```

【例 6-12】逐条显示“学生档案”表中女同学的记录。

程序内容如下：

```
SET TALK OFF
CLEAR
USE 学生档案
SET ORDER TO 性别        && 以性别作为当前索引
SEEK "女"
DO WHILE 性别="女"
    DISPLAY OFF
    WAIT " "
    SKIP
ENDDO
USE
SET TALK ON
```

在运行本程序之前，必须先在表设计器中对学生档案表以性别作为关键字建立索引。这里按性别的降序建立索引。本程序的检索原理是：如果在“学生档案表”中以性别作为索引，那么档案表将按性别的降序排列，当查找到第一个女同学的记录，随后的记录也将是女同学的记录；如果当前记录不是女同学记录了，意味着后面也不会再有女同学的记录了。

6.3.2 FOR 语句

FOR 语句通常用于循环次数已知的循环。

1. 格式

FOR <循环变量>=<初值> TO <终值> [STEP <步长值>]

    <循环体>

ENDFOR | NEXT

2. 语句执行过程

程序执行到 FOR 语句时，首先给循环变量赋初值，然后将其值与终值进行比较，如果不大于终值，则执行循环体。当执行到 ENDFOR（NEXT）语句时，循环变量增加一个步长值，返回 FOR 语句，并再次将循环变量的值与终值比较，若不大于终值，则再次执行循环体。如此反复，直到循环变量的值大于终值，则结束该循环语句，执行 ENDFOR 语句的下一语句。

3. 说明

（1）若步长为正值，则循环条件为循环变量<=终值；若步长值为负，循环条件为循环变量>=终值。

（2）步长的默认值为 1。

（3）一般情况下，初值、终值、步长值为数值型常量，但也可以为数值表达式，这些表达式的值仅在循环语句开始执行时计算一次，在循环的执行过程中，不再重新计算初值、终值和步长值。

（4）可以在循环体内改变循环变量的值，但这将影响循环体的执行次数。

（5）EXIT 和 LOOP 在 FOR 语句中的作用同 DO WHILE 语句，其中执行到 LOOP 语句时，结束本次循环，循环变量增加一个步长值后返回到 FOR 语句处再次判断循环条件是否成立。

【例 6-13】用 FOR 语句编写程序，求 1+2+3+……+100 的累加和。

程序内容如下：

```
CLEAR
s=0
FOR n=1 TO 100
    s=s+n
ENDFOR
? "1+2+3+…+100=",s
```

程序运行结果如下：

```
1+2+3+…+100 = 5050
```

【例 6-14】用 FOR 语句编写程序，求正整数 n 的阶乘。

程序内容如下：

```
CLEAR
INPUT "n=" TO n
t=1
FOR i=1 TO n
     t=t*i
ENDFOR
? ALLT(STR(n))+"!=",ALLT(STR(t))
```

程序运行结果如下：

```
n=5↙
5!= 120
```


6.3.3 SCAN 语句

该循环语句主要用于处理表中的记录，又称为表扫描循环语句。

1. 格式

SCAN [<范围>] [FOR<条件>]

<循环体>

ENDSCAN

2. 功能

语句中的<条件>用于限定处理表中的哪些记录。对当前表指定范围内满足条件的所有记录，逐一执行循环体的命令序列。

3. 说明

（1）<范围>的默认值为 ALL。

（2）EXIT 和 LOOP 命令同样可以出现在该循环语句的循环体内。

【例 6-15】统计“学生档案”表中专业代码为 0104 的男生人数和女生人数。

算法分析：变量 m 和 w 分别用来统计男生和女生人数。

程序内容如下：

```
CLEAR
USE 学生档案
STORE 0 TO m,w
SCAN FOR 专业代码= "0104"
   IF 性别="男"
      m=m+1
   ELSE
      w=w+1
   ENDIF
ENDSCAN
? "男生人数：",ALLTRIM(STR(m))
? "女生人数：", ALLTRIM(STR(w))
USE
RETURN
```

程序运行结果如下：

```
男生人数：2
女生人数：1
```

6.3.4 基本结构的嵌套

基本结构的嵌套是指在一个基本结构中又完整的包含一个结构，被包含的结构可以与其相同，也可以不同。例如，一个 FOR 循环中可以包含一个 FOR 循环结构，也可以包含一个 IF 选择结构。下面通过两个实例说明嵌套结构的用法。

【例 6-16】编写程序，计算 1!+3!+5!

程序内容如下：

```
s=0
FOR i=1 TO 5 STEP 2
   t=1
   FOR j=1 TO i
      t=t*j
   NEXT
   s=s+t
NEXT
? "1!+3!+5!=",S
```

程序运行结果如下：

```
1!+3!+5!=        127
```

在一个 FOR 循环体内又包含了一个 FOR 循环，这种嵌套结构又被称为双重循环。本程序中，第一个 NEXT 语句控制返回到 j 循环，第二个 NEXT 语句控制返回到 i 循环。

【例 6-17】编写程序，求 100～999 之间的水仙花数。所谓水仙花数是一个三位数，其各位数字的立方的和等于该数本身，如 153 就是一个水仙花数，$153=1^3+5^3+3^3$。

算法分析：编程的关键是要知道如何分离出一个三位数字中的各位数字。程序中的变量i代表三位数，a、b、c分别表示i在百位、十位和个位上的数字。在程序中，采用穷举法，对100～999中的每个数都进行判断，即判断其是否满足水仙花数的条件，如满足则输出。

程序内容如下：

```
CLEAR
FOR i=100 TO 999
    a=INT(i/100)
    b=INT((i-a*100)/10)
    c=i-a*100-b*10
    IF i=a^3+b^3+c^3
    ?? i
    ENDIF
ENDFOR
```

程序运行结果如下：

```
153        370        371        407
```

6.3.5 使用循环语句应注意的问题

（1）DO WHILE 语句一般用于循环次数不确定，但已知循环继续的条件的问题。

（2）FOR 语句通常用于循环次数已知的问题。

（3）SCAN 语句只用于处理表中记录的循环问题。

6.4 过程与函数

在程序设计中，如果将重复出现的或者单独使用的程序段写成可供其他程序调用的、公用的程序单位，会使程序简洁，同时也可提高程序的可读性和易维护性。在 Visual FoxPro 中，每一个程序单位都可以调用其他程序单位，调用其他程序单位的程序称为主程序；另一方面，每一个程序单位可以被其他程序所调用，被调用的程序单位可以是子程序、过程和自定义函数。

6.4.1 过程与过程文件

1. 基本概念

把需要多次重复执行的程序段编写成一个独立的程序，这个程序被称为过程。过程可以单独运行，也可以被其他程序所调用。过程相当于子程序。

过程能以独立文件的形式存在，其扩展名为.prg，它的建立、编辑与运行与 6.1 节所介绍的程序文件相同。过程也可以存在于主程序的尾部或过程文件中。

过程文件是只包含过程的文件，是一种特殊的命令文件，其建立、修改和运行的方法与程序文件一样，扩展名也是.prg。

在简单过程调用中，过程是作为一个文件独立存放在磁盘上的，所以每调用一次过程，都要打开一次磁盘上的文件，影响程序运行的速度。建立过程文件的优点是可以把多个过程放在一个文件中，不论调用其中哪个过程，只需打开一次过程文件即可，这样做可以减少磁盘访问次数，从而提高运行速度。

2. 过程的定义

格式：

PROCEDURE <过程名>

<语句序列>

[RETURN [<表达式>]]

[ENDPROC]

说明：

（1）PROCEDURE 表示一个过程的开始。

（2）过程名的命名规则：以字母、汉字或下划线开始，可包含字母、汉字、数字和下划线。

（3）过程以 RETURN 或 ENDPROC 作为结束语句。

3. 过程的调用

格式 1：DO <程序名>

格式 2：<程序名> ()

说明：

（1）格式中的<程序名>可以是程序文件名、过程名或函数名。

（2）格式 2 可以作为函数出现在表达式中，函数是特殊的过程。

（3）调用过程前需打开过程所在的过程文件。

4. 过程的返回

（1）格式。

RETURN [<表达式> | TO MASTER]

（2）功能。

RETURN 语句为过程返回语句，在返回上级程序时也可同时返回值。当过程执行到 RETURN 时，转回到调用程序或命令窗口，并返回表达式的值；如果缺省 RETURN，则在过程结束处自动执行一条隐含的 RETURN 命令；如果缺省表达式，则默认的返回值为.T.。

（3）说明。

1）RETURN：作用是返回上一级程序。

2）RETURN <表达式>：用于函数，在返回上级程序的同时返回表达式的值。

3）RETURN TO MASTER：控制直接返回主程序。

5. 打开过程文件语句

要调用过程文件中的过程，必须先打开过程文件，然后才能调用其中的过程。

（1）格式。

SET PROCEDURE TO <过程文件名 1>[,<过程文件名 2>…] [ADDITIVE]

（2）说明。

1）可以打开一个或多个过程文件，一旦一个过程文件被打开，那么该过程文件中的所有过程都可以被调用。

2）如果选用 ADDITIVE，那么在打开过程文件时，并不关闭原先已经打开的过程文件。

6. 关闭过程文件语句

（1）格式 1。

SET PROCEDURE TO

功能：关闭所有打开的过程文件。

（2）格式 2。

RELEASE PROCEDURE　<过程文件名 1>[,<过程文件名 2>…]

功能：关闭指定的过程文件。

（3）说明。

1）存放在程序文件里的过程主要被本程序所调用，也可以被其他程序调用。

2）当程序文件处于执行的状态时，包含在其中的过程就可以被直接调用。

【例 6-18】下面是一个模块定义和调用的程序实例。共涉及三个文件：程序文件 f1.prg 和过程文件 f2.prg，文件 f1 中包含主程序及一个过程 p1，文件 f2 中包含一个过程 p2。

程序内容如下：

```
******主程序 f1.prg******
SET PROCEDURE TO f2           && 在调用过程文件中的过程之前，先打开过程文件
? "主程序开始"
? p1()                        && 调用过程 p1 并输出该过程的返回值
?
DO p2                         && 调用过程 p2
SET PROCEDURE TO              && 关闭过程文件
? "主程序结束"
******过程 p1******
PROCEDURE p1
? "过程 p1 开始"
? "过程 p1 结束"
?
ENDPROC
******过程文件 f2.prg******
PROCEDURE p2
   FOR i=1 to 3
      FOR j=1 to 5
         ?? "* "
      ENDFOR
         ?
   ENDFOR
ENDPROC
```

程序运行结果如下：

```
主程序开始

过程p1开始
过程p1结束
.T.
* * * * *
* * * * *
* * * * *

主程序结束
```

说明：

此例中包含两个文件，程序运行时只需运行主程序文件 f1.prg，可在命令窗口中输入命令：

```
DO f1
```

6.4.2 参数传递

同其他程序设计语言一样，Visual FoxPro 在进行过程调用时可发生参数的传递，这样可以增加程序之间的数据联系，提高了模块程序功能设计的灵活性。

1. 定义过程中参数的声明

如果要在子程序中使用参数，需要在被调用的子程序文件的开始使用 PARAMETERS 语句，语句格式为：

PARAMETERS <形参变量 1>[,<形参变量 2>…]

2. 调用过程时参数的声明

格式 1：DO <程序名> [WITH <实参 1>[,<实参 2>…]]

格式 2：<程序名> (<实参 1>[,<实参 2>…])

说明：

（1）程序名可以是程序文件名，也可以是过程名。

（2）实参可以是常量、变量和表达式，但变量必须是赋过值的。

（3）调用模块程序时，系统会自动地把实参传递给对应的形参，形参的数目不能少于实参，否则会提示运行错误；而实参的数目可以少于形参，多余的形参取逻辑值.F.。

（4）采用格式 1 调用模块程序时，如果实参是常量或一般形式的表达式，参数传递为按值传递，即系统会把实参的值赋给相应的形参变量。

（5）采用格式 1 调用时，如果实参是变量，传递方式为按引用传递，即传递的是变量的地址，这时形参和实参实际上是同一个变量，形参变量值改变时，实参变量值也随之改变。

（6）采用格式 2 调用时，默认情况下都是按值传递；当实参是变量时，可以使用命令 SET UDFPARMS 命令设置参数传递的方式，该命令格式为：

SET UDFPARMS TO VALUE | REFERENCE。

3. 参数的传递举例

【例 6-19】用过程文件的方式，编程序计算 S=1!+2!+…+N!。

程序内容如下：

```
******主程序文件 main.prg******
PUBLIC   result                    &&声明一个公共变量 result
s=0
INPUT "请输入 n 的值：" TO n
FOR j=1 TO n
    DO sub WITH j
    s=s+result
ENDFOR
? "n=",n
? "1!+2!+…+n!= ",s
RETURN
******子程序文件 sub.prg******
PARAMETERS n
result=1
FOR i=1 TO n
    result=i*result
ENDFOR
RETURN result
```

运行程序时在命令窗口中输入：

```
DO main
```

程序运行结果如下：

```
请输入 N 的值：10↙
n=   10
1!+2!+…+n!=            4037913
```

6.4.3 用户自定义函数

Visual FoxPro 系统除了可以定义过程外，也可以定义函数，用户自定义函数简称为 UDF（User Defined Function）。

1. 自定义函数的格式

FUNCTION <函数名>
PARAMETERS <参数表>
    <语句序列>
[RETURN [<表达式>]]
ENDFUNC

2. 调用自定义函数的方法

格式：函数名(<实参表>)

【例 6-20】已知圆的半径，利用用户自定义函数求圆面积 area。

程序内容如下：

```
CLEAR
INPUT "请输入圆半径：" TO r
? "area=",area(r)
FUNCTION   area
```

```
    PARA  a                              && a 为圆半径
    s=PI()*a*a
RETURN s
```

程序运行结果如下：

```
请输入圆半径：3↙
area=        28.2743
```

6.4.4 变量的作用域

在 Visual FoxPro 中，内存变量按作用域可分为公共变量、私有变量和局部变量三类。

1. 公共变量

在任何模块中都可以使用的变量称为公共变量。在程序中，公共变量要先建立后使用，建立公共变量的命令格式如下。

格式：PUBLIC <内存变量名>

说明：

（1）公共变量一旦建立就一直有效，即使程序运行结束后也不会消失，只有当执行 CLEAR MEMORY、RELEASE 或 QUIT 命令后，公共变量才会被释放。

（2）公共变量建立后默认的初值为逻辑值.F.。

（3）在命令窗口中直接使用的由系统自动隐含建立的变量也是公共变量。

2. 私有变量

在程序中直接使用，并且由系统自动隐含建立的变量称为私有变量。

私有变量的作用域是建立它的模块及其下属的各层模块，即当建立它的模块程序运行结束，私有变量将自动被清除。

说明：

（1）私有变量是 Visual FoxPro 中默认的，不需要特殊的关键字定义。

（2）如果子程序中的私有变量与主程序中的公共变量同名，可以在子程序中使用 PRIVATE 命令声明，格式为：

PRIVATE ALL | <内存变量>

该命令并不建立内存变量，它的功能是：隐藏指定的在上层模块中可能已经存在的内存变量，使这些变量在当前模块程序中暂时无效。这样，这些变量名就可以用来命名在当前模块或其下属模块中需要的私有变量，并且不会改变上层模块中同名变量的取值。一旦当前模块程序运行结束返回上层模块时，那些被隐藏的内存变量就自动恢复有效性，并保持原有的取值。

3. 局部变量

局部变量的作用域仅限于定义它的模块，在其上层或下层模块中均无效。

局部变量要先建立后使用，建立局部变量的命令格式为：

LOCAL <内存变量名>

说明：

（1）局部变量建立后默认的初值为逻辑值.F.。

（2）建立局部变量的模块程序运行结束，局部变量将自动被清除。

（3）LOCAL 命令在建立局部变量的同时，也具有隐藏在上层模块中建立的同名变量的作用。与 PRIVATE 命令不同的是：LOCAL 命令只在它所在的模块内隐藏这些同名变量，一旦到了下层模块，上层模块中的同名变量就会继续生效。

【例 6-21】下面是一个关于变量作用域的程序示例，程序文件为 main.prg，其中包含一个主程序和一个过程 subp。

程序内容如下：

```
***主程序***
CLEAR
a=1
b=2                          &&  a 和 b 为私有变量
DO subp
x=a+b+c
? x
***子程序***
PROCEDURE subp
   PUBLIC c                  &&  c 为全局变量
   PRIVATE a,b,x             &&  私有变量的声明，即此过程中这三个变量的值不会影响主程序中的同名变量
   a=10
   b=20
   c=30
   x=a+b+c
   ? x
ENDPROC
```

程序运行结果如下：

```
60
33
```

【例 6-22】局部变量和隐藏公共变量示例。

程序内容如下：

```
***主程序***
PUBLIC x,y
x=10
y=100
DO suba
? x,y
***子程序 SUBA***
PROCEDURE suba
   PRIVATE x                 &&  隐藏主程序中的变量 x
   x=50                      &&  建立私有变量 x
   LOCAL y                   &&  隐藏主程序中的同名变量 y
   DO subb
```

```
    ? x,y
RETURN
***子程序 SUBB***
PROCEDURE subb
    x="aaa"                  && x 是在 suba 中建立的私有变量
    y="bbb"                  && y 是在主程序中建立的公共变量
RETURN
```

程序运行结果如下：

```
aaa  .F.
          10  bbb
```

习题 6

一、单项选择题

1．下面选项中关于 ACCEPT 命令说法错误的是（　　）。

A）ACCEPT 命令格式为：ACCEPT [<字符表达式>] TO <内存变量>

B）该命令只接收字符串，但是用户在输入字符串时，必须要加上定界符

C）如果不输入任何内容直接按“回车”键，系统就会把空串赋给指定的内存变量

D）如果选用<字符表达式>，系统会首先显示该表达式的值作为提示信息

2．如果一个过程的语句中没有指定表达式，则该过程（　　）。

A）没有返回值　　B）返回 0　　C）返回.T.　　D）返回.F.

3．只能在建立它的模块中使用的变量为（　　）。

A）私有变量　　B）字段变量　　C）局部变量　　D）全局变量

4．在 DO WHILE 循环结构中，LOOP 命令的作用是（　　）。

A）终止程序的运行

B）退出循环，返回程序开始处继续执行

C）转到 DO WHILE 语句行，开始下一次循环

D）终止本次循环，将控制转到本循环结构 ENDDO 后面的第一条语句继续执行

5．下面关于过程调用的说法中正确的是（　　）。

A）实参和形参的数量必须相等

B）当实参的数量多于形参时，多余的实参被忽略

C）当形参的数量多于实参时，多余的形参取逻辑值.F.

D）B 和 C 都正确

6．下面叙述中正确的是（　　）。

A）在命令窗口中被赋值的变量均为局部变量

B）在命令窗口中用 PRIVATE 声明的变量均为局部变量

C）在被调用的下级程序中用 PUBLIC 声明的变量是全局变量

D）在程序中用 PRIVATE 声明的变量是全局变量

7.（　）语句是 Visual FoxPro 为操纵数据表而设计的专用循环语句。

A）DO CASE　　B）DO WHILE

C）SCAN　　D）FOR

8. 在循环语句中，执行（　）语句可跳过随后的代码，并重新开始下次循环。

A）LOOP　　B）NEXT　　C）SKIP　　D）EXIT

9. 既不能被上级程序访问，也不能被下级程序访问的变量是（　）。

A）局部变量　　B）私有变量　　C）公共变量　　D）私有与局部变量

10. 在 Visual FoxPro 中，程序中不需要用 PUBLIC 等命令明确声明和建立，可直接使用的内存变量是（　）。

A）局部变量　　B）私有变量　　C）公共变量　　D）全局变量

二、填空题

1. 下面程序的运行结果是________。

```
INPUT " a=" TO a
IF a=10
s=0
ENDIF
s=1
? s
```

2. 下面程序的运行结果是________。

```
CLEAR
s=2
k=2
DO WHILE s<14
      s=s+k
      k=k+2
ENDDO
? s,k
```

3. 下面程序的运行结果是________。

```
DIMENSION a(6)
FOR k=1 TO 6
   a(k)=20-2*k
ENDFOR
k=5
DO WHILE K>=1
a(k)= a(k)- a(k+1)
      k=k-1
ENDDO
? a(1), a(3), a(5)
SET TALK ON
```

4．执行以下程序后，d 的值是________。

```
***SUB.PRG***
PARAMETER a,b,c,d
d=b*b-4*a*c
DO CASE
   CASE d<0
      d=0
   CASE d>0
      d=2
   CASE d=0
      d=1
ENDCASE
```

在主程序中执行如下命令：

```
STORE 2 TO b,d
STORE 1 TO a,c
DO sub WITH a,b,c,d
? d
```

5．执行下列程序后，变量 x 的值是________。

```
SET TALK OFF
PUBLIC x
x=2
DO sub
? " x=",x
SET TALK ON
PROCEDURE sub
   PRIVATE x
   x=1
   x=x*4+1
RETURN
```

6．下面程序的运行结果是________。

```
str1=" 123"
?str1
DO subp
? str1
PROCEDURE subp
    str1=str1+" 456"
ENDPROC
```

7．下面程序的运行结果是________。

```
CLEAR
x=76543
y=0
DO WHILE x>0
   y=x%10+y*10
   x=INT(x/10)
ENDDO
```

8．下面程序的运行结果是________。

```
CLEAR
x=5
DO WHILE .T.
    x=x+5
    IF x=INT(x/5)*5
        ? x
    ELSE
        LOOP
    ENDIF
    IF x>10
        EXIT
    ENDIF
ENDDO
```

三、编程题

1．有如下程序段，其功能是根据输入的考试成绩显示相应的成绩等级。

```
SET TALK OFF
CLEAR
INPUT "输入考试成绩：" TO chj
dj=IIF(chj<60, "不合格", IIF(chj>=90, "优秀","通过"))
? "成绩等级：" +dj
SET TALK ON
```

要求使用 DO CASE 语句编程序实现上述程序段功能。

2．编程序输出 Fabonacci 数列的前 30 个数。Fabonacci 数列的规律为：前两个数都是 1，从第三个数开始，每个数是该数列之前两个数的和。数列的前 5 个数依次为 1,1,2,3,5。

3．编程序，求 100 以内所有奇数的和。

4．编程序输出下面图形，要求使用循环结构。

```
      *
    * * *
  * * * * *
* * * * * * *
```

5．从键盘输入 N 值，求 P=1×2+2×2+…N×2。

6．显示“学生档案”表中 1990 年出生的学生记录，每个记录只显示其学号、姓名和出生年月三个字段的内容。要求逐条记录显示，每显示一条，使用 WAIT 命令暂停。当表中所有符合条件的记录显示完毕，屏幕提示用户“记录显示完毕，按任意键返回”。

7 面向对象程序设计基础

从 Visual FoxPro 3.0 版开始，就引入了面向对象的程序设计。发展到 Visual FoxPro 6.0 后，面向对象的程序设计技术已经日趋成熟，Visual FoxPro 6.0 的程序设计方法是面向对象的程序设计方法与传统的面向过程的结构化程序设计方法的有机结合。若想有效地使用 Visual FoxPro 6.0 开发应用程序，除了掌握传统程序设计方法外，还必须对面向对象的程序设计思想有比较深入的了解。

7.1 面向对象程序设计的基本概念

面向对象程序设计（Object-Oriented Programming）方法的诞生是程序设计发展的新阶段，它使传统的程序设计理念有了一个根本的转变。使用面向对象的程序设计方法，要求程序员把注意力集中到对象的设计上，即程序设计的重点应放在如何构造对象上，而不是像传统的面向过程的程序设计那样从程序的开始到结束，逐行编写出庞大的源程序代码。Visual FoxPro 不但支持传统的面向过程的编程方法，而且全面引入了面向对象的程序设计方法，将 FoxPro 系列提升到真正的关系数据库世界。

7.1.1 类与对象

1. 对象（Object）

对象是面向对象方法学中最基本的概念。客观世界的任何实体都可以被看作是对象，它既可以是具体的物理实体的抽象，也可以是人为的概念，或者是任何有明确边界和意义的东西。如一位老师、一名学生、一个桌子、一个命令按钮等。在 Visual FoxPro 中，对象是应用程序的基本单元，对象是与之相关的数据和处理程序封装成的一个整体，对象的行为是由其各种属性决定的。

在可视化编程中，对象是应用程序的基本元素。常见的对象有表单、文本框、列表框等。在程序设计中，这些对象是程序的主要部分。从可视化的角度来看，对象是一个具有属性和方法的实体。一个对象建立以后，其操作就通过与该对象有关的属性、事件和方法来描述。但是，并不是所有的对象在 Visual FoxPro 中都是可视的，图 7-1 中的计时器，程序运行时在界面上并不能看到它。

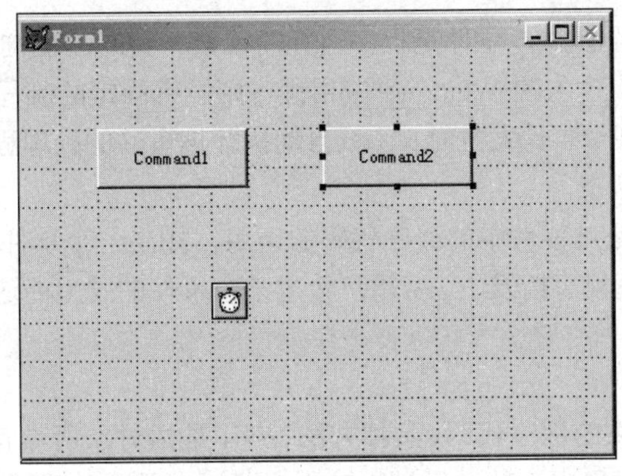

图 7-1 VF 中的对象

2. 类（Class）

类是面向对象程序设计的基础，类与对象密切相关，但又有区别。类是对象的抽象，把同一类型对象的所有共性抽象出来就可形成一个类。类具有所有对象的共同特征和行为信息，而对象是类的具体表现，是类的实例。如球是一个类，而足球、网球等是对象。

在 Visual FoxPro 中，类是一个模板，对象是由它派生的。类定义了对象所有的属性、事件和方法，确定了对象的属性和行为。反过来，类的功能只有通过产生一个对象且通过引用对象才能实现。在 Visual FoxPro 中，通过使用对象的属性、事件和方法来引用一个对象。因而面向对象程序设计方法的核心就是类的设计和处理，不过 Visual FoxPro 已经提供了许多类，我们只需要在程序设计时会使用这些类产生需要的对象就可以了。

7.1.2 属性、事件和方法

对象具有静态特征和动态特征，静态特征称为属性，是可以用某种数据来描述的特征；动态特征称为方法，是对象所具有的行为或功能。对象是属性和方法的结合体。一个对象可以有多个属性和方法。

1. 属性（Properties）

对象的属性即对象的特征、性质，每个对象都有特定的属性，属性封装了数据，用于描述对象所具有的性质和特点。对可视化对象而言，其属性大多涉及对象的外观，例如位置、高度、宽度、前（背）景色、文本内容、字体等。

2. 事件（Events）

事件是指能被对象识别的用户的操作动作（如单击鼠标、拖动鼠标等）或系统对某种变化发出的消息（如对象初始化等），即泛指对对象所做的操作。一个事件对应一个程序，即事件过程。一个对象可以有多个事件，但是每个事件都是由系统预先规定的。事件是对象的一种特殊属性。

在面向对象的程序设计中，事件是程序运行的线索。传统的面向过程的程序是按照预先设计的流程运行的，面向对象的 Windows 应用程序则没有固定的流程，而是在一系列事件的驱动下运行的。因此当某个事件发生时，系统自动执行该事件的处理程序，若没有任何事件发生，系统处于循环等待状态。

事件的调用实际上是对事件中的程序代码的调用，如果一个事件中没有写代码，那么当事件发生时，并不会有任何事情发生。若用户希望某个事件的发生能达到一定的目的，就为此事件编写相应的代码。

3. 方法（Methods）

方法是一段系统提供的程序代码，又称方法程序，是指对象所具有完成某种任务的功能，它是 Visual FoxPro 为对象内定的通用过程，用户可以在需要的时候调用。它对用户是不可见的。

如表单上的一个命令按钮，当单击时，就产生一个事件，事件一旦产生，就在应用程序中传递，直到激活相关的方法程序（如 Click 处理）为止。

Visual FoxPro 中的各个组件（也就是对象）已经定义了大量的事件。例如单击是一个事件，按下某键是一个事件……对于应用程序开发人员来说，就是编写这些事件发生后，程序应当如何处理的代码。

7.2 Visual FoxPro 中的类

用户可以直接使用 Visual FoxPro 中的类，这些类基本上包含了 Windows 应用程序界面上所用到的各种控件及一些内部对象。为了方便用户，系统内部定义了一些类，称为基类。可以在此基础上创建新类，创建的新类称为子类，子类继承了基类的特点，同时也可以增加自己需要的功能。

Visual FoxPro 提供了很多基类，在应用程序设计中，用户可以直接使用这些基类，也可以利用这些基类来设计新类，对这些基类进行简单的继承。

Visual FoxPro 的基类可分为两大类型：容器类和控件类。相应地，Visual FoxPro 对象也分为容器类对象和控件类对象。容器类基类和控件类基类的名称和含义分别如表 7-1 和表 7-2 所示。

表 7-1　容器类基类的名称和含义

类名	含义
OptionGroup	选项按钮组
Page	页
PageFrame	页框
FormSet	表单集
Grid	表格
CommandGroup	命令按钮组
Container	容器
ToolBar	工具栏
Form	表单

表 7-2　控件类基类的名称和含义

类名	含义	类名	含义
CheckBox	复选框	Separator	分隔符
Label	标签	Shape	形状
ListBox	列表框	Spinner	微调按钮
OptionButton	选项按钮	TextBox	文本框
Column	列	Timer	计时器
EditBox	编辑框	Image	图像
CommandButton	命令按钮	Line	线条

容器类是可以包含其他类的 Visual FoxPro 基类，容器类对象可以包含其他的对象，并且允许访问这些对象。容器类的对象实际上是复合对象，它可以包含其他对象（容器类或控件类），可以使用添加对象的方法程序（AddObject）将其他对象添加进去。

而控件类的封装比容器类更为严密，因此其灵活性比较差。控件类的对象是简单对象，不能使用添加对象方法程序，也不能包含其他的对象，它们都被包含在容器类对象中（至少是表单中），它们是对象层次中的最小元素。控件类对象在设计或运行时，作为一个整体单元，不能对其局部进行操作或修改。

7.3　Visual FoxPro 中的对象及引用

类不能被直接引用，而由类生成的对象才可以被直接引用，根据前面的知识可以知道，一个类可以生成多个对象，调用对象的方法很多，但不论哪一种调用方法，都必须首先确定对象的位置，按照一定的层次关系进行引用。

7.3.1 对象的引用

在程序设计中，引用对象要遵守一定的规则，引用的格式一般是在引用关键字后跟一个“.”，表示从属关系，再写出被引用对象或者对象的属性、事件或方法等。在 Visual FoxPro 中，对象的引用有两种方式：绝对引用和相对引用。

1. 绝对引用

绝对引用是指在引用对象时，把对象的容器层次全部列出来，从最高容器开始逐层向下直到某个对象为止。

例如，想让表单 Form1 中的命令按钮 Command1 可见，可以这样引用：

```
Form1.Command1.Visible=.T.
```

2. 相对引用

相对引用是一种快速引用的方式，从当前对象出发，通过逐层向高一层或低一层直到另一对象进行引用。

在 Visaul FoxPro 中提供了下列几种关键字开头的对象的引用：

```
This            && 表示对当前对象的引用
Thisform        && 表示对当前表单的引用
Thisformset     && 表示对当前表单集的引用
Parent          && 表示对当前对象的父对象的引用
```

例如，想把当前对象的父对象的背景色设置为白色，代码如下：

```
This.Parent.BackColor=RGB(255,255,255)
```

说明：RGB()是用来返回一种颜色的函数。

7.3.2 对象属性的设置

1. 设置对象的单个属性

对象的属性除了可以在设计中（属性窗口）设置外，还可以在运行中（通过编程的方式）来设置。设置对象的语法格式如下：

[Parent].[Object].[Property]=[Value]

其中，[Parent]是父对象名，[Object]是当前对象，[Property]是要设置的属性名，[Value]是要设置的属性值。例如，为表单 Form1 中的命令按钮 Command1 设置多个属性：

```
Form1.Command1.Visible=.T.                    && 使该命令按钮可见
Form1.Command1.Caption="退出"                 && 设置 Command1 标题为“退出”
Form1.Command1.Width=30                       && 设置 Command1 的宽度
Form1.Command1.Height=20                      && 设置 Command1 的高度
Form1.Command1.ForeColor=RGB(255,0,0)         && 设置 Command1 的字体颜色为红色
```

2. 设置对象的多个属性

当为对象一次设置的属性过多时，上述方式设置属性值的输入量显得过大，实际中对于多属性的设置可采用 WITH/ENDWITH 结构来简化设置过程。对于上述设置的属性，可以用下列方式代替：

```
WITH Form1.Command1
    .Visible=.T.
    .Caption="退出"
    .Width=30
    .Height=20
    .ForeColor=RGB(255,0,0)
ENDWITH
```

7.3.3　方法程序及其调用

在程序设计中，用户可以调用系统的方法程序，但系统方法程序的代码是不可见的，调用时必须遵循对象引用的规则和方法，调用的格式为：

[对象名].[方法名]

例如：

```
Thisform.release                    && 释放表单
```

7.4　创建类

基类是程序设计的基础，但仅有这些基类远远不能完成设计任务，还必须创建一些用户自定义类来完成特定的任务。创建自定义类有两种方法：用类设计器创建和用编程创建类。本节结合创建一个显示日期和时间的类的实例，详细介绍如何用类设计器来创建用户自定义类。

7.4.1　创建用户自定义类

使用类设计器创建类有三种方法：

（1）在“文件”菜单中选择“新建”命令，在弹出的“新建”对话框中选择“类”选项，单击“新建文件”按钮。

（2）在项目管理器中选择“类”选项卡，单击“新建”按钮。

（3）在命令窗口输入命令“CREATE CLASS <类名>”。

上述三种方法均可弹出“新建类”对话框，如图 7-2 所示。

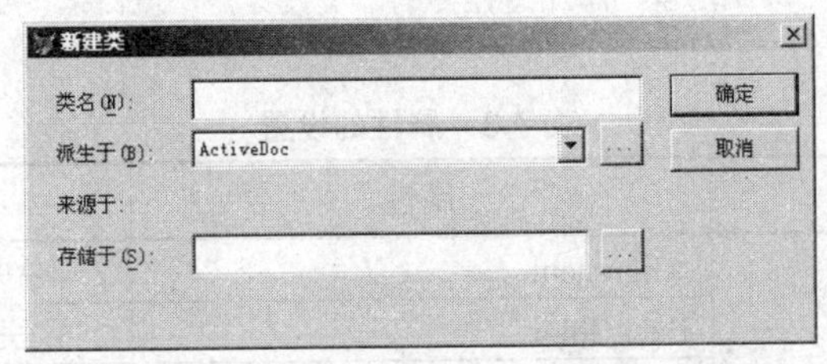

图 7-2　“新建类”对话框

在“新建类”对话框中完成以下设置：

（1）类名：输入要新建的类名。

（2）派生于：指定要新建的类是从哪一个类中派生的，即新建类的基类。在本例中，由于显示日期和时间需要一个标签和一个计时器，因此从基类 Containter（容器）中派生新类。

（3）存储于：新建类的类库文件存储在哪个文件中，保存在 Visual FoxPro 中类库文件的扩展名为.vcx，在这里可以选择一个文件夹。

【例 7-1】创建一个显示日期和时间的类。

操作步骤如下：

（1）在“文件”菜单中选择“新建”命令，在弹出的“新建”对话框中选择“类”选项，单击“新建文件”按钮，弹出“新建类”对话框。

（2）在弹出的“新建类”对话框的“类名”文本框中输入 mydatetime，在“派生于”下拉列表中选择 Containter 选项，在“存储于”编辑框中输入保存的名字 mytools。输入相关的内容后单击“确定”按钮，屏幕上出现“类设计器”窗口，如图 7-3 所示。

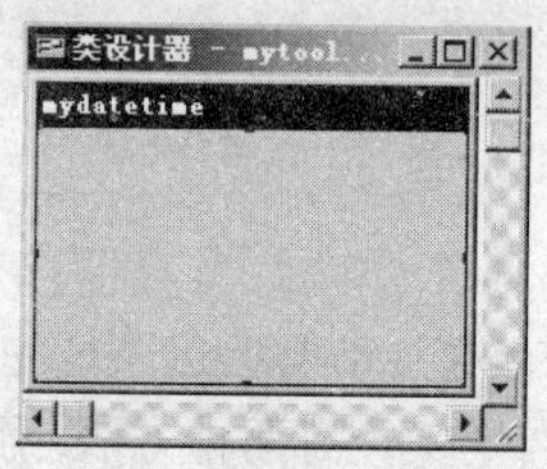

图 7-3 “类设计器”窗口

（3）在类设计器中向要新建的类中添加两个控件：一个标签 Label1 和一个计时器 Timer1，如图 7-4 所示，并设置它们的属性值。属性设置如表 7-3 所示。

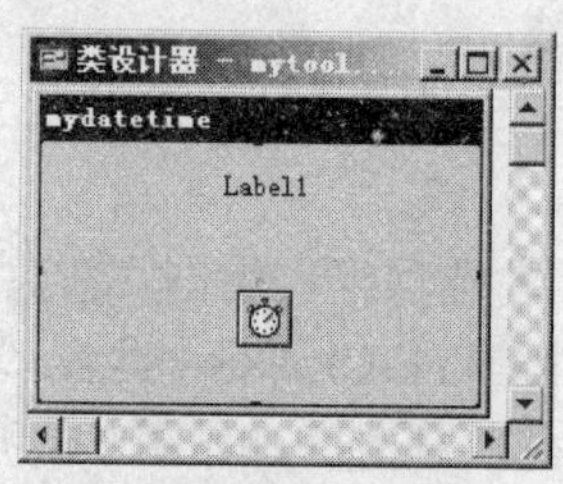

图 7-4 添加过控件的“类设计器”窗口

表 7-3 属性的设置

对象	属性	属性值
Label1	Alignment	2—中央
	BackColor	255,255,255
	BorderStyle	0—透明
Timer1	Interval	60
	Enabled	.T.

（4）为类添加新的属性，在“类”菜单中选择“新建属性”命令，屏幕上出现“新建属性”对话框。在“名称”文本框中输入新建的属性名 datetimetype；在“可视性”下拉列表框中选择新建类的可视性，在本例中我们选择“公共”属性；勾选“Assign 方法程序”复选框；在“说明”文本框内输入说明信息，如图 7-5 所示。

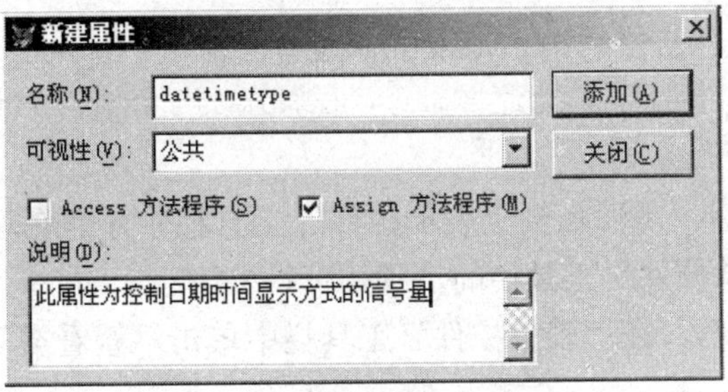

图 7-5　“新建属性”对话框

说明：可视性有三项可供选择：“公共”属性在程序的任何地方都可以被访问，“保护”属性只能被该类定义内的方法或该类的子类所访问，“隐藏”属性只能被该类定义内的成员访问，该类的子类不能“看到”或访问它们。

（5）单击“添加”按钮，新建的属性就会添加到类中了，可连续单击“添加”按钮添加新的属性，直到单击“关闭”按钮为止。

（6）为新添加的属性指定一个默认值，打开“属性”窗口，在“属性”窗口的对象列表框中选择 mydatetime，然后在下面的列表框中选择 datetimetype，并设定其默认值为 0，如图 7-6 所示。

图 7-6　为新添加的属性设置属性值

（7）在代码窗口中为计时器 Timer1 编写 Timer 事件代码，代码如下：

```
zdate=dtoc(date())          &&取系统当前日期并转换为字符串
ztime=time()                &&取系统的当前时间
DO CASE
```

```
    CASE This.Parent.Datetimetype=0
        This.Parent.Label1.Caption=zdate+"    "+ztime
    CASE This.Parent.Datetimetype=1
        This.Parent.Label1.Caption=zdate
    Otherwise
        This.Parent.Label1.Caption=ztime
ENDCASE
```

（8）关闭类设计器，新建的类 mydatetime 设置完毕。

7.4.2　将类添加到工具栏

创建用户自定义类后，需添加到“表单控件”工具栏中才能在设计时像基类一样使用。将自定义类添加到“表单控件”工具栏的步骤如下：

（1）启动表单设计器，在“表单控件”工具栏中单击“查看类”按钮，在弹出的快捷菜单中选择“添加”命令。

（2）指定用户类库，此时“表单控件”工具栏将包含指定类库中的所有用户自定义类，而隐去 Visual FoxPro 的基类。若想使“表单控件”工具栏显示 Visual FoxPro 中的基类，在“表单控件”工具栏中单击“查看类”按钮，选择“常用”命令即可。

7.4.3　类的使用

上面我们建立了自定义类，下面通过一个例子来说明如何在表单中使用自定义类。

【例 7-2】改变日期和时间的显示方式。单击“改变”按钮，表单上的日期和时间的显示方式将改变，如图 7-7 所示。

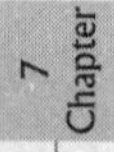

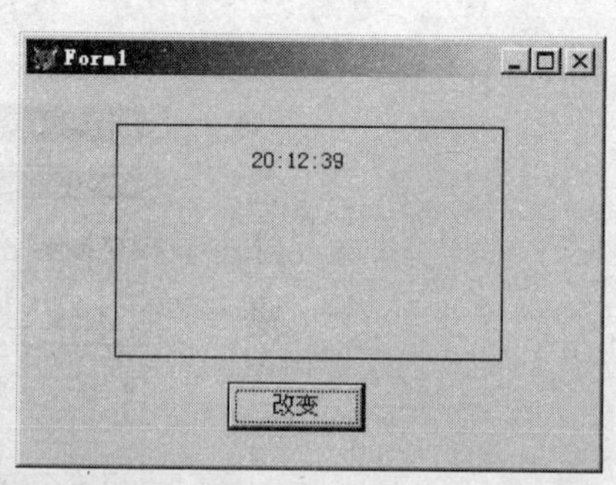

图 7-7　改变日期和时间的显示方式

操作步骤如下：

（1）新建一个表单，出现“表单设计器”窗口。

（2）在“表单控件”工具栏上单击“查看类”按钮，在弹出的快捷菜单中选择“添加”命令，弹出“打开”对话框，将例 7-1 中建立的类添加到“表单控件”工具栏，如图 7-8 和图 7-9 所示。

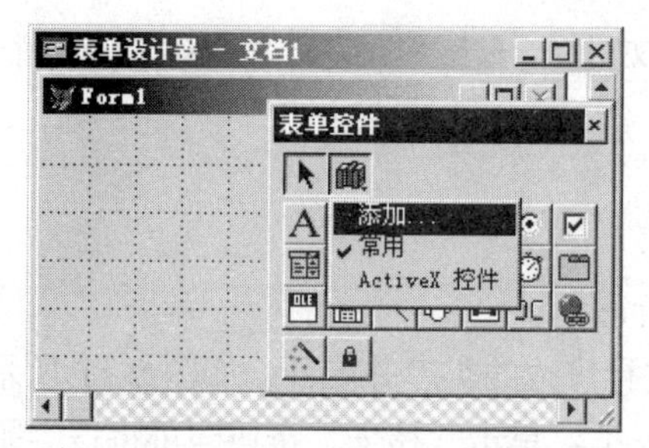

图 7-8　“添加”自定义类

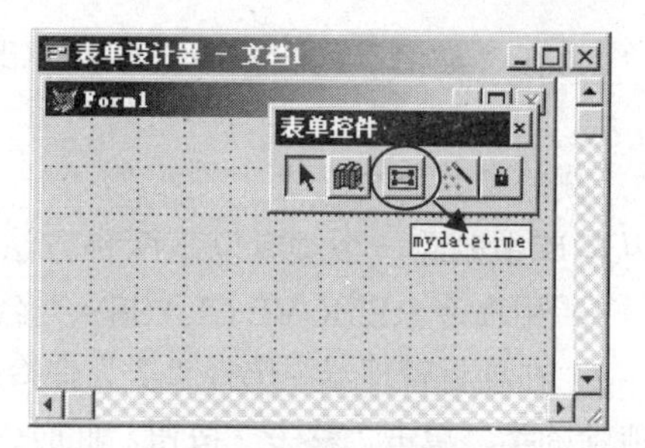

图 7-9　已经添加过的类

（3）将新建的类 mydatetime 的对象添加到表单中，再在“表单控件”工具栏上单击“查看类”按钮，在弹出的快捷菜单中选择“常用”命令，此时看到的“表单控件”工具栏窗口又回到常用的“表单控件”工具栏窗口，向表单中添加一个命令按钮，此时表单中有两个对象：mydatetime1 对象和 Command1 对象，如图 7-10 所示。

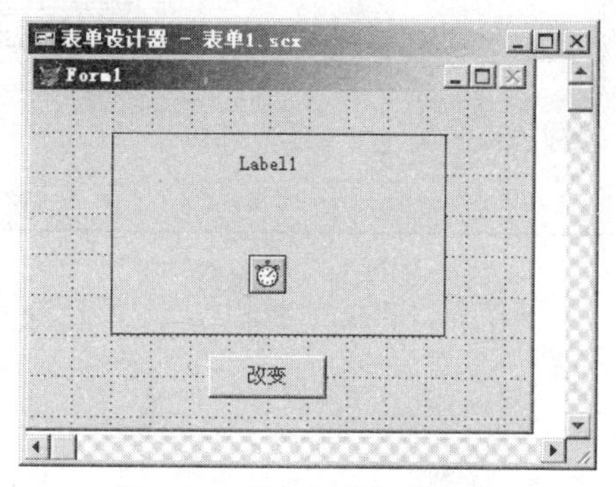

图 7-10　添加过控件的表单

（4）将命令按钮 Commmand1 的 Caption 属性设置为“改变”，并编写命令按钮 Commmand1 的 Click 事件的程序代码，具体如下：

```
Thisform.mydatetime1.Datetimetype=2            && 将新建属性的值设置为 2
```

（5）运行表单，用户就可以看到自己定义的类对象了。表单运行的结果是同时显示日期和时间，若单击“改变”按钮，则只显示时间。

7.4.4　类的编辑

类的编辑是指修改已定义类的属性、方法程序和事件驱动程序，这种修改被自动继承到由该类生成的对象中。

1. 修改用户自定义类

（1）打开类库：在“文件”菜单中选择“打开”命令，弹出“打开”对话框，在“文件类型”中选择“可视类库（*.vcx）”，在列表框中选择要修改的类库，单击“确定”按钮。弹出“打开”对话框。

（2）在“类名”列表框中选中要修改的类名并双击，弹出“类设计器”窗口，进行修改即可。

2. 删除用户自定义类

从类库中删除一个类有以下两种方法：

（1）用命令 REMOVE CLASS <类名> OF <类库名>。

（2）在项目管理器中选择“类”命令，选择要进行修改的类库并展开，如图 7-11 所示。选中要删除的类，单击“移去”按钮，此时弹出一个消息框，单击“移去”按钮即可将该类删除。

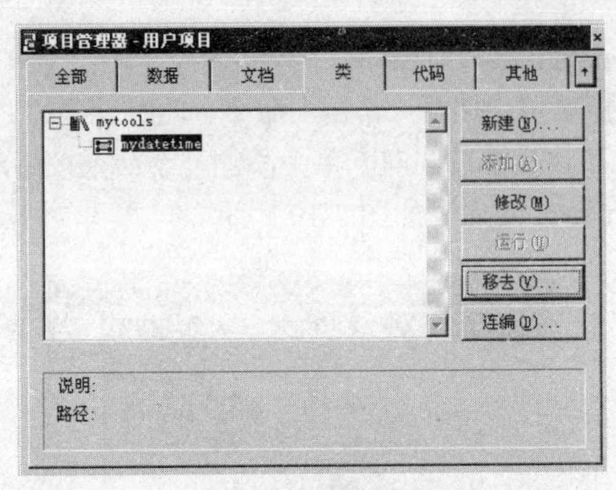

图 7-11　删除类

习题 7

一、单项选择题

1．在 Visual FoxPro 中，下面关于属性、事件、方法叙述错误的是（　　）。

A）属性用于描述对象的状态

B）方法用于表示对象的行为

C）事件代码也可以像方法一样被显式调用

D）基于同一个类产生的两个对象的属性不能分别设置自己的属性值

2．下面关于类的叙述错误的是（　　）。

A）类是对象的实例，而对象是类的集合

B）一个类包含了相似的有关对象的特征和行为方法

C）可以将类看作是一类对象的模板

D）类可以派生出新类，新类称为现有类的子类，现有类被称为父类

3．下面关于事件的叙述错误的是（　　）。

A）事件是一种由系统预先定义而由用户或系统发出的动作

B）用户可以根据自己的需要定义新的事件

C）事件作用于对象，对象识别事件并做出相应反应

D）事件可以由系统或用户引发

4．Visual FoxPro 6.0 中的类分为两种类型，分别是（　　）。

A）容器类和控件类　　B）控件类和基类

C）容器类和基类　　D）控件类和基础类

二、问答题

1．什么是对象？什么是属性、方法？

2．什么是类？类有哪些基本特性？

3．请说出类与对象的区别，并举例说明。

4．可同时设置对象多个属性的语句是什么？写出它的语句格式。

5．什么是对象的绝对引用和相对引用？

8

表单

一个程序给用户的第一印象并不是程序代码效率高不高、性能好不好、数据操作是否可靠等，而是程序的界面是否友好。Visual 系列开发工具给 GUI（图形用户界面）设计带来了极大的方便，使得用户只需采用直观、可视的拖放操作就能够设计出专业的用户界面，大大减轻了编程负担。

在 Visual FoxPro 中，表单是建立程序界面的主要工具之一。表单内可包含命令按钮、文本框、列表框等各种表单控件，从而开发出标准的 Windows 应用程序窗口和对话框，作为各种信息管理的工作界面。

本章介绍了如何利用表单设计器来设计表单，详细讲解了 Visual FoxPro 中常用控件的属性及使用方法。

8.1 设计表单

Visual FoxPro 中的对象根据其所基于类的性质可分为两类：容器类和控件类。

表单是一种容器类对象，是 Visual FoxPro 的主要工作界面，类似于标准窗口或对话框。表单可以包含用以显示并编辑数据的控件，它自身也可以包含在一个表单集中。

在 Visual FoxPro 中，创建表单有两种方法：

（1）使用表单设计器创建表单；

（2）使用表单向导创建即用表单。

8.1.1 使用表单设计器设计表单

1. 新建表单

可以通过以下三种方法打开表单设计器，从而完成新建表单。

方法一：在项目管理器环境下打开。

具体操作步骤：在“项目管理器”窗口中选择“文档”选项卡，选中其中的“表单”图标；单击“新建”按钮，系统弹出“新建表单”对话框；单击“新建表单”按钮，即可打开表单设计器，如图 8-1 所示。

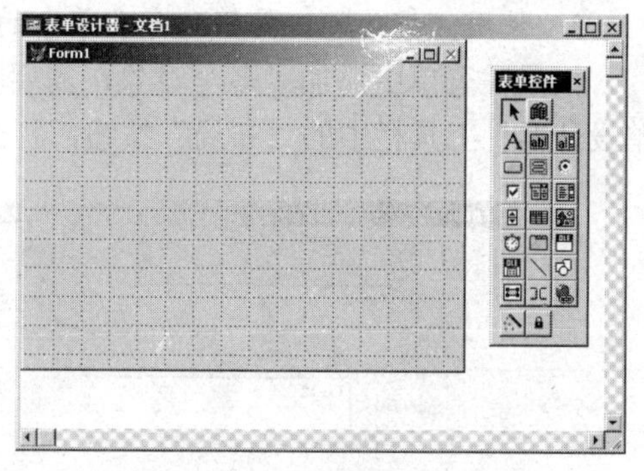

图 8-1　表单设计器

方法二：使用菜单方式打开。

具体操作步骤：选择“文件”菜单中的“新建”命令，打开“新建”对话框，选择“表单”命令，单击“新建文件”按钮，即可打开表单设计器。

方法三：使用命令方式打开。

具体操作步骤：在命令窗口输入 CREATE FORM，按“回车”键确认执行，即可打开表单设计器。

由于 Visual FoxPro 的动态菜单功能，这时在菜单栏中会出现“表单”栏，同时出现的还有在表单设计中需要使用的工具栏，如表单“属性”窗口（图 8-2（a））、“表单控件”工具栏（图 8-2（b））、“表单设计器”工具栏（图 8-2（c））。

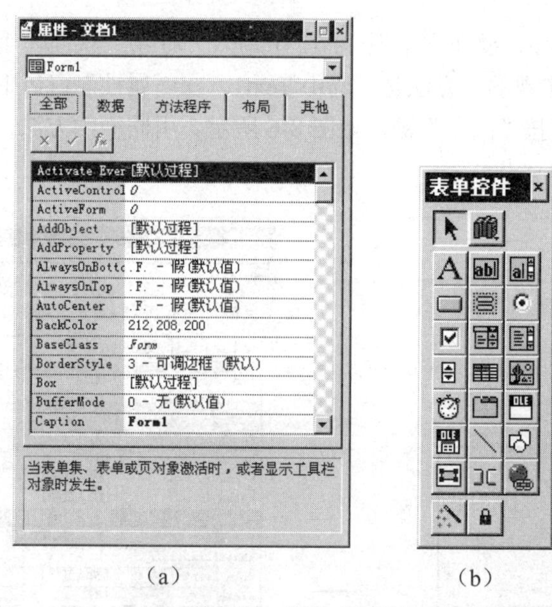

（a）

（b）

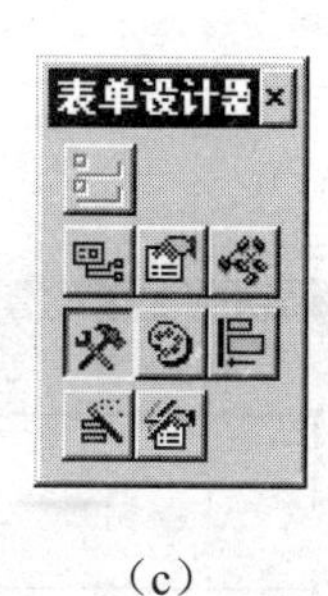

（c）

图 8-2　表单“属性”窗口和工具栏

2. 在表单设计器中添加对象

在表单中添加的对象可以是容器类或控件类对象。例如，要在表单中添加一个文本框控件，方法是：在“表单控件”工具栏中单击“文本框”图标，然后在表单的适当位置单击或拖动鼠标，控件就被添加到了表单中。用同样的方法再在表单中添加一个文本框，如图 8-3 所示。

3. 使用“布局”工具栏对齐表单中的对象

如果在表单中添加了多个对象，需要将这些对象对齐，可以单击图 8-2（c）所示的“表单设计器”工具栏中的“布局”按钮，打开“布局”工具栏，如图 8-4 所示。

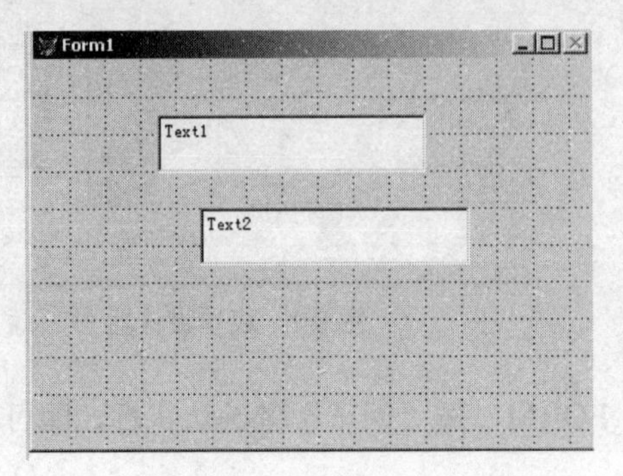

图 8-3　在表单中添加文本框

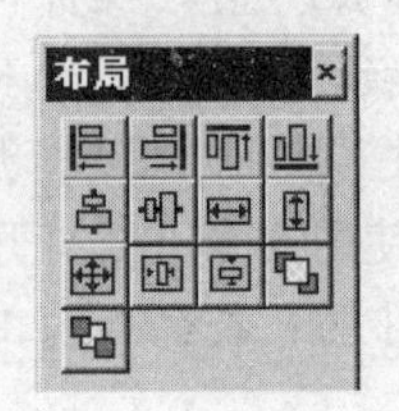

图 8-4　“布局”工具栏

同时选中两个文本框 Text1 和 Text2，使用工具栏提供的工具将其“左对齐”和“水平居中”，对齐后的表单如图 8-5 所示。

4. 设置对象属性

属性是对象的物理特征，例如，要在文本框 Text1 中写入一行字“欢迎使用 VFP6.0”，就是通过设置 Text1 的 Value 属性实现的。方法是：选中 Text1，在“属性”窗口中找到 Value 属性，输入“欢迎使用 VFP6.0”后按“回车”键，如图 8-6 所示。用同样的方法，在 Text2 中输入“谢谢!”。

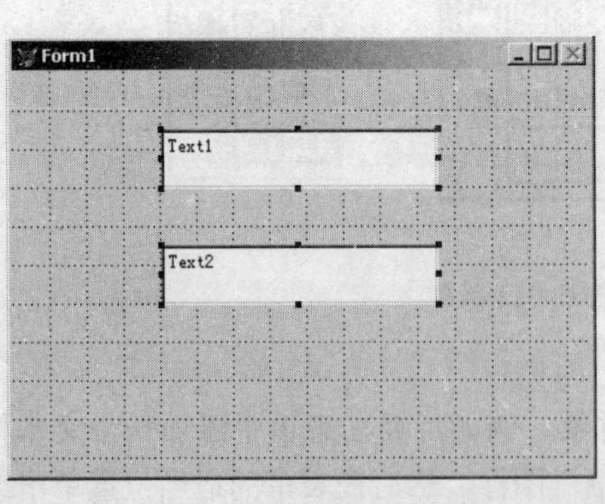

图 8-5　对齐表单中的对象

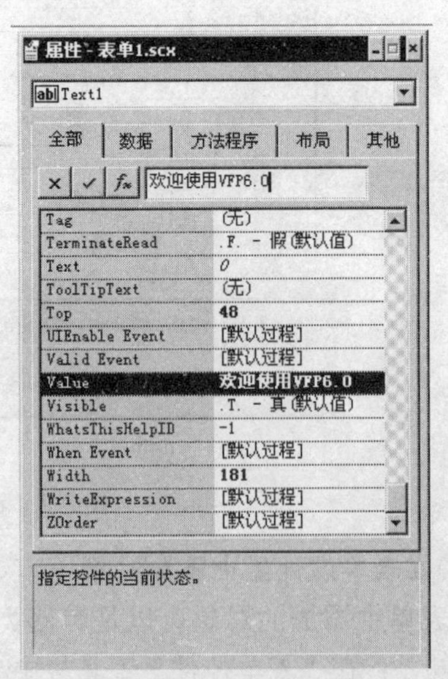

图 8-6　设置对象属性

5. 保存表单

在“常用”工具栏上单击“保存”图标，在弹出的“另存为”对话框中输入文件名，单击“保存”按钮即可保存表单。

6. 运行表单

运行表单有以下几种方法：

（1）单击“常用”工具栏上的“运行”图标。

（2）在“表单”菜单中选择“执行表单”命令。

（3）在“程序”菜单中选择“运行”命令，在弹出的“运行”对话框中的“文件类型”框中选择“表单”，在文件列表中选择要运行的文件，单击“运行”按钮。

（4）在命令窗口中输入运行命令：

```
DO FORM <表单名>
```

上例的运行结果如图 8-7 所示。

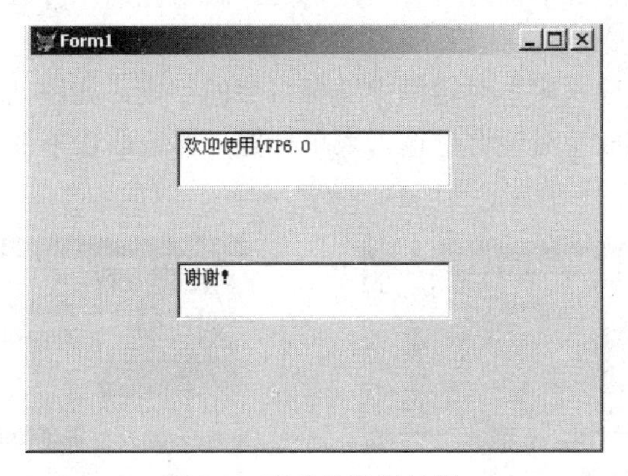

图 8-7 表单的运行结果

8.1.2 使用表单向导设计表单

表单向导是一种能够简单快捷生成表单的工具，利用表单向导，用户不用编写任何程序代码就能创建表单。但是由表单向导创建的只能是数据表单，数据来源于数据表。如果数据来源于一个数据表，则创建的表单称为单表表单，创建单表表单使用“表单向导”；如果数据来源于多个数据表，则创建的表单称为一对多表单，创建一对多表单使用“一对多表单向导”。下面以一个例子说明如何使用表单向导创建表单。

【例 8-1】用表单向导创建表单，保存文件名为“学生档案”，表单的运行结果如图 8-8 所示。

设计步骤如下：

（1）选择“文件”菜单中的“新建”命令，打开“新建”对话框，选择“表单”命令，单击“向导”按钮，打开“向导选取”对话框，如图 8-9 所示。

图 8-8　表单“学生档案”的运行结果

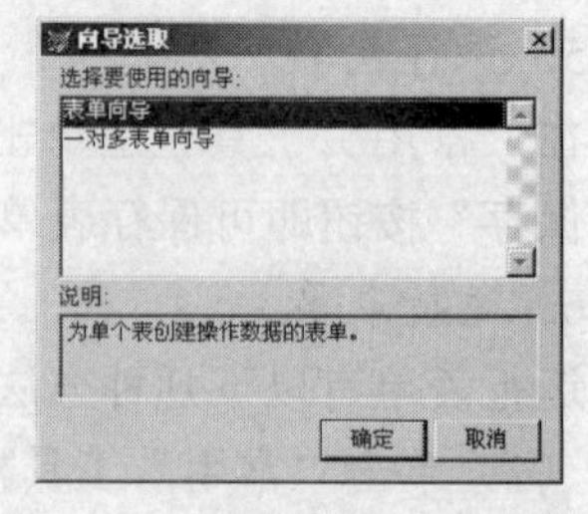

图 8-9　“向导选取”对话框

（2）选择“表单向导”选项，单击“确定”按钮，打开“表单向导”对话框，进入表单向导各步骤。

（3）在“步骤 1-字段选取”对话框中选择要操作的数据表，再选择需要的字段，如图 8-10（a）所示。

（4）在“步骤 2-选择表单样式”对话框中选择表单样式，再选择表单中的按钮类型，如图 8-10（b）所示。

（5）在“步骤 3-排序次序”对话框中选择排序的字段，如图 8-10（c）所示。

（6）在“步骤 4-完成”对话框中输入表单标题，再选取表单保存方式，单击“完成”按钮，如图 8-10（d）所示。

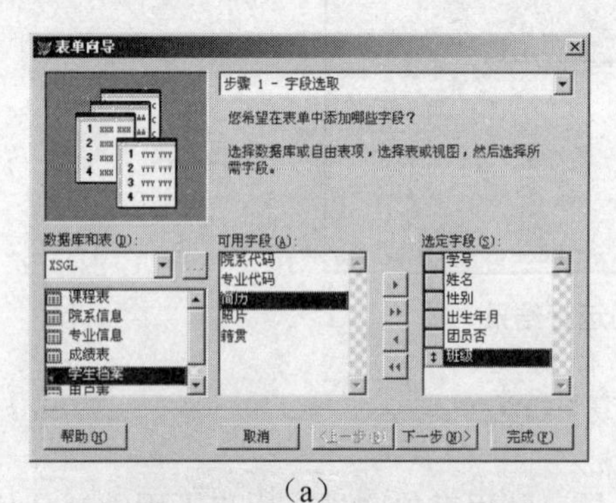

（a）

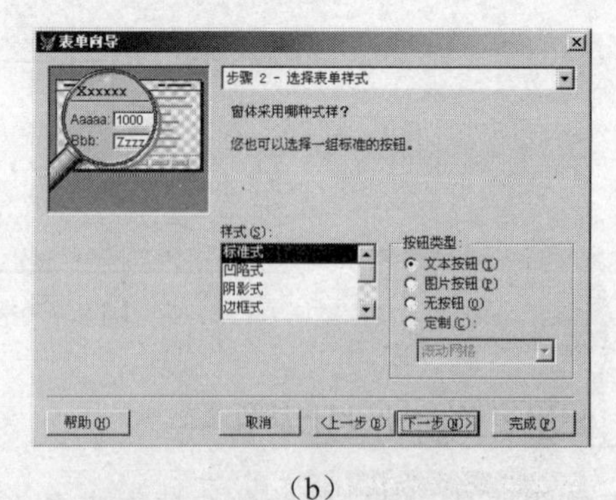

（b）

（c）

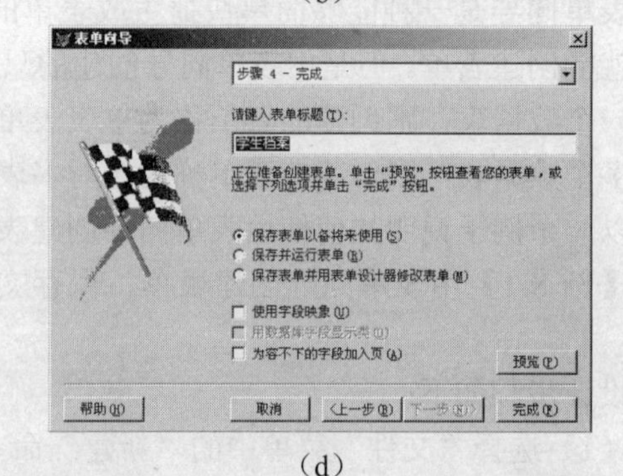

（d）

图 8-10　表单向导各步骤

（7）在弹出的“另存为”对话框中输入文件名“学生档案”，单击“保存”按钮。这时名为“学生档案”的表单设计完成，运行该表单就可得到图 8-8 所示的结果。

8.1.3 数据环境

可以为表单建立数据环境，数据环境是表单的一个基本对象，能够包含与表单有联系的表和视图以及表之间的关系。用户可在数据环境中预定义表单中各控件的数据来源，以备在添加字段控件时直接使用。数据环境中的表或视图会随着表单的打开或运行而自动打开，当关闭或释放表单时，它们也会随之关闭。可以通过数据环境设计器来设置表单的数据环境。

1. *启动数据环境设计器*

启动数据环境设计器有以下两种方法：

（1）选择“显示”菜单中的“数据环境”命令；

（2）在“表单设计器”窗口中右击，在弹出的快捷菜单中选择“数据环境”命令。

2. *在数据环境中添加表单的数据源表*

按以上方法启动数据环境设计器后，系统会显示如图 8-11 所示的对话框，这时就可以添加数据表了，操作步骤如下：

（1）在“数据库”下拉列表框中选定一个数据库文件名。

（2）在“数据库中的表”列表框中选定所要添加的表或视图，单击“添加”按钮，即可将该表或视图添加到表单的数据环境中。如此可为数据环境同时添加多个表。

（3）如果要添加自由表，可单击“其他”按钮，在弹出的“打开”对话框中选定要添加的自由表并单击“确定”按钮，即可将该自由表添加到表单的数据环境中，如图 8-12 所示。

（4）单击“关闭”按钮，结束数据源的添加过程。

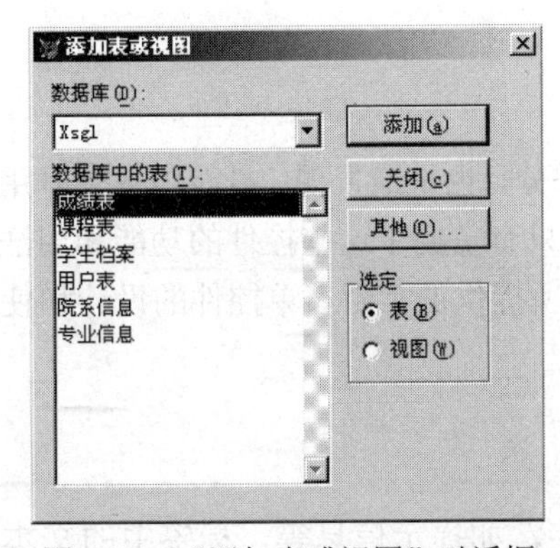

图 8-11 “添加表或视图”对话框

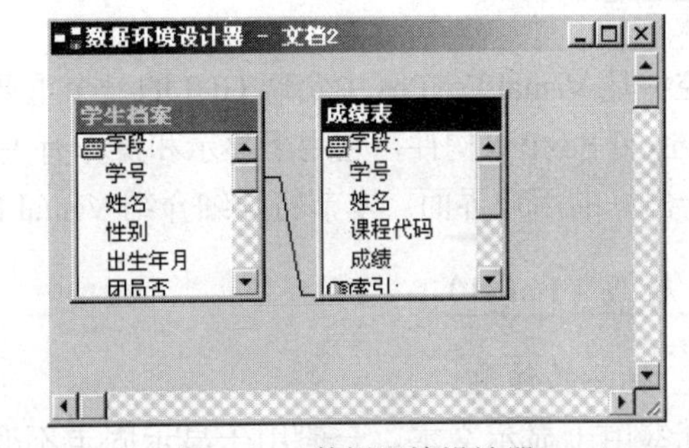

图 8-12 数据环境设计器

3. *建立表间关联*

表间关联要在设计数据库时建立，这样当数据库表被添加到数据环境中时，表间关联会同时被带过来。

4. 向表单中添加字段控件

在数据环境中选定某个数据表，然后将其中某个字段直接拖到表单的指定位置，便可自动产生一个字段控件，如图 8-13（a）所示。

如果用鼠标按住表的标题栏将整个数据表拖放到表单上，将会把整个表的所有字段都添加到表单上，如图 8-13（b）所示。

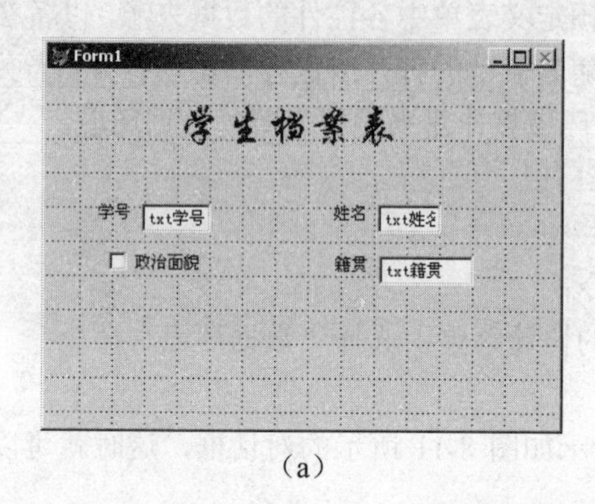

（a）

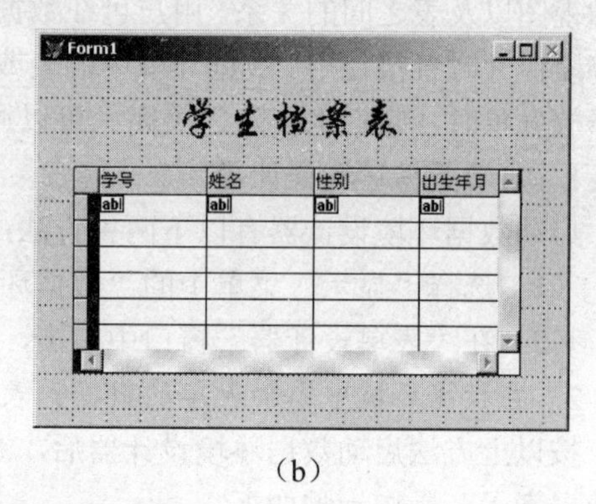

（b）

图 8-13 利用数据环境添加字段控件

5. 数据环境的常用属性

数据环境也是一个对象，有自己的属性、事件和方法。常用的两个属性是 AutoOpenTables 和 AutoCloseTables。AutoOpenTables 属性用来设置当运行或打开表单时，是否打开数据环境中的表和视图，默认值为.T.。AutoCloseTables 属性用来设置当释放或关闭表单时，是否关闭数据环境中的表和视图，默认值为.T.。

8.2 控件

控件是 Visual FoxPro 中实现 GUI 的一个重要组成部分，也是最直观、最能体现友好用户界面的 Visual FoxPro 构件，它用于显示和操作有关数据。只有掌握了这些控件的功能和用法，才能设计出好的用户界面。本节将详细介绍 Visual FoxPro 所提供的常用表单控件的设计和使用。

8.2.1 标签（Label）

1. 标签的作用

标签用于显示文本，一般用于显示固定不变的文字，如提示信息等。标签中的文本可以是一行或多行，但在程序运行时，用户不能在屏幕上直接修改其内容。标签中的文本最多包含 256 个字符。

可以使用 TabIndex 属性为标签指定一个 Tab 次序，但标签并不能获得焦点，而是把焦点传递给 Tab 键次序中紧跟着标签的下一个控件对象。

2. 标签的常用属性

标签的常用属性如表8-1所示。

表8-1 标签的常用属性

属性	说明
Name	指定对象的名称
Caption	显示文本内容，不超过256个字符
BackStyle	指定背景是否透明
AutoSize	指定是否可自动调整标签的大小
WordWrap	显示是沿纵向扩展还是沿横向扩展
Alignment	文本在标签中的对齐方式

Name属性用来指定标签对象的名字，在设计代码时，应该使用对象的Name属性，而不是Caption属性。Caption属性用于指定标签的标题文本，很多控件都具有Caption属性，如表单、复选框、命令按钮等。在同一表单中，两个标签可以具有相同的Caption属性值，但不能有相同的Name属性值。

在属性窗口中，如果某项属性值显示为粗体字，表明不是原来的默认值，是修改过的。如果要恢复默认值，则右击该属性，在弹出的快捷菜单中选择“重置为默认值”命令即可。对于属性列表中的某项属性的意思不明白时，选中该属性，在属性窗口的下方系统给出了简要说明。对于那些需要被设置为表达式的属性，在文本框中先输入“=”，再写表达式。

3. 应用举例

【例8-2】使用标签处理单行和多行的信息输出，运行时单击“详细”按钮，原来单行显示的标签内容将变为多行显示，如图8-14所示。

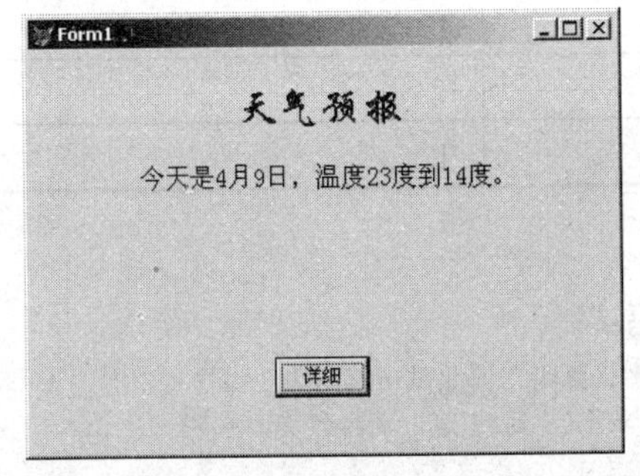

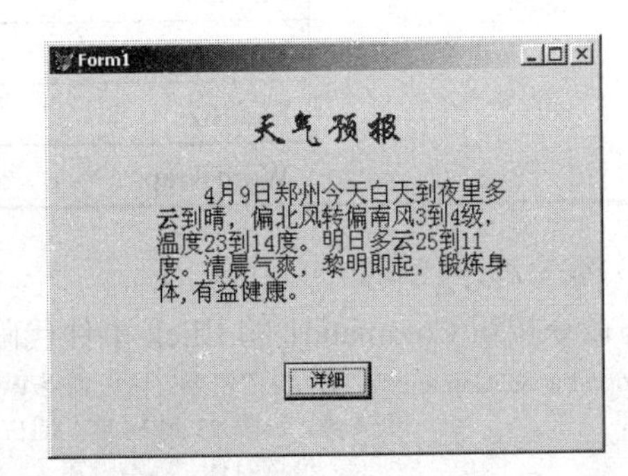

图8-14 运行时改变标签的Caption属性

设计步骤如下：

（1）建立应用程序用户界面。

新建表单，进入表单设计器，添加一个命令按钮Command1，两个标签Label1和Label2。

如图 8-15（a）所示。

（2）设置对象属性。

属性设置如表 8-2 所示。设置属性后的表单如图 8-15（b）所示。

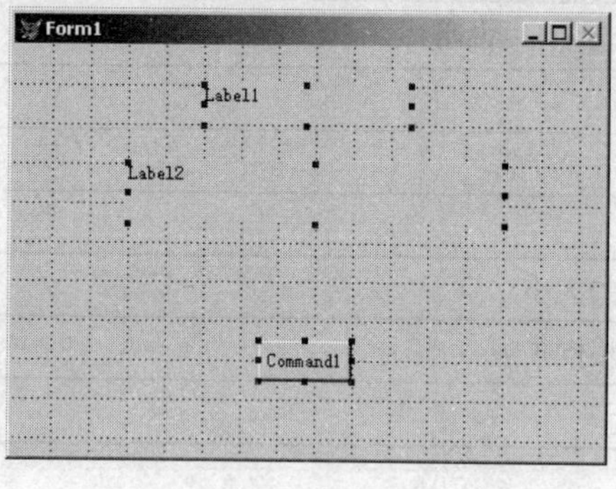

（a）

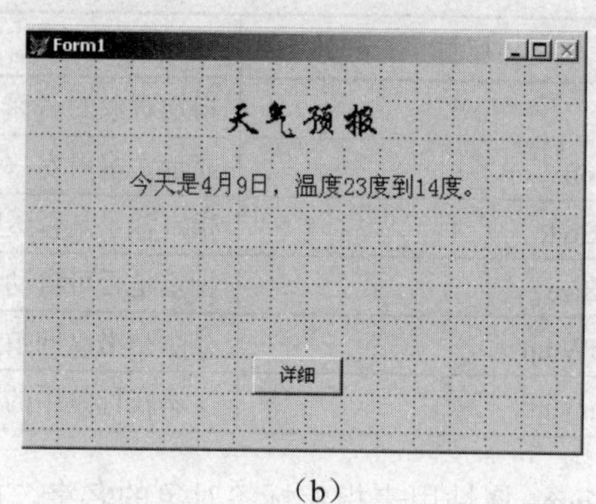

（b）

图 8-15 建立界面与设置属性

表 8-2 属性设置

对象	属性	属性值
Command1	Caption	详细
Label1	Caption	天气预报
	AutoSize	.T.
	FontName	华文行楷
	FontSize	20
Label2	Caption	今天是 4 月 9 日，温度 23 度到 14 度。
	AutoSize	.T.
	FontSize	12
	WordWrap	.T.

（3）编写程序代码。

编写命令按钮 Command1 的 Click 事件代码：

```
Thisform.Label2.Caption="4 月 9 日郑州今天白天到夜里多云到晴，偏北风转偏南风 3;
                    到 4 级，温度 23 到 14 度。明日多云 25 到 11 度。清晨气爽，黎明;
                    即起，锻炼身体，有益健康。"
```

【例 8-3】设计立体的标签，如图 8-16 所示。

设计步骤如下：

（1）新建表单，进入表单设计器，添加一个命令按钮 Command1 和一个标签 Label1。对象属性设置如表 8-3 所示。

图 8-16 立体标签

表 8-3 属性设置

对象	属性	属性值
Command1	Caption	关闭
Label1	Caption	美丽校园
	AutoSize	.T.
	FontSize	40
	BackStyle	0—透明
	FontSize	隶书
	ForeColor	蓝色

（2）复制 Label1 生成 Label2，修改 Label2 的颜色为白色（ForeColor 属性：255,255,255）。移动 Label1 和 Label2 使其重叠（但不要完全重叠），形成立体字，如图 8-17 所示。

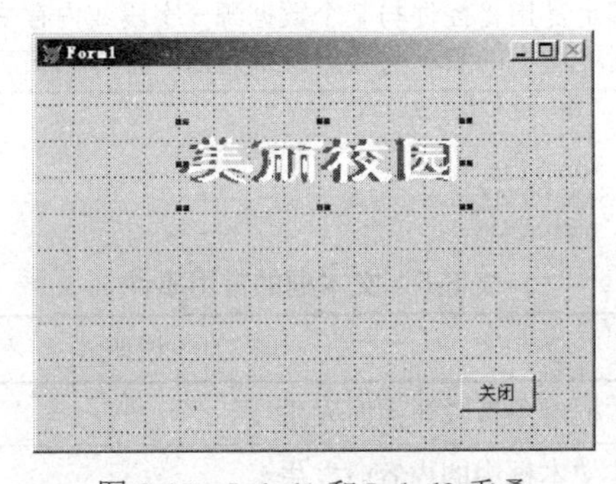

图 8-17 Label1 和 Label2 重叠

（3）复制 Label2 两次，生成 Label3 和 Label4，再将其中的一个设置为红色，将二者重叠，就可以得到第二个立体字。

（4）编写命令按钮 Command1 的 Click 事件代码，以便关闭表单退出程序：

```
Thisform.Release
```

8.2.2 文本框（TextBox）

1. 文本框的作用

文本框中可以输入各种不同类型的数据，用户利用它可以在内存变量、数组元素或非备注型字段中输入或编辑数据。所有标准的 Visual FoxPro 编辑功能，如剪切、复制和粘贴，在文本框中都可以使用。文本框只能显示一行数据，字符数不超过 256 个。如果文本框中编辑的是日期型或日期时间型数据，那么在整个内容被选定的情况下，按“+”或“-”键，可以使日期增加一天或减少一天。

2. 文本框的常用属性

文本框的常用属性如表 8-4 所示。

表 8-4 文本框的常用属性

属性	说明
PasswordChar	输入口令时显示的字符
ReadOnly	是否只读
TabStop	光标是否停留
Selstart	文本框中被选择文本的起始位置
Sellength	文本框中被选择文本的字符数
Seltext	文本框中被选择文本的内容
Value	用于设置或返回文本框的内容，默认值为字符型，如果需要输入数值型数据，则要将此属性赋值数值型
ControlSource	设定文本框的数据源，通过 ControlSource 属性的设置实现控件的数据绑定。控件数据绑定是指将控件与某个数据源（字段或内存变量）联系在一起，字段来自表单数据环境中的表。与数据源绑定后，控件的值就与数据源的值一致了

3. 文本框的常用事件

文本框的常用事件如表 8-5 所示。

表 8-5 文本框的常用事件

事件	说明
GotFocus	当文本框对象接收焦点时发生
InteractiveChange	当更改文本框中的内容时发生
LostFocus	当文本框对象失去焦点时发生
Valid	当文本框对象失去焦点之前发生

4. 应用举例

【例 8-4】计算两个数的和，如图 8-18（a）所示。

设计步骤如下：

（1）建立程序界面。

新建表单，进入表单设计器，添加四个标签 Label1～Label4、三个文本框 Text1～Text3，以及一个命令按钮 Command1。

（2）设置对象属性。

对象属性设置如表 8-6 所示，设置后的结果如图 8-18（b）所示。

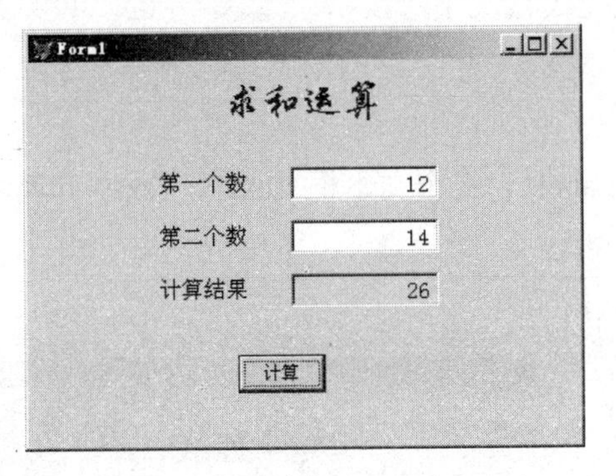

（a）

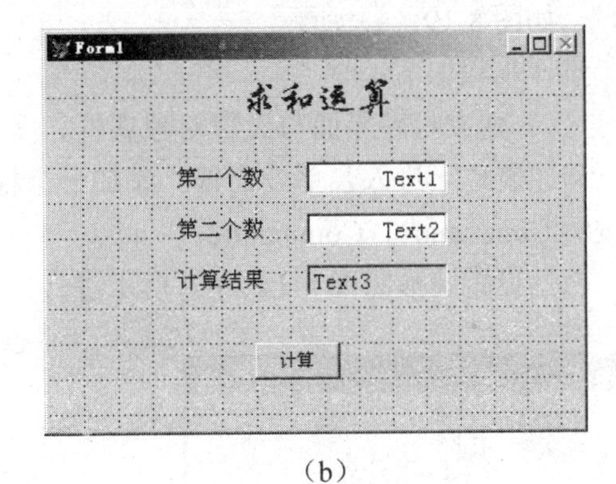

（b）

图 8-18　求和运算

表 8-6　属性设置

对象	属性	属性值
Command1	Caption	计算
	Default	.T.（用“回车”键代替单击按钮）
Label1	Caption	求和运算
	AutoSize	.T.
	FontSize	20
	FontName	华文行楷
Label2	Caption	第一个数
	AutoSize	.T.
Label3	Caption	第二个数
	AutoSize	.T.
Label4	Caption	计算结果
	AutoSize	.T.
Text1、Text2	Value	0
Text3	ReadOnly	.T.

（3）编写程序代码。

编写命令按钮 Command1 的 Click 事件代码：

```
a=Thisform.Text1.Value
b=Thisform.Text2.Value
c=a+b
Thisform.Text3.Value=c
```

【例 8-5】幸运 7 游戏。单击“开始”按钮，若出现数字 7，则提示“你赢了，你好幸运啊！”，如图 8-19（a）所示。

设计步骤如下：

（1）建立程序界面与设置对象属性。

新建表单，进入表单设计器。添加一个标签 Label1、三个文本框 Text1～Text3 和两个命令按钮 Command1、Command2。

属性设置请参照图 8-19（b）所示进行。

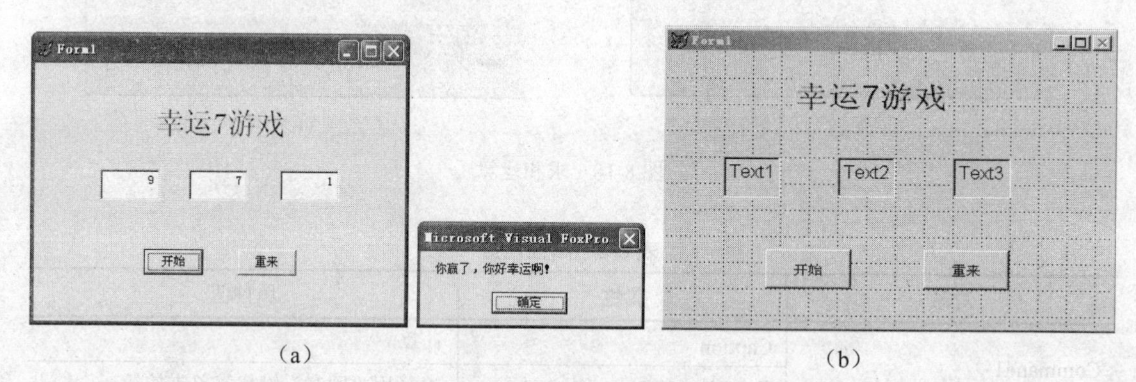

（a）　　　　　　（b）

图 8-19　幸运 7 游戏

（2）编写程序代码。

编写命令按钮 Command1 的 Click 事件代码：

```
with thisform
   .text1.value=int(rand(-1000)*10)
   .text2.value=int(rand()*10)
   .text3.value=int(rand()*10)
   if .text1.value=7 or .text2.value=7 or .text3.value=7
       =messagebox("你赢了，你好幸运啊！")      &&messagebox 为生成对话框的函数
   endif
endwith
```

编写命令按钮 Command2 的 Click 事件代码：

```
thisform.text1.value=""
thisform.text2.value=""
thisform.text3.value=""
```

8.2.3 编辑框（EditBox）

1. 编辑框的作用

编辑框与文本框的功能类似，也是用于显示、输入和修改数据。编辑框与文本框的主要区别在于：编辑框只能用于输入或编辑字符型数据；文本框只能输入一行文本，而编辑框可以输入多行文本，经常用来处理长文本或者备注型字段。在编辑框中可以使用剪切、复制和粘贴等标准的编辑功能，编辑框中的文本在垂直方向上可以滚动，在水平方向上可以自动换行。编辑框在表单中的式样如图8-20所示。

2. 编辑框的常用属性

ScrollBars属性用于设置是否要滚动条，其他编辑框属性与文本框类似。

也可以使用编辑框生成器来设置属性。编辑框生成器的打开方法是：在编辑框对象上右击，在弹出快捷菜单中选择“生成器”命令，打开的编辑框生成器，如图8-21所示。

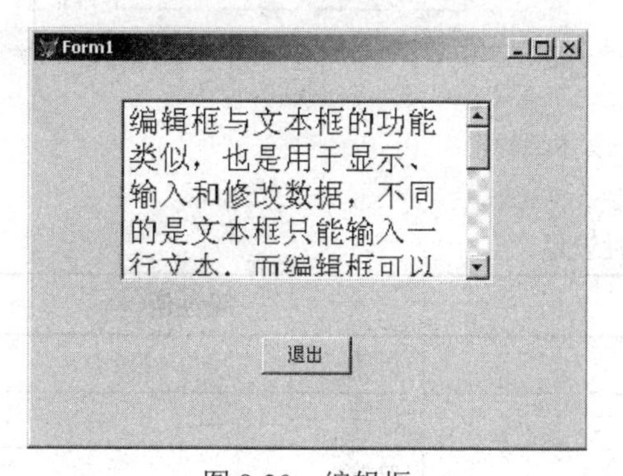

图8-20　编辑框

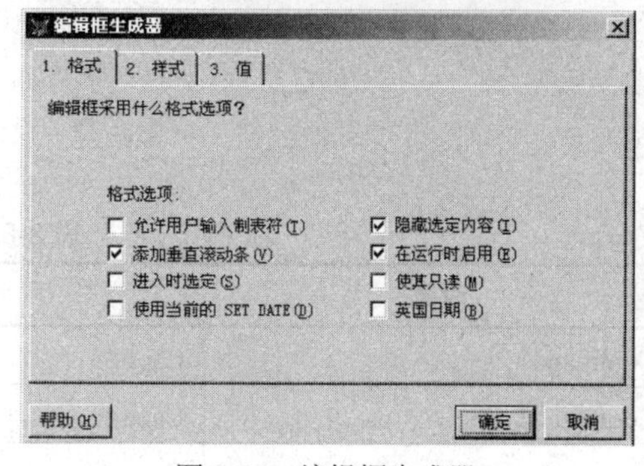

图8-21　编辑框生成器

3. 编辑框的常用事件

编辑框的常用事件如表8-7所示。

表8-7　编辑框的常用事件

事件	说明
GotFocus	当编辑框对象接收焦点时发生
InteractiveChange	当更改编辑框中的内容时发生
LostFocus	当编辑框对象失去焦点时发生

4. 应用举例

【例8-6】设计一个文本文件的编辑器，它可以新建或打开文件，并能在编辑后保存该文件。如图8-22（a）所示。

设计步骤如下：

（1）建立程序界面。

新建表单，进入表单设计器，添加一个编辑框 Edit1 和四个命令按钮 Command1～Command4。

（2）设置对象属性。

对象属性设置如表 8-8 所示。设置后的结果如图 8-22（b）所示。

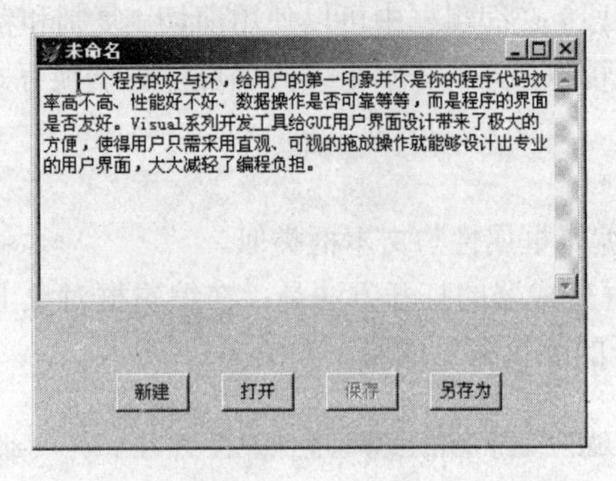

（a）

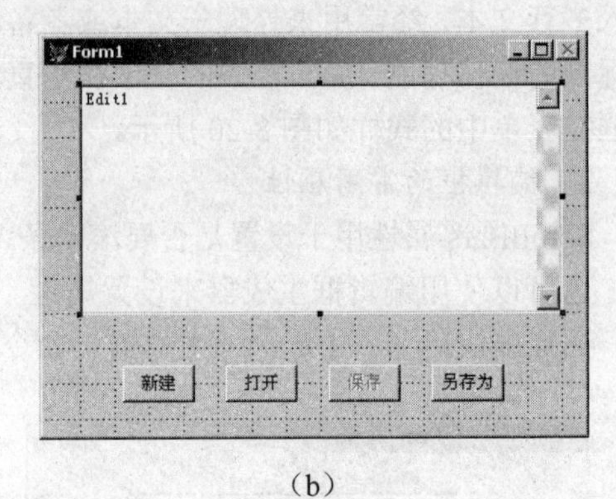

（b）

图 8-22　设计一个文本编辑器

表 8-8　属性设置

对象	属性	属性值
Command1	Caption	新建
Command2	Caption	打开
Command3	Caption	保存
	Enabled	.F.
Command4	Caption	另存为

（3）编写程序代码。

编写表单 Form1 的 Activate 事件代码：

```
with this.edit1
    .top=0
    .left=0
    .width=this.width
endwith
set exact on
this.caption="未命名"
this.edit1.setfocus                    && 设置焦点
```

编写命令按钮 Command1（新建）的 Click 事件代码：

```
thisform.edit1.value=""
thisform.refresh
```

```
thisform.caption="未命名"
thisform.edit1.setfocus
thisform.command2.enabled=.t.
thisform.command3.enabled=.f.
thisform.command4.enabled=.t.
```

编写命令按钮 Command2（打开）的 Click 事件代码：

```
cfile=getfile("")                          && 显示“打开”对话框，返回一个文件名
nhandle=fopen(cfile)                       && 打开文件，返回文件句柄（控制号，用于表示一个文件）
nend=fseek(nhandle,0,2)                    && 指针指向文件尾
    =fseek(nhandle,0,0)                    && “=”计算表达式值，并舍弃返回值
thisform.edit1.value=fread(nhandle,nend)   && 从指定文件中读取指定字节数的数据
thisform.caption=cfile
=fclose(nhandle)                           && 关闭文件
thisform.edit1.setfocus
thisform.refresh
thisform.command3.enabled=.t.
```

编写命令按钮 Command3（保存）的 Click 事件代码：

```
cfile=thisform.caption
nhandle=fopen(cfile,1)
        =fwrite(nhandle,thisform.edit1.value) && 将指定数据写入指定文件
        =fclose(nhandle)
thisform.refresh
thisform.edit1.setfocus
```

编写命令按钮 Command4（另存为）的 Click 事件代码：

```
cfile=putfile("")                          && 显示“另存为”对话框，返回一个文件名
nhandle=fcreate(cfile,0)                   && 建立一个新文件，返回文件句柄
cc=fwrite(nhandle,thisform.edit1.value)
=fclose(nhandle)
thisform.edit1.setfocus
thisform.refresh
thisform.command3.enabled=.t.
```

说明：

1）事件代码中的等号（=）作为空操作符使用；

2）程序代码中使用的若干函数请参见下面“与文件操作有关的函数”内容。

5. 与文件操作有关的函数

例 8-6 的事件代码中用到的一些低级文件操作函数现说明如下：

（1）getfile()。

格式：getfile([<c1>])

功能：显示“打开”对话框，供用户选定一个文件并返回文件名。其中<c1>用于指定文件的扩展名。

（2）putfile()。

格式：putfile([<c1>])

功能：显示“另存为”对话框，供用户指定一个文件名并返回文件名。其中<c1>用于指定文件扩展名。

（3）fopen()。

格式：fopen(<文件名>)

功能：打开指定文件，返回文件句柄（控制号）。

（4）fcreate()。

格式：fcreate(<文件名>)

功能：建立一个新文件，返回文件句柄（控制号）。

（5）fclose()。

格式：fclose(<文件句柄>)

功能：将文件缓冲区的内容写入文件句柄所指定的文件中，并关闭该文件。

（6）fread()。

格式：fread(<文件句柄>,<字节数>)

功能：从文件句柄所指定的文件中读取指定字节数的字符数据。

（7）fwrite()。

格式：fwrite(<文件句柄>,<c 表达式>)

功能：把<c 表达式>表示的数据写入文件句柄所指定的文件中。

（8）fseek()。

格式：fseek(<文件句柄>,<移动字节数>[,<n>])

功能：在文件句柄所指定的打开的文件中移动文件指针，其中 n 表示移动的方式或方向：n=0 为向文件首移动，n=1 为相对位置移动，n=2 为向文件尾移动。

6. 使用焦点

焦点（focus）就是光标，当对象具有“焦点”时才能响应用户的输入，因此也是对象接收用户鼠标单击或键盘输入的能力。

仅当控件的 Visible 和 Enabled 属性被设置为真时，控件才能接收焦点。某些控件不具有焦点，如标签、页框、计时器等。

当控件得到焦点时，会引发 GotFocus 事件，当控件失去焦点时，会引发 LostFocus 事件。可以用 SetFocus 方法程序在代码中设置焦点。代码如下：

```
this.parent.text1.setfocus
thisform.text1.setfocus
```

8.2.4 形状控件（Shape）与容器控件（Container）

1. 形状控件（Shape）

形状控件可以在表单中生成圆、椭圆和矩形，主要起修饰作用。它的常用属性如表 8-9 所示。

表 8-9　形状控件的常用属性

属性	说明
Curvature	形状控件的角的曲率，取值为 0～99
SpecialEffect	形状控件的显示形式：0－3 维，1－平面
BorderStyle	边框的线型
FillStyle	形状的填充图案

若要画一个圆，可先使用形状控件画一个正方形，设置 Curvature 属性的值为 99 即可。

2. 容器控件（Container）

容器控件具有封装性，在容器中加上一些其他控件后，这些控件将随容器的移动而移动，其 Top 和 Left 属性均相对于容器而言，与表单无关。容器控件外形具有立体感，有很强的装饰效果。

【例 8-7】设计一个华氏温度和摄氏温度互相转换的程序。即输入一个华氏温度可以得到相应的摄氏温度，输入一个摄氏温度可以得到相应的华氏温度，如图 8-23（a）所示。

摄氏温度与华氏温度的相互转换公式为：华氏=摄氏*9/5+32

设计步骤如下：

（1）新建表单，进入表单设计器，添加两个容器控件 Container1、Container2 和三个命令按钮 Command1～Command3。

（2）右击第一个容器 Container1，选择"编辑"命令，在其中添加一个标签 Label1 和一个文本框 Text1。

（3）右击第二个容器 Container2，选择"编辑"命令，在其中添加一个标签 Label1 和一个文本框 Text1。

（4）按照图 8-23（b）设置控件属性值。

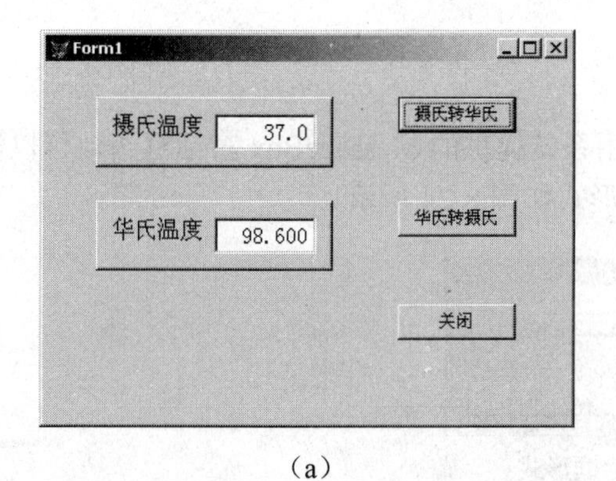

（a）

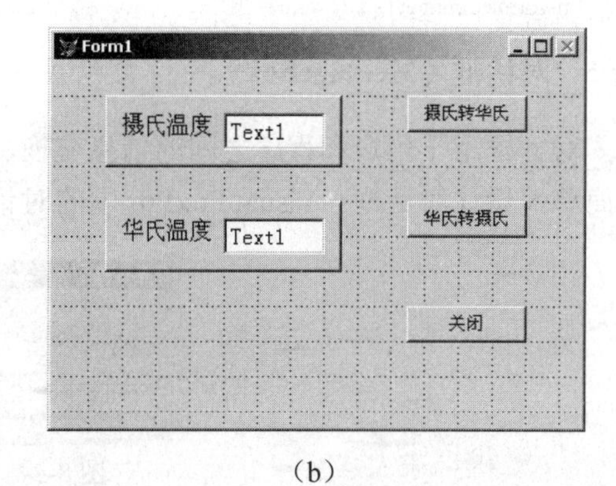

（b）

图 8-23　使用容器控件

注意：容器类控件的操作基本上都是先进入容器的编辑状态，再添加控件，这样才能使控件添加到容器中。如果不进入编辑状态，而是在容器的表面添加控件，那样只能使控件悬浮于容器的表面。

（5）编写程序代码。

编写表单 Form1 的 Activate 事件代码：

```
this.container1.text1.setfocus
```

编写命令按钮 Command1 的 Click 事件代码：

```
c=thisform.container1.text1.value
thisform.container2.text1.value=c*(9/5)+32
```

编写命令按钮 Command2 的 Click 事件代码：

```
f=thisform.container2.text1.value
thisform.container1.text1.value=(f-32)*(5/9)
```

编写命令按钮 Command3 的 Click 事件代码：

```
thisform.release
```

编写 Container1 中文本框 Text1 的事件代码：

GotFocus 事件代码：

```
  this.value=0.0
  this.selstart=0                    && selstart 属性指定或返回在文本区域中选择文本的起始点
  this.sellength=len(this.text)      && sellength 属性指定或返回在文本区域中选定的字符长度
```

InteractiveChange 事件代码：

```
  thisform.container2.text1.value=""
```

编写 Container2 中文本框 Text1 的事件代码：

GotFocus 事件代码：

```
this.value=0.0
this.selstart=0
this.sellength=len(this.text)
```

InteractiveChange 事件代码：

```
thisform.container1.text1.value=""
```


8.2.5 对话框（MessageBox）

对话框用于用户和程序之间的信息交换，使用系统提供的 MessageBox 对话框函数可以快速简单地设计对话框。Visual FoxPro 中的对话框形式如图 8-24 所示。

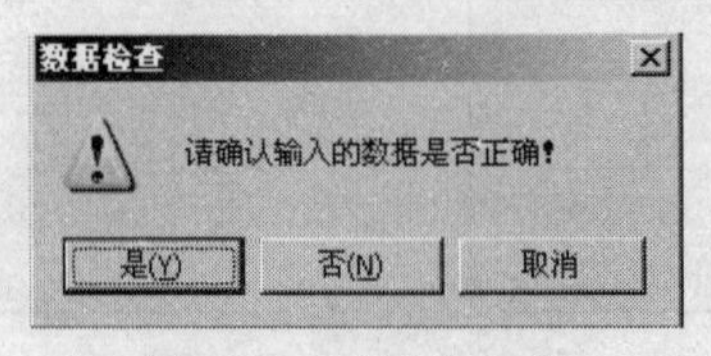

图 8-24　对话框形式

对话框命令格式如下：

[<变量名>]=messagebox(<信息内容> [,<对话框类型>[,<对话框标题>]])

说明：

（1）<信息内容>指定在对话框中出现的文本。

（2）<对话框标题>指定对话框的标题。

（3）<对话框类型>指定对话框中出现的按钮和图标，它由三个参数用加号连接起来：

<参数 1> + <参数 2> + <参数 3>

各参数的取值和含义如表 8-10 至表 8-12 所示。

表 8-10 参数 1—出现按钮

值	说明
0	确定按钮
1	确定和取消按钮
2	终止、重试和忽略按钮
3	是、否和取消按钮
4	是和否按钮
5	重试和取消按钮

表 8-11 参数 2—图标类型

值	说明
16	停止（×）图标
32	问号（?）图标
48	感叹号（!）图标
64	信息（i）图标

表 8-12 参数 3—默认按钮

值	说明
0	指定默认按钮为第 1 按钮
256	指定默认按钮为第 2 按钮
512	指定默认按钮为第 3 按钮

例如，设计图 8-24 所示的对话框可使用下列表达式：

```
messagebox("请确认输入的数据是否正确！",3+48+0, "数据检查")
```

8.2.6 命令按钮（CommandButton）和命令按钮组（Commandgroup）

1. 命令按钮的作用

命令按钮通常用来启动一个事件，如关闭表单、在记录中移动指针等。

2. 命令按钮的常用属性和事件

命令按钮的常用属性有Caption和Enabled。Caption属性用来设置命令按钮的标题，Enabled属性用来设置命令按钮对象是否可以响应用户引发的事件。

命令按钮的常用事件是Click，当用户单击按钮时即触发此事件。

3. 命令按钮组的作用

如果表单上需要使用多个命令按钮，可以考虑使用命令按钮组，使用命令按钮组可以使代码更为简洁，界面更加整齐。

要编辑命令按钮组中的按钮，应在命令按钮组上右击，在弹出的快捷菜单中选择“编辑”命令。使按钮组这个容器进入编辑状态，然后单击容器中的某个控件对其进行选定。类似命令按钮组的容器还有选项按钮组、表格控件、页框控件等。

命令按钮组的属性设置也可在命令按钮组生成器中进行。

4. 命令按钮组生成器

使用命令按钮组生成器可以很方便地设计命令按钮组。

首先在表单上添加一个命令按钮组，在其上右击，在弹出的快捷菜单中选择“生成器”命令，打开“命令组生成器”对话框，如图8-25（a）所示。

“按钮”选项卡中的“按钮的数目”选项用于设置命令按钮组中命令按钮的数目，“标题”选项用于设置按钮的Caption属性。先在表单中添加一个命令按钮组，并打开“命令组生成器”对话框，按图8-25（a）所示输入命令按钮的标题：“第一次练习”、“第二次练习”和“第三次练习”。

“布局”选项卡用于设置命令按钮的排列方式和边框样式等，如图8-25（b）所示。用户可试着改变这些选项，观察按钮组如何变化。

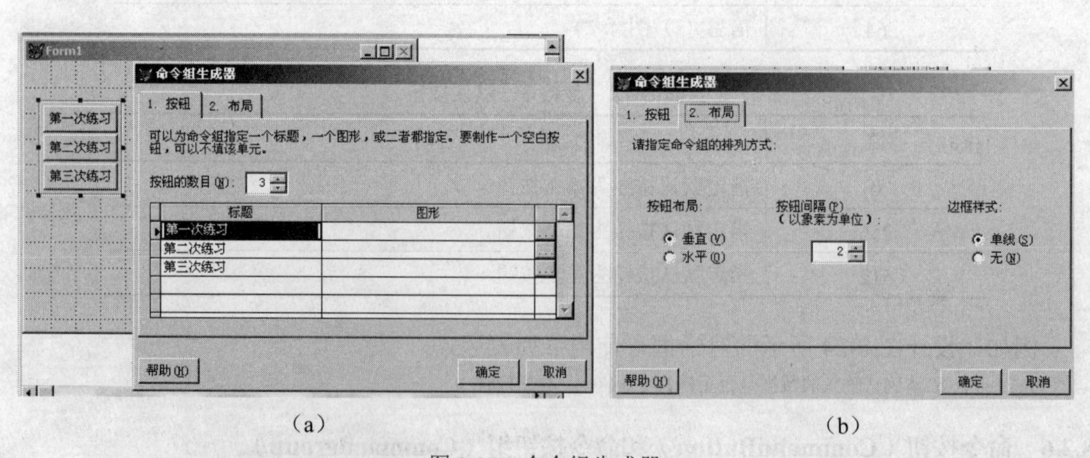

（a）　　　　　　　　（b）

图8-25　命令组生成器

5. 命令按钮组的常用属性和事件

命令按钮组的常用属性如表8-13所示。

表 8-13 命令按钮组的常用属性

属性	功能
AutoSize	确定命令按钮组是否根据其内容自动调整大小
Value	在属性窗口中设置为 1（默认），返回值为数值型，表示第几个按钮被操作；也可设置为空字符串，返回值为字符型，表示 Caption 为 Value 的按钮被操作
ButtonCount	命令按钮组中命令按钮的个数
Buttons	用于存取命令按钮组中各按钮的数组。该属性组在创建命令按钮时建立，用户可以利用该数组为命令按钮组中的命令按钮设置属性或调用其方法

命令按钮组是一个容器对象，可以包含多个命令按钮，并能统一管理这些按钮。命令按钮组及其中的按钮都有各自的属性、事件和方法，因此既可以单独操作其中的按钮，也可以作为一个整体来统一操作。命令按钮组的 Click 事件，对所有命令按钮都起作用，也就是说，当单击任何一个命令按钮时，都会执行命令按钮组的 Click 事件代码。若同时为某个命令按钮也编写了 Click 事件代码，则单击这个按钮时将只执行命令按钮的 Click 事件代码，而不执行命令按钮组的 Click 事件代码。

6. *应用举例*

【例 8-8】某公司员工工资为基本工资加上利润提成。

基本工资与工作年限有关，其关系如下：

工作年限≤2 年　　500 元

2 年<工作年限≤3 年　　800 元

3 年<工作年限≤5 年　　1000 元

5 年<工作年限≤8 年　　1500 元

工作年限>8 年　　2500 元

工程利润 p 与利润提成的关系如下：

p≤1000　　没有提成

1000<p≤2000　　提成 10%

2000<p≤5000　　提成 15%

5000<p≤10000　　提成 20%

p>10000　　提成 25%

试计算员工的月工资，界面如图 8-26 所示。

设计步骤如下：

（1）新建表单，在表单中添加一个形状控件 Shape1、一个命令按钮组 Commandgroup1、四个文本框 Text1～Text4 和五个标签 Label1～Label5。

（2）在命令按钮组生成器中设置命令按钮组。

右击命令按钮组，在弹出的快捷菜单中选择“生成器”命令，弹出“命令组生成器”对话框。设置“按钮的数目”为 5，并输入按钮的“标题”，如图 8-27 所示。

图 8-26 “员工工资计算”界面

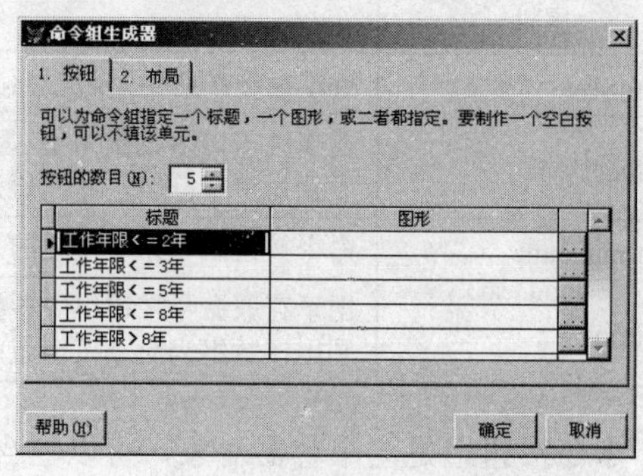

图 8-27 命令按钮组的设置

（3）按图 8-26 所示设置其他控件属性。

（4）编写程序代码。

编写表单 Form1 的 Activate 事件代码：

```
thisform.text1.setfocus
```

编写命令按钮组 Commandgroup1 的 Click 事件代码：

```
p=val(thisform.text1.value)                 && p 表示工程利润
n=this.value                                && n 表示第几个按钮被选中
do case
   case p<=1000
      h=0                                   && h 表示提成比率
   case p<=2000
      h=10
   case p<=5000
      h=15
   case p<=10000
      h=20
   case p>10000
      h=25
endcase
s1=p*h/100                                  && s1 表示工程利润提成
do case
   case n=1
      y="低于 2 年"
      s2=500                                && s2 表示基本工资
   case n=2
      y="低于 3 年"
      s2=800
   case n=3
      y="低于 5 年"
      s2=1000
   case n=4
```

```
        y="低于 8 年"
        s2=1500
    case n=5
        y="高于 8 年"
        s2=2500
endcase
s=s1+s2                                    && s 表示应发工资
thisform.text2.value=str(h)+"%"
thisform.text3.value=y
thisform.text4.value=round(s,2)
```

8.2.7 选项按钮组（Optiongroup）

1．选项按钮组的作用

选项按钮组是包含选项按钮的容器控件。一个选项按钮组可包含多个选项按钮，其特点是组中仅有一个选项按钮被选中，当前选项按钮被选中，先前被选中的则被释放。

设计选项按钮组最方便的方法是利用选项组生成器。方法是：在表单的选项按钮组控件上右击，在弹出的快捷菜单中选择“生成器”命令，即可打开“选项组生成器”对话框。在生成器中可以设置按钮的数目、按钮的标题、按钮的布局以及保存按钮的值，如图 8-28 所示。

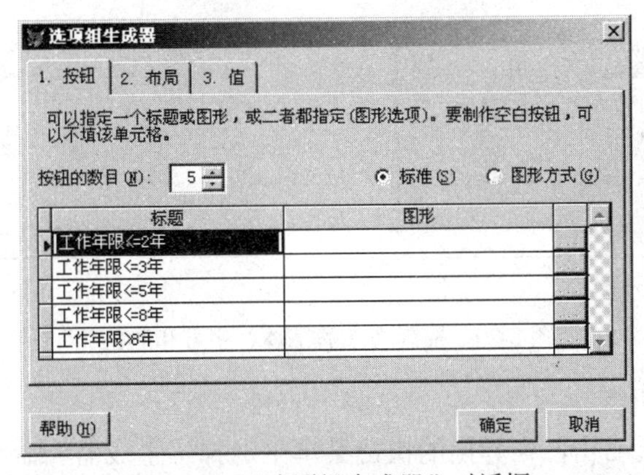

图 8-28 “选项组生成器”对话框

2．选项按钮和选项按钮组的常用属性和常用事件

选项按钮组和选项按钮的常用属性如表 8-14 和表 8-15 所示。

表 8-14 选项按钮组的常用属性

属性	说明
ButtonCount	设置选项按钮的数目
Value	其值表示当前第几个按钮被选中
ControlSource	运行时，被选中的选项按钮的 Caption 属性值将被送入该变量中

表 8-15　选项按钮组中选项按钮的常用属性

属性	说明
Caption	选项按钮的提示信息
Value	选项按钮是否被选中：1－选中，0－未选中
Picture	显示在控件上的图形或字段
Style	确定显示风格：0－标准，1－图形

选项按钮组的常用事件是 Click，当用户单击其中的选项按钮时触发。

3. 应用举例

【例 8-9】利用选项按钮组控制文本的字体、字号和颜色，如图 8-29（a）所示。

设计步骤如下：

（1）新建表单，在表单中添加一个文本框 Text1、三个标签 Label1～Label3 和三个选项按钮组 Optiongroup1～Optiongroup3，如图 8-29（b）所示。

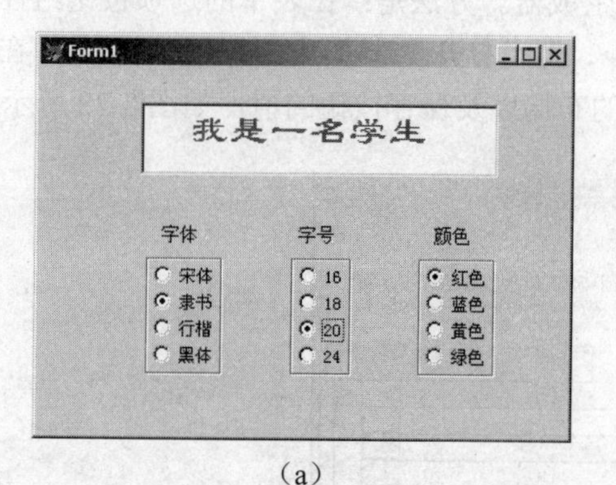

（a）

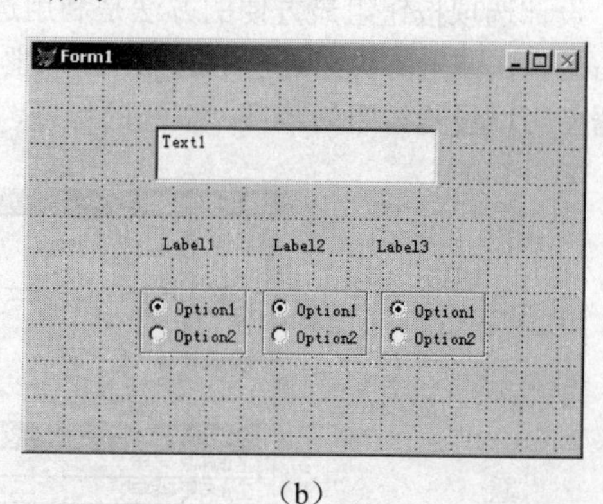

（b）

图 8-29　控制文本的字体、字号和颜色

（2）设置选项按钮组。

在 Optiongroup1 上右击，在弹出的快捷菜单中选择“生成器”命令，打开“选项组生成器”对话框。设置按钮的数目为 4，设置标题分别为：“宋体”、“隶书”、“行楷”和“黑体”。Optiongroup2 和 Optiongroup3 的设置与此类似。

（3）编写程序代码。

编写选项按钮组 Optiongroup1 的 Click 事件代码：

```
n=this.value
do case
 case n=1
     thisform.text1.fontname="宋体"
 case n=2
     thisform.text1.fontname="隶书"
 case n=3
```

```
        thisform.text1.fontname="华文行楷"
    case n=4
        thisform.text1.fontname="黑体"
endcase
```

编写选项按钮组 Optiongroup2 的 Click 事件代码：

```
n=this.value
do case
    case n=1
        thisform.text1.fontsize=16
    case n=2
        thisform.text1.fontsize=18
    case n=3
        thisform.text1.fontsize=20
    case n=4
        thisform.text1.fontsize=24
endcase
```

编写选项按钮组 Optiongroup3 的 Click 事件代码：

```
n=this.value
do case
    case n=1
        thisform.text1.forecolor=rgb(255,0,0)
    case n=2
        thisform.text1.forecolor=rgb(0,0,255)
    case n=3
        thisform.text1.forecolor=rgb(255,255,0)
    case n=4
        thisform.text1.forecolor=rgb(0,255,0)
endcase
```

说明：

在设置文本框的属性时，文本框的字体（FontName）、字号（FontSize）与颜色（ForeColor）的属性值最好与各选项按钮组的第 1 项相同。

【例 8-10】心理测试问题。界面如图 8-30 所示。

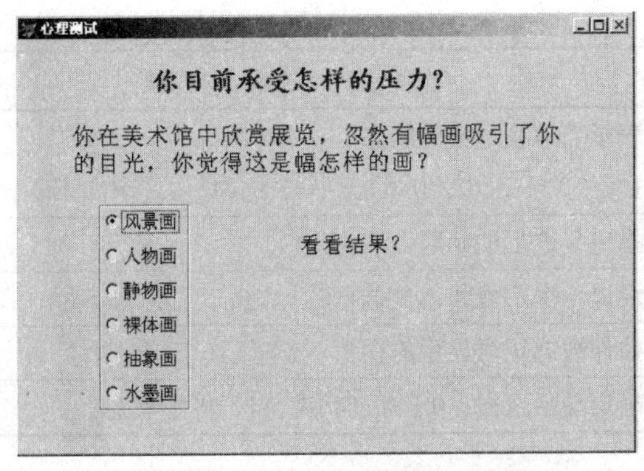

图 8-30 “心理测试问题”界面

设计步骤如下：

（1）建立程序界面与设置对象属性。

新建表单，进入表单设计器。添加三个标签 Label1～Label3、一个选项按钮组 Optiongroup1。

（2）编写程序代码。

编写选项按钮组 Optiongroup1 的 Click 事件代码：

```
n=this.value
do case
case n=1
    thisform.label3.caption="你正承受着人际关系的压力，想从纷纷扰扰中寻求解脱！"
case n=2
    thisform.label3.caption="你觉得自己的朋友太小，想找一个能够倾诉心事的知己！"
case n=3
    thisform.label3.caption="你在生活和学习工作上都非常忙碌，使你觉得压力很大！"
case n=4
    thisform.label3.caption="你觉得生活过于枯燥无味，想要追求新鲜刺激的事物！"
case n=5
    thisform.label3.caption="你很排斥社会的规范和礼教，想要照自己的想法做事！"
case n=6
    thisform.label3.caption="现代化社会使你感到莫名其妙的压力，你很想离群独居！"
endcase
```

8.2.8 复选框（CheckBox）

1. 复选框的作用

复选框通常成组使用多个，以实现多选。通过单击复选框，可以进行“选中”或“取消选中”的状态切换，每个复选框有两个状态：“真”（.T.）和“假”（.F.），或“是”与“否”，若复选框被选中则为“真”，这时在复选框中出现一个“√”。复选框可以和表中的逻辑型字段绑定。

2. 复选框的常用属性和常用事件

复选框的常用属性如表 8-16 所示。

表 8-16　复选框的常用属性

属性	说明
Value	表示当前复选框的状态 1（.T.）一选中，0（.F.）一未选中，2（.NULL.）一禁用
Caption	指定复选框的标题
Picture	设置一个图像作为复选框的标题
DownPicture	控件被选定时显示的图形
Style	确定显示风格：0一标准状态，1一图形状态

复选框的常用事件是 Click 事件和 InteractiveChange 事件，当用户使用键盘或鼠标改变复选

框的值时发生 InteractiveChange 事件。需要注意的是，在复选框的 Click 事件或 InteractiveChange 事件中，通常需要根据复选框的 Value 属性来判断复选框的状态。

3. 应用举例

【例 8-11】利用复选框来控制输入或输出文本的字体风格，界面如图 8-31（a）所示。

设计步骤如下：

（1）新建表单，在表单中添加一个形状控件 Shape1、一个文本框 Text1、一个标签 Label1 和三个复选框 Check1～Check3，如图 8-31（b）所示。

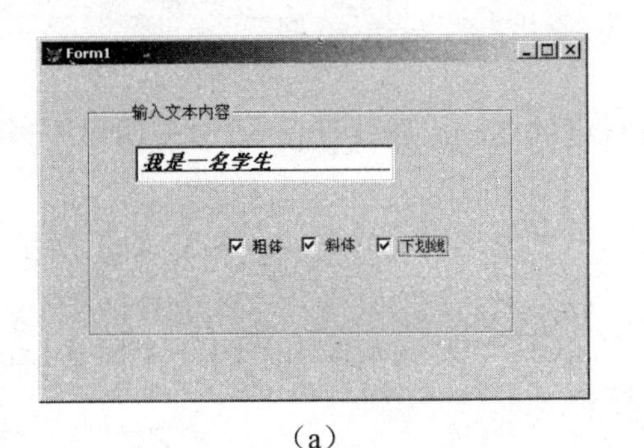

（a）

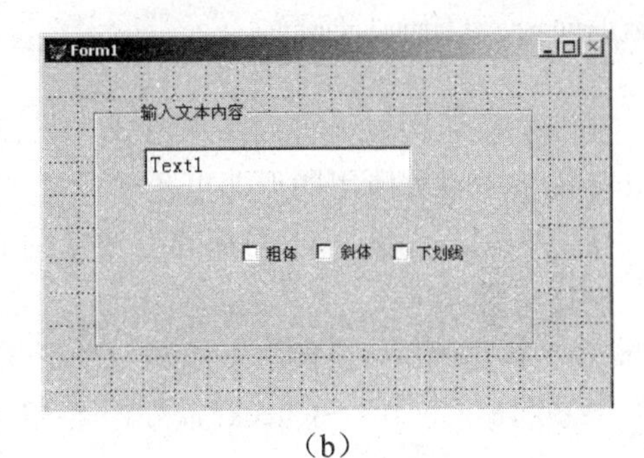

（b）

图 8-31　控制字体风格

（2）对象属性的设置如表 8-17 所示。

表 8-17　属性设置

对象	属性	属性值
Shape1	SpecialEffect	0—3 维
Label1	Caption	输入文本内容
	AutoSize	.T.
	FontName	隶书
	FontSize	16
Text1	Value	我是一名学生
	FontSize	18
Check1	Caption	粗体
	AutoSize	.T.
Check2	Caption	斜体
	AutoSize	.T.
Check3	Caption	下划线
	AutoSize	.T.

（3）编写程序代码。

编写表单 Form1 的 Activate 事件代码：

```
thisform.text1.setfocus
```

编写复选框 Check1 的 Click 事件代码：

```
thisform.text1.fontbold=this.value
```

编写复选框 Check2 的 Click 事件代码：

```
thisform.text1.fontitalic=this.value
```

编写复选框 Check3 的 Click 事件代码：

```
thisform.text1.fontunderline=this.value
```

4. 复选框的图形按钮方式

复选框按钮可以设置为图形方式。只需将复选框的 Style 属性设置为“1－图形”，并在 Picture 属性中设置所用图形即可。

【例 8-12】在例 8-11 的基础上设置图形按钮方式的复选框，界面如图 8-32（a）所示。

设计步骤如下：

（1）新建表单，在表单中添加一个形状控件 Shape1、一个文本框 Text1、一个标签 Label1 和五个复选框 Check1～Check5，如图 8-32（b）所示。

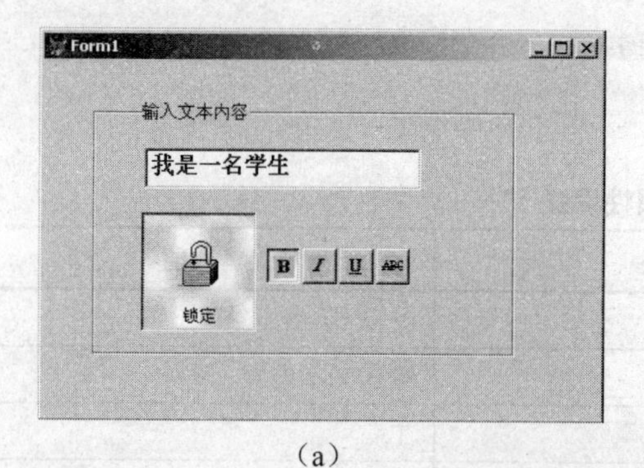

（a）

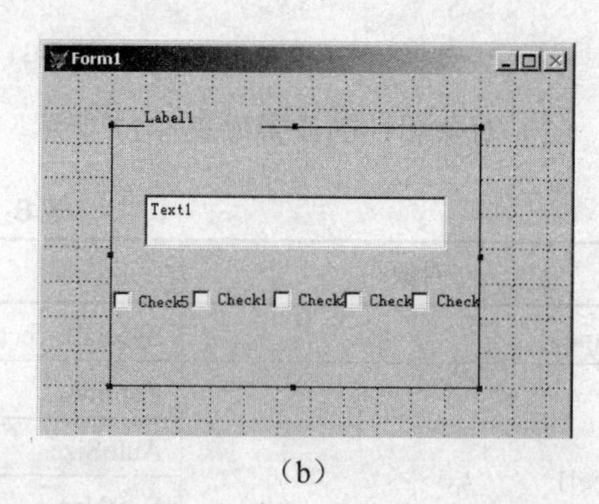

（b）

图 8-32　使用图形按钮方式的复选框

（2）对象属性设置如表 8-18 所示。

表 8-18　属性设置

对象	属性	属性值
Check1～Check4	Caption	（无）
	Style	1－图形
Check5	Caption	锁定
	AutoSize	.T.
	Style	1－图形
	Value	.T.

（3）复选框 Check1～Check5 的 Picture 属性设置分别为：

C:\Program Files\Microsoft Visual Studio\Common\Graphics\Bitmaps\TlBr_W95\BLD

C:\Program Files\Microsoft Visual Studio\Common\Graphics\Bitmaps\TlBr_W95\ITL

C:\Program Files\Microsoft Visual Studio\Common\Graphics\Bitmaps\TlBr_W95\UNDRLN

C:\ProgramFiles\MicrosoftVisual Studio\Common\Graphics\Bitmaps\TlBr_W95\STRIKTHR

C:\Program Files\Microsoft Visual Studio\Common\Graphics\Icons\Misc\Secur02a.ico

复选框 Check5 的 DownPicture 属性设置为：

C:\Program Files\Microsoft Visual Studio\Common\Graphics\Icons\Misc\Secur02b.ico

（4）编写程序代码。

编写复选框 Check1 的 Click 事件代码：

```
thisform.text1.fontbold=this.value
```

编写复选框 Check2 的 Click 事件代码：

```
thisform.text1.fontitalic=this.value
```

编写复选框 Check3 的 Click 事件代码：

```
thisform.text1.fontunderline=this.value
```

编写复选框 Check4 的 Click 事件代码：

```
thisform.text1.fontstrikethru=this.value
```

编写复选框 Check5 的 Click 事件代码：

```
thisform.setall("enabled",this.value,"checkbox")
this.enabled=.t.
this.caption=iif(this.value=.t.,"锁定","修改")
```

说明：

其中，setall()方法的作用是在容器对象中给所有或一部分控件同时设置属性。

例如：

```
thisform.setall("enabled",this.value,"checkbox")
```

表示将所有复选框的 Enabled 属性设置为本复选框的值（this.value）。

8.2.9 计时器（Timer）

1．计时器的作用

计时器控件与用户的操作独立，它是由系统时钟控制，用于处理需要定时处理的事件。它的典型应用是检查系统时钟，决定是否到了某个程序执行的时间。

计时器控件在设计时显示为一个时钟图标，而在运行时则不可见。

2．计时器的常用属性和事件

（1）Enabled：当其为.T.时，计时器工作；为.F.时，计时器挂起。也可以选择一个外部事件（如 Click 事件）来启动计时器操作。

（2）Interval：该属性指定计时器控制的 Timer 事件之间的时间间隔的毫秒数。例如，当 Interval＝5000 时，意味着 Timer 事件的触发时间间隔为 5 秒。当其值为 0 时，不触发 Timer 事件。

Timer 事件是计时器最重要的事件。当经过 Interval 属性中指定的毫秒数时，此事件发生。Reset 方法程序可使计时器重新从 0 开始计时。

【例 8-13】设计一个闪烁的红绿灯，要求每 2 秒灯变换一次。界面如图 8-33（a）所示。设计步骤如下：

（1）新建表单，在表单中添加一个计时器 Timer1，三个形状 Shape1～Shape1。如图 8-33（b）所示。将计时器的 Interval 属性设置为 2000。

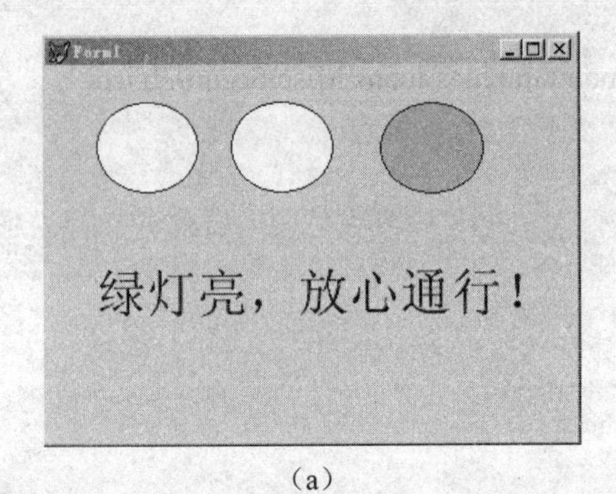

（a）

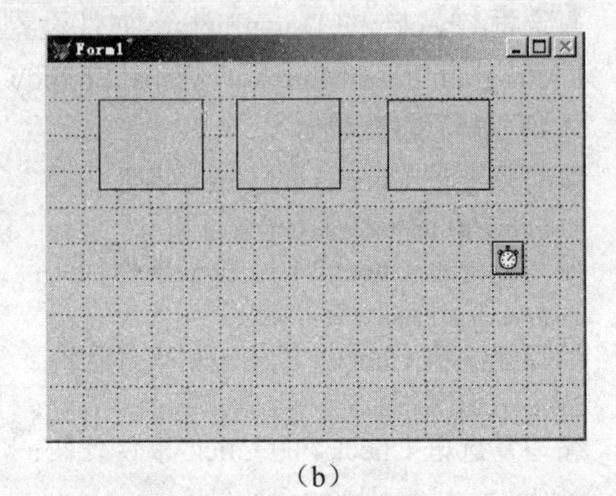

（b）

图 8-33　红绿灯问题

（2）编写程序代码。

编写表单 Form1 的 Activate 事件代码：

```
thisform.shape1.curvature=99
thisform.shape2.curvature=99
thisform.shape3.curvature=99
thisform.timer1.enabled=.t.
```

编写表单 Form1 的 Load 事件代码：

```
public n
n=1
```

编写计时器 Timer1 的 Timer 事件代码：

```
if n>3
   n=1
endif
do case
 case n=1
  thisform.shape1.backcolor=rgb(255,0,0)
  thisform.shape2.backcolor=rgb(255,255,255)
  thisform.shape3.backcolor=rgb(255,255,255)
  thisform.label1.caption="红灯亮，禁止通行！"
 case n=2
  thisform.shape1.backcolor=rgb(255,255,255)
  thisform.shape2.backcolor=rgb(255,255,0)
  thisform.shape3.backcolor=rgb(255,255,255)
```

```
    thisform.label1.caption="黄灯亮，注意安全！"
   case n=3
    thisform.shape1.backcolor=rgb(255,255,255)
    thisform.shape2.backcolor=rgb(255,255,255)
    thisform.shape3.backcolor=rgb(0,255,0)
    thisform.label1.caption="绿灯亮，放心通行！"
  endcase
    n=n+1
```

【例 8-14】设计一个电子游动标题板，标题“VFP 动画”在表单的黄色区域（容器中）自右上方至左下方反复移动。单击“暂停”按钮，标题停止移动，按钮变成“继续”，单击“继续”按钮，按钮又变为“暂停”。如图 8-34（a）所示。

设计步骤如下：

（1）新建表单，在表单中添加一个命令按钮 Command1 和一个容器 Container1，在容器中添加一个标签 Label1 和一个计时器 Timer1，如图 8-34（b）所示。

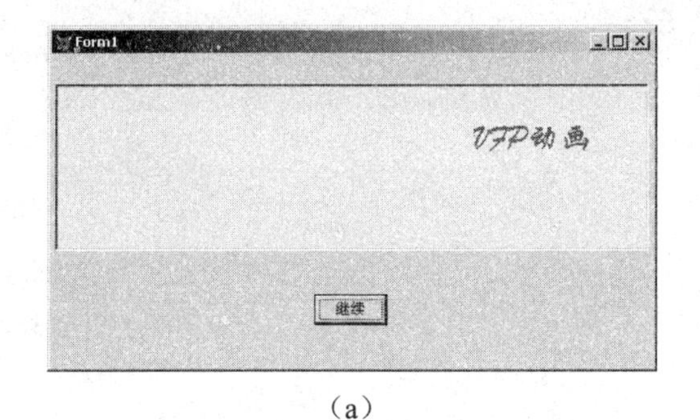

（a）

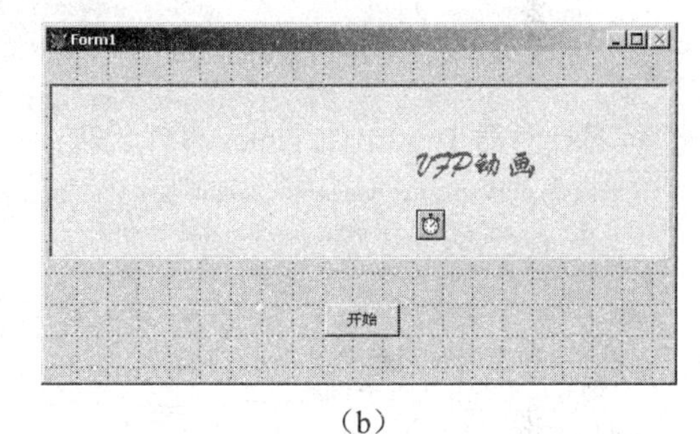

（b）

图 8-34　电子标题板

（2）对象属性设置如表 8-19 所示。

表 8-19　属性设置

对象	属性	属性值
Form1	Width	496
Command1	Caption	开始
Container1	Width	490
	SpecialEffect	1—凹下
	BackColor	黄色
Timer1	Interval	50
	Enabled	.F.
Label1	Caption	VFP 动画
	AutoSize	.T.

续表

对象	属性	属性值
Label1	FontBold	.T.
	FontName	华文行楷
	BackStyle	0—透明
	ForeColor	红色

（3）编写程序代码。

编写命令按钮 Command1 的 Click 事件代码：

```
if this.caption="暂停"
    this.caption="继续"
    thisform.container1.timer1.enabled=.f.
else
    this.caption="暂停"
    thisform.container1.timer1.enabled=.t.
endif
```

编写计时器 Timer1 的 Timer 事件代码：

```
if this.parent.label1.top<this.parent.height
    this.parent.label1.top=this.parent.label1.top+1
    this.parent.label1.left=this.parent.label1.left-5
else
    this.parent.label1.top=0
    this.parent.label1.left=this.parent.width
endif
```

8.2.10 列表框（ListBox）

1. 列表框的作用

列表框显示一个项目列表，用户可以从中选择一项或多项，但不能直接编辑列表框中的数据。

2. 列表框的常用属性

列表框的常用属性如表 8-20 所示。

表 8-20 列表框的常用属性

属性	功能
List(i)	设置或返回列表中的第 i 项的值
Value	当前选项的值
ListIndex	当前选项的索引号
Selected(i)	设置 Selected(i)=.T.，表示第 i 项被选中

续表

属性	功能
ListCount	列表框中选项的个数
ColumnCount	列表框的列数
BoundColumn	列表框包含多列时指定哪一列作为 value 的值
MoverBars	指定在列表框内是否显示移动钮栏，这样用户可重新安排列表中各项的顺序
MultiSelect	能否一次选择多项

例如：

```
thisform.list1.value=1                              && 将光标指向列表框的第 1 项
thisform.text1.value=thisform.list1.value           && 将列表框当前选项的值送文本框中
```

3. 列表框的常用事件和方法

列表框的常用事件有 Click 事件和 InteractiveChange 事件，在使用键盘或鼠标更改列表框的值时就产生该事件。

列表框的常用方法程序如表 8-21 所示。

表 8-21 列表框的常用方法程序

方法程序	功能
AddItem(n)	给 RowSourceType 为 0 的列表添加一项 n，n 必须是字符类型
Clear	清除列表中的各项
RemoveItem	从 RowSourceType 为 0 的列表中删除一项
Requery	当 RowSource 的值改变时更新列表

4. 应用举例

【例 8-15】求 1～100 之间所有能被 7 整除的数，如图 8-35（a）所示。

分析：每判断出一个满足条件的数，就把它添加到列表框中。

设计步骤如下：

（1）新建表单，在表单中添加一个形状 Shape1、一个列表框 List1、一个标签 Label1 和一个命令按钮 Command1。

List1 的属性使用默认的设置，只改变字的大小即可。其他对象的属性设置参照图 8-35（b）所示进行。

（2）编写命令按钮 Command1 的 Click 事件代码：

```
thisform.list1.clear
for i=1 to 100
   if i%7=0
      thisform.list1.additem(allt(str(i)))
   endif
endfor
```

（a）

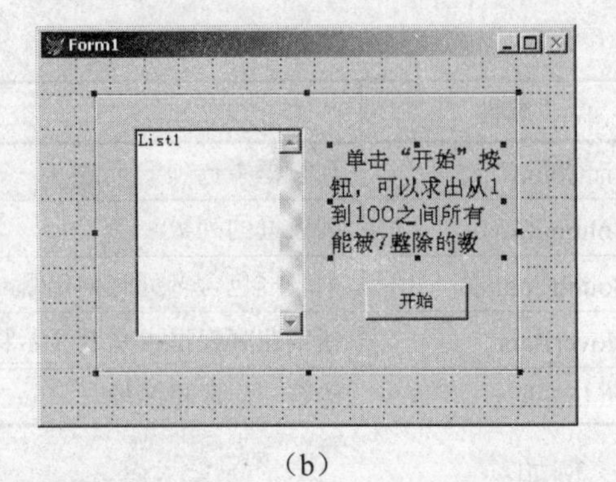

（b）

图 8-35　列表框的使用

【例 8-16】利用循环结构和列表框控件，设计一个“选项移动”表单，如图 8-36（a）所示。

这个例子演示了如何将数据项从一个列表框移到另一个列表框，用户可以选定一个或多个数据项并使用适当的命令按钮在列表之间移动数据项。

设计步骤如下：

（1）新建表单，在表单中添加一个容器控件 Container1、一个形状 Shape1、一个标签 Label1，在容器中添加两个列表框 List1 和 List2，以及有四个命令按钮的命令按钮组 Commandgroup1。

（2）属性设置如表 8-22 所示，设置后的结果如图 8-36（b）所示。

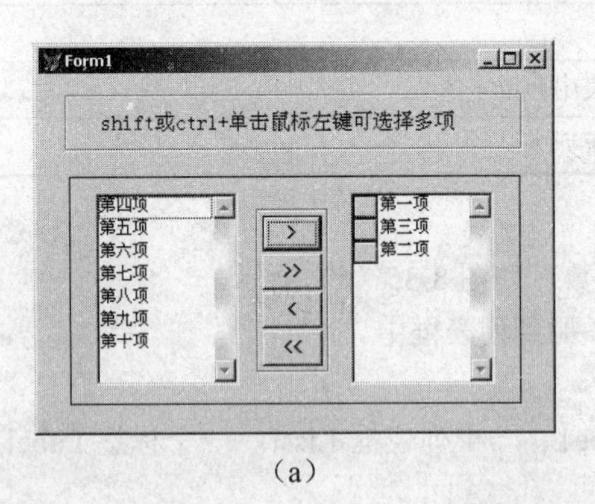

（a）

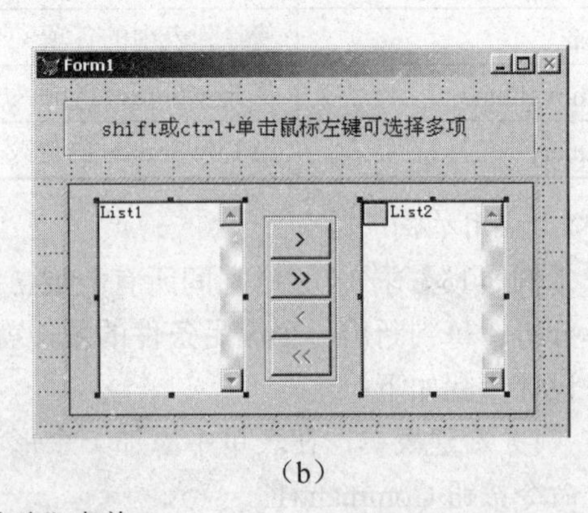

（b）

图 8-36　“选项移动”表单

表 8-22　属性设置

对象	属性	属性值
List1	MultiSelect	.T.（允许选择多项）
List2	MultiSelect	.T.
	MoverBars	.T.（允许重新排列列表中各项的顺序）

续表

对象	属性	属性值
Commandgroup1		
Command1	Caption	>
	FontBold	.T.
Command2	Caption	>>
	FontBold	.T.
Command3	Caption	<
	FontBold	.T.
	Enabled	.F.
Command4	Caption	<<
	FontBold	.T.
	Enabled	.F.

（3）编写程序代码。

编写容器 Container1 的 Init（初始化）事件代码：

```
this.list1.additem("第一项")
this.list1.additem("第二项")
this.list1.additem("第三项")
this.list1.additem("第四项")
this.list1.additem("第五项")
this.list1.additem("第六项")
this.list1.additem("第七项")
this.list1.additem("第八项")
this.list1.additem("第九项")
this.list1.additem("第十项")
this.commandgroup1.command3.enabled=.f.
this.commandgroup1.command4.enabled=.f.
```

编写容器 Container1 中命令按钮组 Commandgroup1 的 Click 事件代码：

```
do case
    case this.value=1
        i=0
        do while i<=this.parent.list1.listcount
            if this.parent.list1.selected(i)
                this.parent.list2.additem(this.parent.list1.list(i))
                this.parent.list1.removeitem(i)
            else
                i=i+1
            endif
        enddo
    case this.value=2
```

```
            do while this.parent.list1.listcount>0
                this.parent.list2.additem(this.parent.list1.list(1))
                this.parent.list1.removeitem(1)
            enddo
        case this.value=3
            i=0
            do while i<=this.parent.list2.listcount
                if this.parent.list2.selected(i)
                    this.parent.list1.additem(this.parent.list2.list(i))
                    this.parent.list2.removeitem(i)
                else
                    i=i+1
                endif
            enddo
        case this.value=4
            do while this.parent.list2.listcount>0
                this.parent.list1.additem(this.parent.list2.list(1))
                this.parent.list2.removeitem(1)
            enddo
    endcase
    if this.parent.list2.listcount>0
        this.command3.enabled=.t.
        this.command4.enabled=.t.
    else
        this.command3.enabled=.f.
        this.command4.enabled=.f.
    endif
    if this.parent.list1.listcount=0
        this.command1.enabled=.f.
        this.command2.enabled=.f.
    else
        this.command1.enabled=.t.
        this.command2.enabled=.t.
    endif
    thisform.refresh
```


8.2.11 组合框（ComboBox）

1．组合框的作用

组合框是文本框和列表框的组合，所以组合框具备二者的主要功能。可以利用组合框通过选择数据项的方式快速准确地进行数据的输入。组合框与列表框类似，可以显示项目列表，只是组合框在通常情况下只显示一行。组合框分为两类：下拉列表框和下拉组合框。下拉列表框和列表框一样，只能显示，不能输入；而下拉组合框既可以显示，也可以像文本框一样在其中输入值。

2. 组合框的属性

组合框的常用属性如表 8-23 所示。

表 8-23 组合框的常用属性

属性	说明
Value	当前组合框的值
DisplayValue	指选定数据项的第一项内容
RowSource	列表中显示的值的来源
RowSourceType	RowSource 值的类型：一个值、表、SQL 语句、查询、数组、文件列表或字段列表
ControlSource	指定用于保存用户选择或输入值的表字段
Text	返回输入到组合框中的文本框部分的文本，在运行时为只读
Style	指定组合框的类型：2－下拉列表框，0－下拉组合框（默认）

大多数情况下，Value 与 DisplayValue 相同，而当同时选择了多项时，DisplayValue 指的是第一项的值，而 Value 指的是最后一项的值。

3. 组合框的常用事件和方法

组合框的常用事件有 Click 事件、InteractiveChange 事件和 KeyPress 事件。

组合框的常用方法有 Additem 和 Removeitem。Additem 方法可以向组合框中添加一个数据项，允许用户指定数据项的索引位置，但此时的 RowSource 属性必须为 0 或 1。Removeitem 方法可以从组合框中删除一个数据项，允许用户指定数据项的索引位置，但这时的 RowSource 属性必须为 0 或 1。

4. 程序举例

【例 8-17】在文本框中输入数据，按“回车”键后可将数据添加到下拉列表框中；在列表框中选定项目，右击组合框可以移去选定项，如图 8-37 所示。

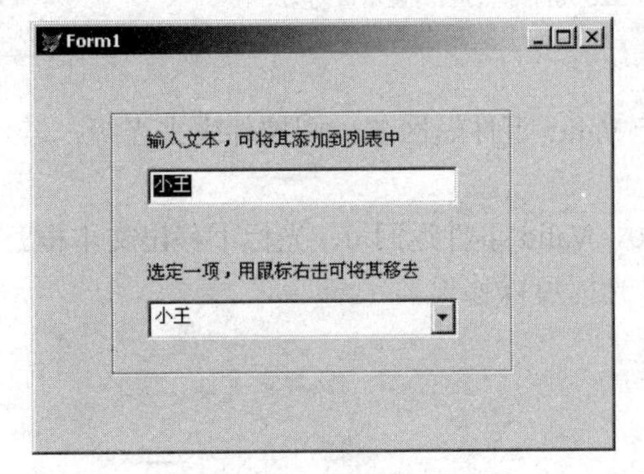

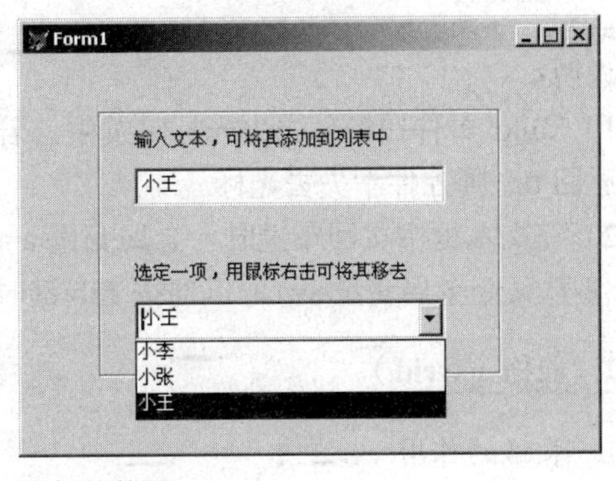

图 8-37 下拉列表框的使用

设计步骤如下：

（1）新建表单，在表单中添加一个形状 Shape1、一个文本框 Text1、一个组合框 Combo1、和两个标签 Label1 和 Label2。

（2）设置组合框 Combo1 的 Style 的属性为：2—下拉列表框，其他控件属性参照图 8-37 所示进行。

（3）编写程序代码。

编写表单 Form1 的 Activate 事件代码：

```
public a
a=1
this.text1.setfocus
```

编写文本框 Text1 的 KeyPress 事件代码：

```
LPARAMETERS nKeyCode, nShiftAltCtrl
if nKeyCode=13
    if !empty(this.value)
        thisform.combo1.additem(this.value)
        thisform.combo1.displayvalue=this.value
    endif
    this.selstart=0
    this.sellength=len(rtrim(this.text))
    a=0
endif
```

编写文本框 Text1 的 Valid 事件代码：

```
if a=1
    return .t.                          && 光标可以离开
else
    a=1
    return 0                            && 光标不可以离开
endif
```

编写组合框 Combo1 的 RightClick 事件代码：

```
if this.listcount>0
    thisform.text1.value=this.list(this.listindex)        && listindex 为当前选项的索引号
    this.removeitem(this.listindex)
    this.value=1                                           && 组合框的当前显示值为第一项
endif
```

说明：

1）Valid 事件在控件失去光标时发生，若 Valid 事件返回.T.，则控件失去光标；若 Valid 事件返回 0，则控件不失去光标。

2）在文本框中按回车键时，全局变量 a=0，Valid 事件返回 0，光标不移出文本框，同时 Valid 事件又令全局变量 a=1，以便按 Tab 键时光标可以移出。

8.2.12 表格（Grid）

1. 表格的作用

表格控件是将数据以表格形式表示出来的一种控件，是包含列对象的容器类控件，表格在表单中的式样如图 8-38 所示。

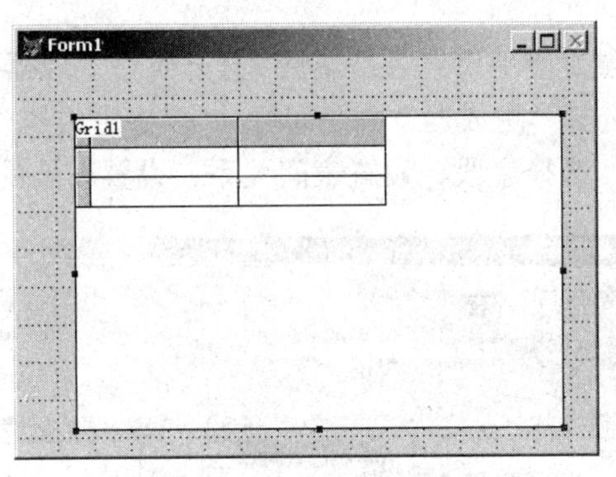

图 8-38 表格在表单中的式样

表格中列的宽度和行的高度都可以根据需要进行调整。方法是：将鼠标指针移动到表格线上，当指针变为带有双向箭头的形状时，向上下方向或左右方向拖动鼠标，就可以改变行高或列宽了。

2. 表格的组成

一个表格由若干列组成，每一列可显示一个字段。列由列标题和列控件组成。列标题（Header1）默认为数据源的字段名，也允许用户修改。一列必须设置一个列控件，用以控制本列各单元格的数值显示格式。

表格、列、列标题和列控件都是控件，各自有相应的属性、事件和方法，其中表格和列是容器类控件。

3. 表格的常用属性、事件和方法

（1）表格的常用属性如表 8-24 所示。

表 8-24 表格的常用属性

属性	说明
ColumnCount	设置表格中列的数目，默认为-1，表格列出数据源中的所有字段
RecordSource	指定数据源，即表格中要显示的表或临时表
RecordSourceType	指定填充表格数据源的类型
AllowAddNew	设置为真时，可以从一个表格中将新记录添加到表中。当光标处于表格的最后一个记录时，只要按“↓”键，就可将一个新记录添加到表中

（2）列的常用属性是 ControlSource，设置列中要显示的数据源，通常是某表中的一个字段。

（3）表格控件的常用事件是 Delete 事件，当用户在记录上做删除标记、清除一个删除标记或使用 Delete 命令时发生。

（4）表格控件的常用方法是 Refresh 方法，可以刷新表格中显示的记录。

4. 表格生成器

利用表格生成器可以很方便地设置表格属性。打开表格生成器的方法是：在表格对象上右击，在弹出的快捷菜单中选择“生成器”命令即可，“表格生成器”对话框如图 8-39 所示。在表格生成器中可以选择表、选择字段、设置表间关系、设置表格的样式和布局。

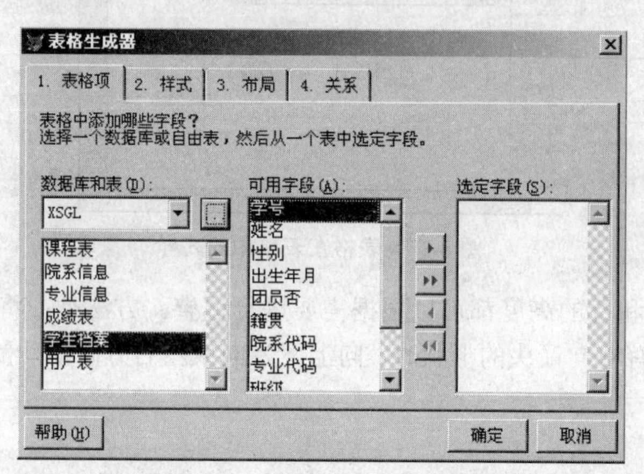

图 8-39 “表格生成器”对话框

5. 设置表格的数据源

既可以为整个表格设置数据源，也可以为每个列单独设置数据源。

如果需要为整个表格设置数据源，操作步骤如下：

（1）选择表格，单击属性窗口的 RecordSourceType 属性。

（2）如果让 Visual FoxPro 打开表，则将 RecordSourceType 属性设置为 0－表；如果在表格中放入打开表的字段，则将 RecordSourceType 属性设置为 1－别名。

（3）单击属性窗口中的 RecordSource 属性，输入作为表格数据源的表名或别名。

如果需要在特定的列中显示一个特定字段，也可以为列设置数据源，操作步骤如下：

（1）选择列，单击属性窗口的 ControlSource 属性。

（2）输入作为列的数据源的表名、别名或字段名。例如学生档案.姓名。

6. 程序举例

【例 8-18】设计一个显示学生档案的表单，并可按班级显示，界面如图 8-40（a）所示。

设计步骤如下：

（1）新建表单，在表单上添加一个标签 Label1、一个组合框 Combo1 和一个表格 Grid1，如图 8-40（b）所示。

（2）打开表格生成器，在“数据库和表”中选择“学生档案”表，在“可用字段”中选择学号、姓名、性别、出生年月、班级 5 个字段。在“布局”选项卡中调整表格列宽到合适宽度。

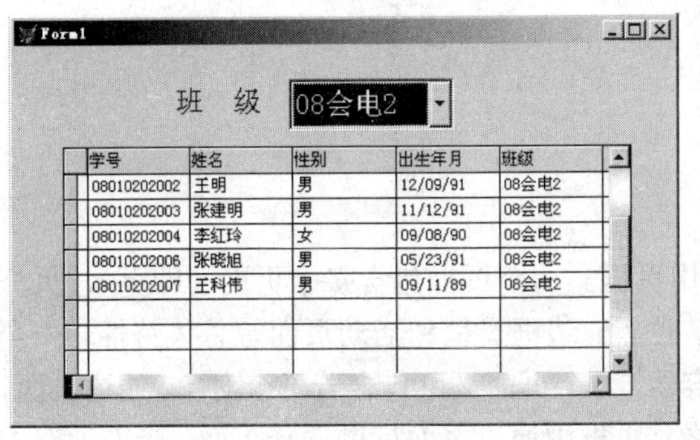

（a）

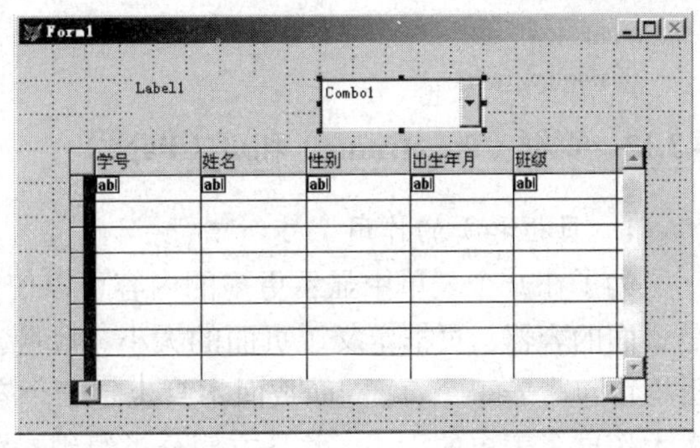

（b）

图 8-40　表单中表格的使用

（3）标签 Label1 和组合框 Combo1 的属性设置如表 8-25 所示。

表 8-25　属性设置

对象	属性	属性值
Label1	Caption	班　级
	FontSize	12
Combo1	RowSourseType	5－数组
	RowSourse	a
	Style	2－下拉列表框
	Value	7

（4）编写程序代码。

编写表单 Form1 的 Init 事件代码：

```
public a(9)
a(1)="08 财管 1"
a(2)="08 财管 2"
a(3)="08 商英 1"
a(4)="08 商英 2"
a(5)="08 会电 1"
a(6)="08 会电 2"
a(7)="08 审计 1"
a(8)="08 审计 2"
a(9)="全部"
```

编写组合框 Combo1 的 Click 事件代码：

```
if this.value=9
    set filter to
else
    set filter to  班级="&a(this.value)"
```

```
endif
thisform.refresh
```

8.2.13 页框（Pageframe）和页（Page）

1. 页框和页的作用

为了在一个表单中显示更多的内容可以使用页框。一个页框包含多个页面（即页），页框是页面的容器。页框定义了页面的大小、数量、位置、边框类型和活动页面等总体特性。一个页框可包含若干个页面，而页面本身也是一个容器，一个页面又可包含若干个对象。通过页面，大大拓展了表单的大小，并且方便分类组织对象。页框中通过页面标题选择页面，当前被选中的页面就是活动页面。

和使用其他容器控件一样，在向页面中添加控件之前，首先必须右击页框，在弹出的快捷菜单中选择“编辑”命令，再添加对象。如果没有将页框作为容器激活，控件将添加到表单中而不是页面中，即使看上去好像是在页面中。实际上，对各页面上共同的对象可以用这种方法来设置，若对象不可见，可选择页框将其“置后”。

2. 页框和页的属性设置

页框和页的常用属性如表 8-26 所示。

表 8-26　页框和页的常用属性

属性	说明
PageCount	页面数
ActivePage	活动页面的页号
Tabs	设置页面标题是否显示（有标签或无标签）
TabStyle	页面标题的排列方式：0－两端排列，1－非两端排列
TabStretch	当页数较多时，页面的排列方式：0－单行排列，1－多行排列
ZOrder	设置将某页放置在最前面
Caption	页面标题

3. 页面中对象的引用

页面中对象的完整引用层次如下：thisform.页框名.页名.页面对象名，如 thisform.pageframe1.page1.caption。

页面的相对引用如下：

1）this.parent.引用对象名

2）this.parent.parent.引用对象名

4. 程序举例

【例 8-19】设计一个表单，使之具有浏览学生档案和学生成绩的功能，界面如图 8-41 所示。

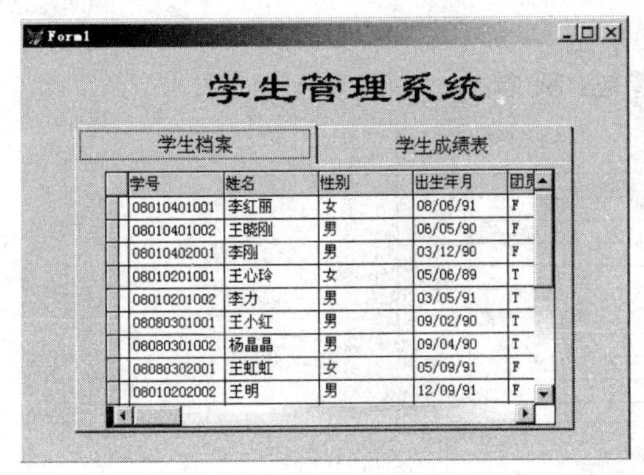

图 8-41　“学生管理系统”表单

设计步骤如下：

（1）新建表单 Form1，设置表单的长和宽，具体属性值如表 8-27 所示。

表 8-27　属性设置

对象	属性	属性值
Form1	Height	320
	Width	480
Pageframe1	Height	240
	Width	400

（2）在表单中添加一个标签 Label1 作为标题，其 Caption 属性值为“学生管理系统”。

（3）将两个数据表：“学生档案”和“成绩表”添加到数据环境中。

（4）在表单上添加一个页框控件 Pageframe1，设置页框的长和宽，具体属性值如表 8-27 所示。

右击页框控件，在弹出的快捷菜单中选择“编辑”命令，这时页框四周出现淡绿色边界，可以开始编辑页框的第一页。

（5）将页面 Page1 的 Caption 属性改为“学生档案”，用鼠标按住数据环境中的“学生档案”表的标题栏，将其拖放到 Page1 上，如图 8-42 所示。

图 8-42　编辑第一页

（6）单击页面 Page2，开始编辑第二页。将 Page2 的 Caption 属性改为“学生成绩表”，用鼠标按住数据环境中的“学生成绩表”的标题栏，将其拖放到 Page2 上，如图 8-43 所示。

图 8-43 编辑第二页

8.3 表单集

如果使用单一的表单来设计应用程序的操作界面，那么提供给最终用户的操作区域是极其有限的。为了扩展用户的操作区域，一种方法是利用页框控件设计多页的界面，而另一种常用的方法就是利用表单集。

表单集（Formset）是一个容器类对象，其中可以包含多个独立的表单。对表单集中的所有表单可以进行统一的操作，如运行表单集时它们会一起显示出来，关闭表单集时它们又会一起被关闭。另外，通过在表单集中建立公共的数据环境，还可以使其中多个表的记录指针自动保持同步，即当在某个表单中改变父表的记录指针时，显示在另一个表单中的子表的记录指针会自动做相应的调整，以与父表中的记录相匹配。

8.3.1 表单集的操作

1. 创建表单集

表单集是在“表单设计器”窗口中创建的，因此要创建表单集，首先要新建一个表单，然后选择“表单”菜单中的“创建表单集”命令，便会自动创建一个表单集对象，原来的表单便会自动成为该表单集中的第一个表单 Form1。

2. 在表单集中添加新表单

多次选择“表单”菜单中的“添加新表单”命令，便可在“表单设计器”窗口中依次添加多个新表单 Form2，Form3，…

对于已添加到表单集中的各个表单，可以分别通过单击的方式进行选定并加以设计，具体方法与设计单个表单时完全相同。

3. 从表单集中移去表单

若要将某个表单从表单集中移去，须先在表单集中选中该表单，然后选择“表单”菜单中的“移去表单”命令即可完成。

4. 运行表单集

运行表单集的方法，也是与运行单个表单完全相同的，此处从略。

5. 关闭表单集

对于同时运行的表单集中的多个表单，既可以分别单击各自的"关闭"按钮来逐个关闭，也可在其中的某个表单内添加一个命令按钮，在该按钮的 Click 事件中写入代码 thisformset.release。这样，当用户单击该按钮时，便会将该表单集中的所有表单同时关闭。

8.3.2 表单集应用举例

【例 8-20】设计一个包含两个表单的表单集，其运行界面如图 8-44 所示。单击"学生档案表单"中的某一行，便会在"学生成绩表单"中自动显示出与之相匹配的该学生的成绩。单击"学生档案表单"中的"隐藏学生成绩表"按钮，便可将"学生成绩表单"隐藏起来，同时该按钮上的文字标题会自动变成"显示学生成绩表"，再次单击该按钮则又会将"学生成绩表单"重现出来。单击"学生档案表单"中的"关闭表单集"按钮，将同时关闭这两个表单。

图 8-44 表单集的运行界面

设计步骤如下：

（1）创建表单集。

新建表单 Form1，选择"表单"菜单中的"创建表单集"命令，创建表单集 Formset1，并为表单集添加一个表单 Form2，使得表单集中包含有两个表单。

（2）将两个数据表"学生档案"和"成绩表"添加到数据环境中，并在数据环境中以"学生档案"表为父表，以"学号"为关键字建立两表间的关联关系。

（3）对 Form1 进行设计。

1）将 Form1 的 Caption 属性设置为"学生档案表单"。

2）将数据环境中的"学生档案"表拖放到 Form1 上。

3）添加两个命令按钮 Command1 和 Command2，并将它们的 Caption 属性分别设置为"隐藏学生成绩表"和"关闭表单集"。

（4）对 Form2 进行设计。

1）将 Form2 的 Caption 属性设置为“学生成绩表单”。

2）将数据环境中的“学生成绩表”拖放到 Form2 上。

3）添加一个命令按钮，并将其 Caption 属性设置为“隐藏学生档案表单”。

（5）编写程序代码。

编写表单 Form1 中“隐藏学生成绩表”命令按钮 Command1 的 Click 事件代码：

```
if this.caption="隐藏学生成绩表"
        this.caption="显示学生成绩表"
        thisformset.form2.visible=.f.
else
        this.caption="隐藏学生成绩表"
        thisformset.form2.visible=.t.
endif
```

编写表单 Form1 中“关闭表单集”命令按钮 Command2 的 Click 事件代码：

```
thisformset.release
```

编写表单 Form2 中“隐藏学生档案表单”命令按钮 Command1 的 Click 事件代码：

```
if this.caption="隐藏学生档案表单"
        this.caption="显示学生档案表单"
        thisform.parent.form1.visible=.f.
else
        this.caption="隐藏学生档案表单"
        thisform.parent.form1.visible=.t.
endif
```

习题 8

一、单项选择题

1．要使表单中某个控件不可用，可将该控件的（　　）属性设为.F.。

A）Caption　　B）Name　　C）Visible　　D）Enabled

2．Caption 是对象的（　　）属性。

A）标题　　B）名称

C）背景是否透明　　D）字体尺寸

3．在表单文件中，Init 是指（　　）时触发的基本事件。

A）当创建表单　　B）从内存中释放对象

C）当表单装入内存　　D）当用户双击对象

4．在表单运行时，如复选框变为不可用，其 Value 属性值为（　　）。

A）1　　B）0

C）2 或.NULL.　　D）不确定

5. 下列关于属性、事件和方法的叙述中，错误的是（　　）。

A）属性用于描述对象的状态，方法用于表示对象的行为

B）基于同一个类产生的两个对象可以分别设置自己的属性值

C）事件代码也可以像方法一样被显式调用

D）在新建一个表单时，可以添加新的属性、方法和事件

6. 假定一个表单里有一个文本框 Text1 和一个命令按钮组 Commandgroup1，命令按钮组是一个容器对象，其中包含两个按钮 Command1 和 Command2。如果要在 Command1 命令按钮的某个方法中访问文本框的 Value 属性值，下面语句正确的是（　　）。

A）This.ThisForm.Text1.Value　　B）This.Parent.Parent.Text1.Value

C）Parent.Parent.Text1.Value　　D）This.Parent.Text1.Value

7. 下面关于数据环境和数据环境中两个表之间关系的叙述中，正确的是（　　）。

A）数据环境是对象，关系不是对象

B）数据环境不是对象，关系是对象

C）数据环境是对象，关系是数据环境中的对象

D）数据环境和关系都不是对象

8. 下面关于列表框和组合框的叙述中，正确的是（　　）。

A）列表框和组合框都可以设置成多重选择

B）列表框可以设置成多重选择，组合框不能

C）组合框可以设置成多重选择，列表框不能

D）列表框和组合框都不能设置成多重选择

二、应用题

1. 某班集体购买课外读物，要求在文本框中输入 3 种书的单价、购买数量，编写程序计算并输出所用的总金额。

2. 设计一个计时器，能够设置倒计时的时间，并进行倒计时。

3. 设计一个表单，根据用户输入的考试成绩，按表 8-28 所示的划分标准，输出相应的等级。

表 8-28　分数与等级对照表

分数	等级
90～100	优秀
80～89	良好
70～79	中等
60～69	及格
＜60	不及格

4．输入圆的半径，利用选项按钮选择运算计算面积和计算周长。

5．设计一个电费计费程序，表单窗口如图 8-45 所示，要求在输入电费单价后，只要输入两个抄表数，单击“计算”按钮就可自动计算出应付金额。

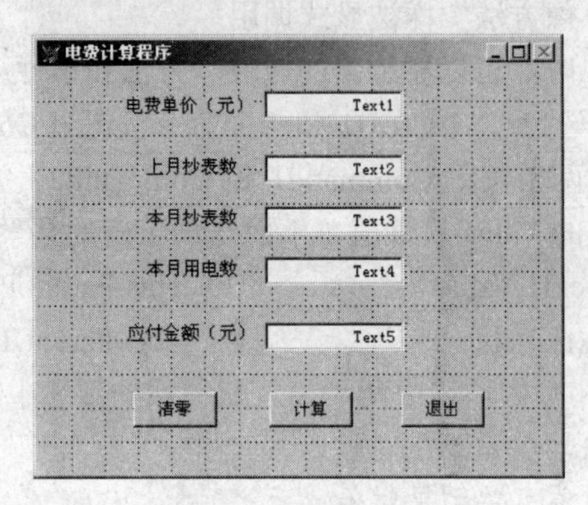

图 8-45　电费计算

6．求斐波那契数列的前 20 项，并将其在列表框中显示出来。其中数列前几项如下：

1，1，2，3，5，8，13，……

9 项目管理器

在 Visual FoxPro 中，项目是一个扩展名为.pjx 的文件。当用户打开一个项目文件时，它将以对话框的形式展现在用户面前，这个对话框就是“项目管理器”。项目管理器为系统开发者提供了一个工作平台，将一个应用程序涉及的所有文件有机地组合到一起，通过“项目管理器”对话框右边的命令按钮就可以对各种文件进行操作，还可以将应用系统编译成一个可独立运行的.app 或.exe 文件。

项目管理器将用户在开发过程中所使用的数据库、查询、表单、报表、类库以及程序等集中在一起，并为用户提供了一个精心组织的分层结构图，是用户开发程序的控制中心。

9.1 项目文件的创建与打开

9.1.1 创建项目文件

创建项目文件与创建其他文件的方法类似，操作步骤如下：

（1）在“文件”菜单中选择“新建”命令，弹出“新建”对话框。

（2）在对话框中选择“项目”命令，然后单击“新建文件”按钮。此时系统打开“创建”对话框。

（3）在“创建”对话框的“项目文件”文本框中，输入项目文件名。在“保存在”下拉列表框中选择保存项目文件的路径，例如“D:\学生信息管理系统”。

（4）单击“保存”按钮，可以看到“项目管理器”对话框，如图 9-1 所示。

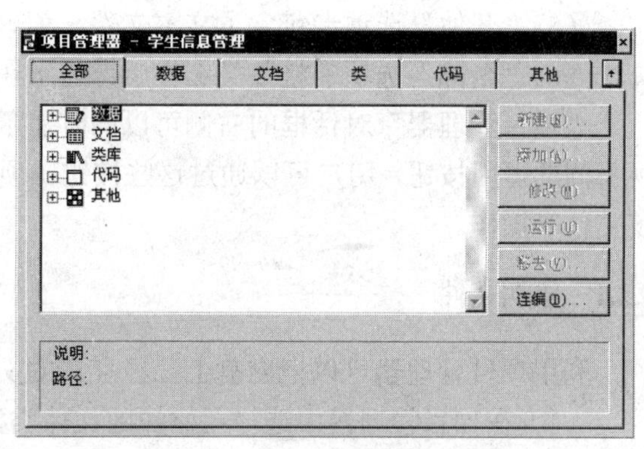

图 9-1 “项目管理器”对话框

9.1.2 项目文件的打开与关闭

打开项目文件与打开其他文件的方法类似，操作步骤如下：

（1）在“文件”菜单中选择“打开”命令，弹出“打开”对话框。

（2）在“查找范围”中显示了当前默认的文件保存位置，其下的列表框中显示了此位置中所包含的文件。

（3）在“文件类型”中选择“项目”命令。

（4）在“打开”对话框中选择项目文件的名称，单击“确定”按钮。

若要关闭项目管理器，可以在“文件”菜单中选择“关闭”命令或单击“项目管理器”对话框右上角的“关闭”按钮☒。

未包含任何文件的项目称为空项目。当关闭对应的“项目管理器”对话框时，系统将在屏幕上显示提示框，若单击提示框中的“保存”按钮，系统将保存该空项目文件；若单击提示框中的“删除”按钮，系统将从磁盘上删除该空项目文件。

9.2 项目管理器的基本操作

项目管理器有数据、文档、类、代码、其他和全部 6 个选项卡，用于分别显示不同类型的文件。

（1）“数据”选项卡包含了一个项目中的所有数据：数据库、自由表、查询和视图。

（2）“文档”选项卡包含了处理数据时所用的文件：输入和查看数据时所用的表单文件、打印表和从表中查询到结果时所用的报表文件和标签文件。

（3）“类”选项卡包含了可以创建控件对象的类文件。

（4）“代码”选项卡包含了可以实现特殊功能的模块程序：程序文件、函数库文件、应用程序文件。

（5）“其他”选项卡包含了文本文件、菜单文件、位图文件、图标文件。

（6）“全部”选项卡将各类文件全部显示在窗口中。

“项目管理器”对话框的右侧可以同时显示 6 个按钮，根据所选文件类型的不同，将出现不同的可用按钮，用户可以通过这些按钮在项目中进行创建、添加、修改、移去、运行和浏览文件等操作。

9.2.1 添加文件

利用项目管理器可以把磁盘上已经存在的文件添加到项目文件中，具体步骤如下：

（1）在项目管理器中选择要添加的文件类型。例如，要添加一个表单到项目文件中，则应在项目管理器的“文档”选项卡中选择“表单”选项，如图 9-2 所示。

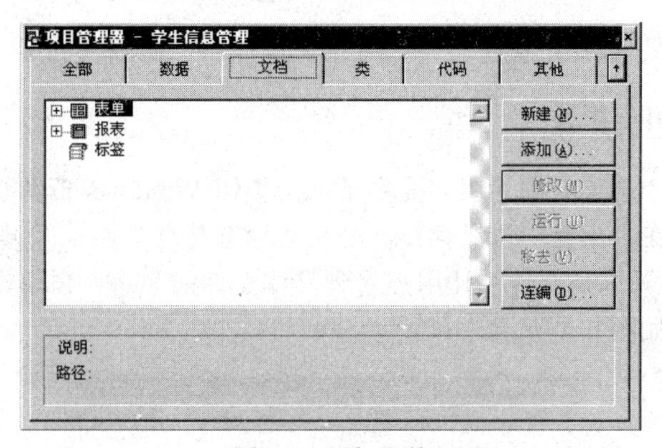

图 9-2 添加文件

（2）单击对话框右侧的“添加”按钮或在“项目”菜单中选择“添加文件”命令，系统自动弹出“打开”对话框，在对话框中选择要添加的文件。

（3）单击“打开”对话框中的“确定”按钮，即可将所选择的文件添加到项目管理器中。

9.2.2 创建新文件

需要注意的是，通过执行“菜单”→“文件”→“新建”命令创建的文件不属于任何项目文件。只有打开项目管理器后，单击对话框右侧的“新建”按钮或在“项目”菜单中选择“新建文件”命令创建的文件才会自动包含在对应的项目文件中。例如，要创建一个数据库文件，应该在项目管理器的“数据”选项卡中选择“数据库”选项。具体步骤如下：

（1）在项目管理器中选择要创建新文件的类型。

（2）单击对话框右侧的“新建”按钮或在“项目”菜单中选择“新建文件”命令，系统弹出“新建数据库”对话框，如图 9-3 所示。单击“新建数据库”按钮，打开“创建”对话框。

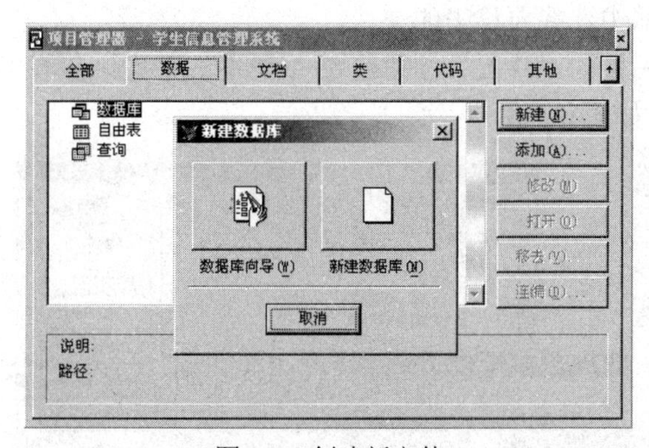

图 9-3 创建新文件

（3）在“创建”对话框中设置文件的存储路径，例如“D:\学生信息管理系统”，并输入数据库名和文本名。

（4）单击“保存”按钮，即可打开“数据库设计器”窗口以创建一个新的数据库文件。

9.2.3 文件列表的展开与折叠

项目管理器的每个选项卡都为用户提供了一个类似 Windows 资源管理器的分层结构图，如果某种类型的文件在本项目中已经存在，则在其标志前有个加号“⊞”。单击它，加号会变成减号“⊟”，同时展开这类文件，让用户看到具体文件的名字；再单击，减号会变成加号，同时折叠文件列表，如图 9-4 所示。

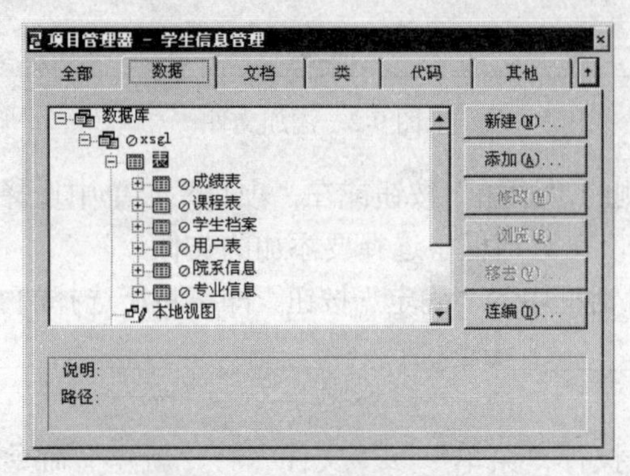

图 9-4 文件列表的展开与折叠

例如，要展开数据库文件，则应在项目管理器的“数据”选项卡中，单击“数据库”选项前面的加号。

9.2.4 移去文件

如果不再需要项目中包含的文件，可以将它从项目中移去。具体操作步骤如下：

（1）在项目管理器中选择要移去的文件。

（2）单击对话框右侧的“移去”按钮或在“项目”菜单中选择“移去文件”命令，系统自动弹出一个提示框，如图 9-5 所示。

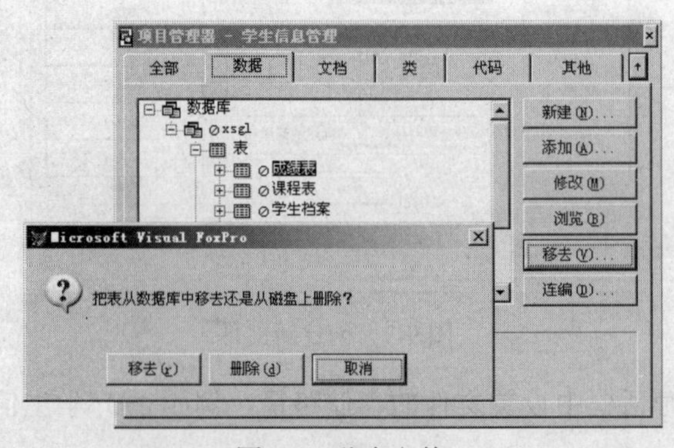

图 9-5 移去文件

（3）用户若在提示框中单击“移去”按钮，系统仅从项目中移去所选择的文件，被移去的文件仍保留在原位置。用户若在提示框中单击“删除”按钮，系统不但从项目中移去所选择的文件，而且还将文件从磁盘中删除。

例如，要移去数据库 xsgl 中的“成绩表”，应在项目管理器的“数据”选项卡中展开文件列表，直到“成绩表”文件显示在屏幕上，选择它后单击对话框右侧的“移去”按钮。在弹出的系统提示框中，单击“移去”按钮即可完成。

9.2.5　修改文件

可以在项目管理器中对文件进行修改，具体操作步骤如下：

（1）在项目管理器中选择要修改的文件。

（2）单击对话框右侧的“修改”按钮或在“项目”菜单中选择“修改文件”命令，系统将根据要修改文件的类型，打开相应的窗口显示其内容以供修改。

（3）完成修改工作后，关闭其窗口回到项目管理器。

9.2.6　浏览项目中的表

当用户在项目管理器中选择的操作对象为数据库中的表或自由表时，可以随时浏览其中的数据，具体操作步骤如下：

（1）在项目管理器中选择要浏览的表。

（2）单击对话框右侧的“浏览”按钮，系统将打开浏览窗口显示选中的表文件内容。

（3）在浏览窗口，用户可通过执行菜单项“表”中的命令选项对表进行操作。操作后关闭浏览窗口，回到项目管理器，如图 9-6 所示。

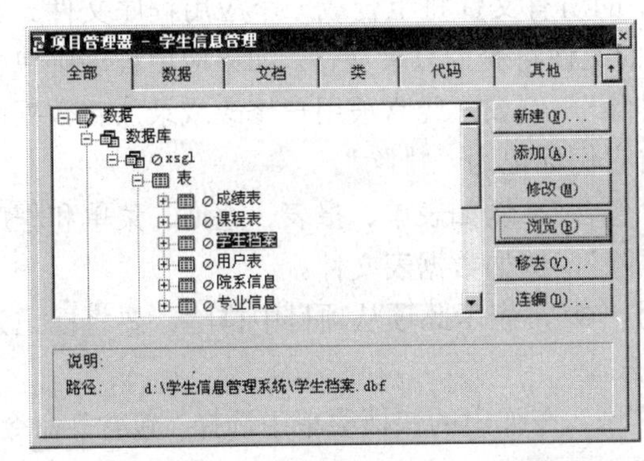

学生档案

学号	姓名	性别	出生年月	团员否	籍贯
08010401001	李红丽	女	08/06/91	F	黑龙江哈尔滨
08010401002	王晓刚	男	06/05/90	F	河北石家庄
08010402001	李刚	男	03/12/90	F	浙江杭州
08010201001	王心玲	女	05/06/89	T	河南南阳
08010201002	李力	男	03/05/91	T	河南平项山
08080301001	王小红	男	09/02/90	T	陕西西安
08080301002	杨晶晶	男	09/04/90	T	山东枣庄
08080302001	王虹虹	女	05/09/91	F	湖北黄石
08010202002	王明	男	12/09/91	F	广西柳州
08010202003	张建明	男	11/12/91	T	河北石家庄
08010202004	李红玲	女	09/08/90	T	山东曲阜
08010102001	李国志	男	02/28/89	F	山西运城
08010102002	赵明超	男	06/01/92	F	湖北武汉
08010102003	赵艳玲	女	07/03/91	T	湖北武汉
08010101002	徐英平	男	10/30/89	T	北京市
08010201003	王国栋	男	03/16/90	T	河南郑州

图 9-6　浏览数据内容

例如，要浏览数据库 xsgl 中的“学生档案”数据，则应在项目管理器的“数据”选项卡中选择“学生档案”文件，单击“浏览”按钮，系统会弹出学生档案的浏览窗口。

9.2.7 运行文件

当用户在项目管理器中选择的操作对象为程序、表单或查询文件时，可以随时查看运行的结果，具体操作步骤如下：

（1）在项目管理器中选择要运行的文件。

（2）单击窗口右侧的“运行”按钮，即可以看到运行的结果。例如，要运行一个程序文件，则应在项目管理器的“代码”选项卡中展开文件列表，选择该文件，单击“运行”按钮。用户即可在主窗口上看到运行结果。

9.2.8 项目间共享文件

在 Visual FoxPro 中添加一个文件到项目后，只表示该文件与项目建立了一种联系，用户可以继续将该文件添加到另一个项目中，实现项目之间文件的共享。如果修改的文件同时包含在几个项目中，修改的结果将同时在相应的项目中有效。

9.3 创建用户的应用系统

在 Visual FoxPro 中开发一个数据库应用系统时，当设计的应用系统组件（如数据库、表单、报表、菜单等）在项目管理器中组织好后，要连编成一个完整的应用程序，最终编译成一个应用文件（.app）或可执行文件（.exe），但是在连编和编译之前，要进行文件的包含与排除设置、确定主文件等工作。

9.3.1 项目中文件的包含与排除

将一个项目连编成一个应用程序时，项目中的所有文件将组合成一个应用程序文件。在项目被连编之后，那些在项目中标记为“包含”的文件将变为只读文件。如果应用程序中包含的文件允许用户修改，必须将该文件标记为“排除”。例如：经常被用户修改或录入新数据的数据文件，将这些文件添加到项目中时，必须将它们标记为“排除”。

通常将所有不需要用户更新的文件标记为“包含”，例如表单、报表、查询、菜单和程序文件。而将所有允许用户更新的文件标记为“排除”，例如数据表文件。

刚添加到项目中的文件左侧有一个排除符号“⊘”，表示此项从项目中排除。要将标记为“排除”的文件设置为“包含”，有以下 3 种方法：

（1）在项目管理器中，首先选定该文件并右击，在弹出的快捷菜单中选择“包含”命令，如图 9-7 所示。

（2）在项目管理器中，首先选定该文件，然后在“项目”菜单中选择“包含”命令。

（3）打开对应的项目管理器，在“项目”菜单中选择“项目信息”命令，在弹出的“项目信息”对话框中选择“文件”选项卡，选定文件，单击“包含”栏的标记，即可完成设置。

“☒”表示包含，“☐”表示排除，如图 9-8 所示。

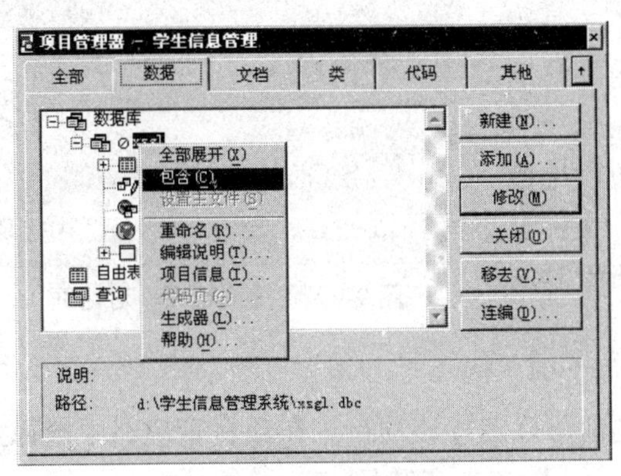

图 9-7　在快捷菜单中设置包含

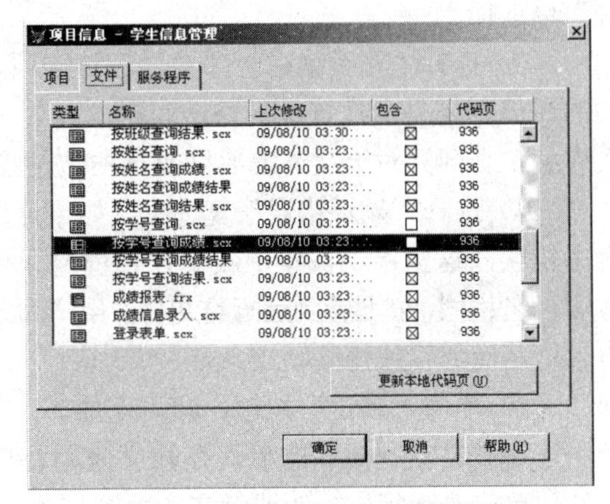

图 9-8　在项目信息中设置为包含

项目中的文件左侧没有排除符号“⊘”，表示此文件为包含。要将标记为“包含”的文件设置为“排除”，方法与“包含”类似：在项目管理器中，首先选定该文件并右击，在弹出的快捷菜单中选择“排除”命令。

9.3.2　设置主文件

主文件是整个应用程序的入口，应用程序必须包含一个主文件，且只能有一个主文件，在 Visual FoxPro 中，程序文件、菜单、表单或查询都可以作为主文件，当用户运行应用程序时，将首先启动主文件，然后由主文件中的命令，再依次调用所需要的应用程序及其他组件。

通常情况下，最好为应用程序专门建立一个主文件，在主文件中包括初始化环境命令、显示初始的用户界面、控制事件循环、退出时恢复环境命令等。被设置为主文件的项，在项目管理器中将以黑体显示它的名字。设置主文件的方法如下：在项目管理器中选定该文件并右击，在弹出的快捷菜单中选择“设置主文件”命令。

由于一个应用程序只有一个入口，所以主文件是唯一的，当重新设置主文件时，原来的设置便自动解除。项目管理器将应用程序的主文件自动设置为“包含”状态。

9.3.3　连编项目

1. 连编

连编项目就是将所有在项目中引用的文件，除了那些标记为排除的文件外，合成为一个应用程序文件。最后将应用程序、数据文件以及被标记为“排除”的文件一起交付最终用户使用。在项目管理器中进行项目连编的方法如下：

（1）在项目管理器中选择主文件，单击项目管理器右侧的“连编”按钮，弹出“连编选项”对话框，如图 9-9 所示。

（2）在“连编选项”对话框中，选择“重新连编项目”单选项。

（3）选择“重新编译全部文件”复选项，不论是添加的新组件还是上次连编后修改过的文件，都将参与这次连编；否则只对上次连编后修改过的文件连编。

（4）选择“显示错误”复选框，如果连编过程中检查出错误，这些错误被集中收集在当前目录中，文件名与项目名相同，扩展名为.err 的文件。用户可以查看它的内容，从而纠正或排除错误。

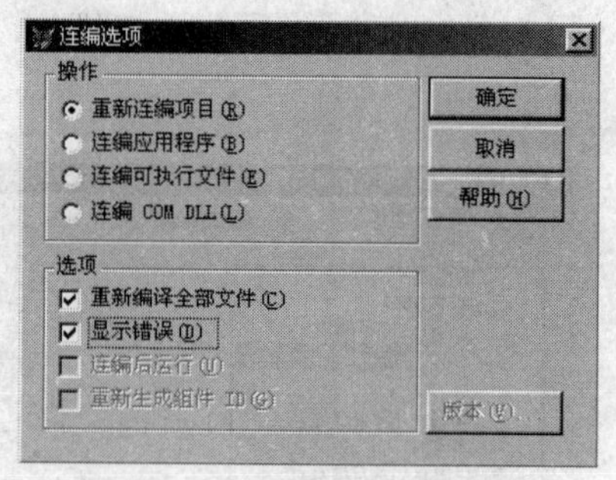

图 9-9 “连编选项”对话框

（5）单击“确定”按钮，即可完成。

连编项目获得成功之后，在建立应用程序之前可以运行该项目。在项目管理器中选择主文件，单击“运行”按钮或者在命令窗口执行命令：Do <主文件名>。

说明：

1）如果在项目中添加了新组件或连编过程中发生了错误，用户必须立即纠正或排除错误，之后反复进行“重新连编项目”，直至连编成功。

2）在命令窗口执行“Build Project <项目名>”命令，也可以完成连编项目操作。

2. 生成应用程序和可执行文件

连编项目通过并能正确运行之后，就可以最终连编成一个应用程序文件了。有两种形式的应用程序文件：一种是扩展名为.app 的应用程序文件，需要在 Visual FoxPro 环境中运行；另一种是扩展名为.exe 的可执行文件，可以在 Windows 下运行，但需要和专业版 Visual FoxPro 中的两个动态链接库 Vfp6r.dll 和 Vfp6enu.dll 连接。在项目管理器中生成应用程序和可执行文件的方法如下：

（1）在项目管理器中，单击项目管理器的“连编”按钮，弹出“连编选项”对话框。

（2）在“连编选项”对话框中，选择“连编应用程序”单选项，则生成一个扩展名为.app 的应用程序文件；若选择“连编可执行文件”单选项，则生成一个扩展名为.exe 的可执行文件。

（3）单击“确定”按钮，即可完成相应的操作。

当为项目建立了一个最终的应用程序文件之后，就可以运行它了。运行.app 文件，需要在 Visual FoxPro 环境中，在“程序”菜单中选择“运行”命令，然后选择要执行的文件。或者在命令窗口中执行“Do <应用程序名>”。运行.exe 文件除了可以像运行.app 文件一样进行外，还可以在 Windows 中双击.exe 文件的图标运行。

说明：

1）在命令窗口中执行：Build app <应用程序名> From <项目名> 或 Build exe <可执行文件名> From <项目名> 也可以完成连编应用程序的操作。

2）在“连编选项”对话框中选择“连编 COM DLL”单选项，则生成一个扩展名为.dll 的基于项目中类信息创建的动态链接库。

习题9

单项选择题

1. 项目管理器的“数据”选项卡用于显示和管理（　　）。
   A）数据库、自由表、临时表　　B）数据库、自由表、报表、标签
   C）表单、报表、标签　　D）数据库、自由表、查询、视图
2. 项目管理器的“文档”选项卡用于显示和管理（　　）。
   A）数据库、自由表、临时表　　B）数据库、自由表、报表、标签
   C）表单、报表、标签　　D）数据库、自由表、查询、视图
3. 扩展名为.prg的程序文件在项目管理器的（　　）选项卡中显示。
   A）“数据”　　B）“文档”　　C）“代码”　　D）“其他”
4. 扩展名为.mnx的菜单文件在项目管理器的（　　）选项卡中显示。
   A）“数据”　　B）“文档”　　C）“代码”　　D）“其他”
5. 项目文件的扩展名为（　　）。
   A）.pjx　　B）.app　　C）.dll　　D）.exe
6. 应用程序文件的扩展名为（　　）。
   A）.pjx　　B）.app　　C）.dll　　D）.exe
7. 可执行文件的扩展名为（　　）。
   A）.pjx　　B）.app　　C）.dll　　D）.exe
8. 在项目连编为应用程序文件后，被标记为（　　）的文件，允许用户修改。
   A）包含　　B）主文件　　C）只读　　D）排除
9. 下面说法中正确的是（　　）。
   A）.prg文件只能在Visual FoxPro的命令窗口用Do命令调用
   B）.app文件可以在Visual FoxPro和Windows环境中运行
   C）.app文件只能在Visual FoxPro环境中运行
   D）.app文件只能在Windows环境中运行
10. 连编应用程序不能生成的文件是（　　）。
   A）.pjx　　B）.app　　C）.dll　　D）.exe

10

报表和标签

在开发应用系统时，输出数据最常用的形式就是各种报表和标签，它为显示并总结数据提供了灵活的方法。所以设计报表和标签是一项很重要的技术。

报表和标签由两部分组成：数据源和数据布局。数据源指定了报表和标签中数据的来源，它可以来自数据库中的表、自由表、视图、查询等。数据布局指定了报表和标签中各个数据的输出位置（外观）和打印格式。报表和标签从数据源中提取数据，并按照布局定义的位置和格式输出数据。

10.1 创建报表

创建报表就是根据报表的数据源和用户需求来设计报表的布局。在 Visual FoxPro 中，提供了 3 种创建报表的方法：使用“报表向导”创建报表、使用“快速报表”创建简单规范的报表、使用“报表设计器”创建自定义的报表。

10.1.1 报表向导

用户可以通过报表向导来创建一个报表，使用报表向导的条件是：首先要打开报表的数据源。报表向导将向用户提出一系列的问题，并根据用户的回答创建报表。启动报表向导有以下 4 种方法：

（1）在项目管理器的“文档”选项卡中，选择“报表”命令后，单击窗口右侧的“新建”按钮，在弹出的“新建报表”对话框中单击“报表向导”按钮即可，如图 10-1（a）所示。

（2）在“文件”菜单中选择“新建”命令，在打开的“新建”对话框中，选择要创建的文件类型为“报表”，单击对话框右侧的“向导”按钮即可。

（3）在“工具”菜单中选择“向导”命令，在出现的子菜单中选择“报表”即可，如图

10-1（b）所示。

（4）单击“常用”工具栏上的“报表向导”按钮即可，如图 10-1（c）所示。

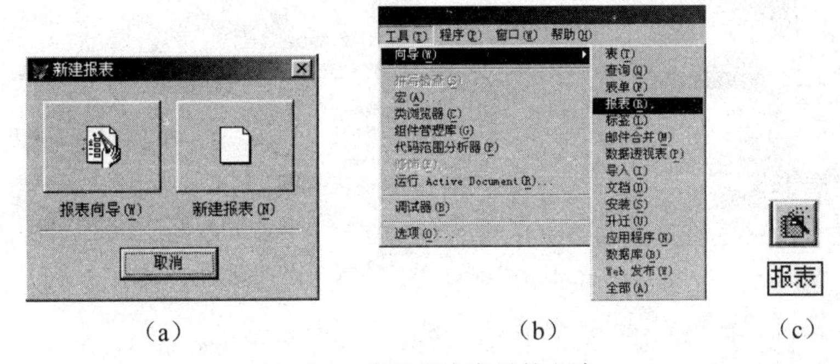

（a）　　（b）　　（c）

图 10-1　启动报表向导的方法

【例 10-1】依据“学生档案.dbf”中的数据创建报表。

操作步骤如下：

（1）在项目管理器的“数据”选项卡中，选择数据库表“学生档案.dbf”，以该数据库表作为报表的数据源。

（2）在“文档”选项卡中选择“报表”命令后，单击窗口右侧的“新建”按钮，在弹出的“新建报表”对话框中单击“报表向导”按钮，如图 10-2 所示。

（3）系统弹出“向导选取”对话框，如图 10-3 所示。如果数据源是一个表，则应该在对话框中选择“报表向导”命令；如果数据源包括父表和子表，则应该选择“一对多报表向导”命令。本例选择“报表向导”命令，即一对一报表向导。

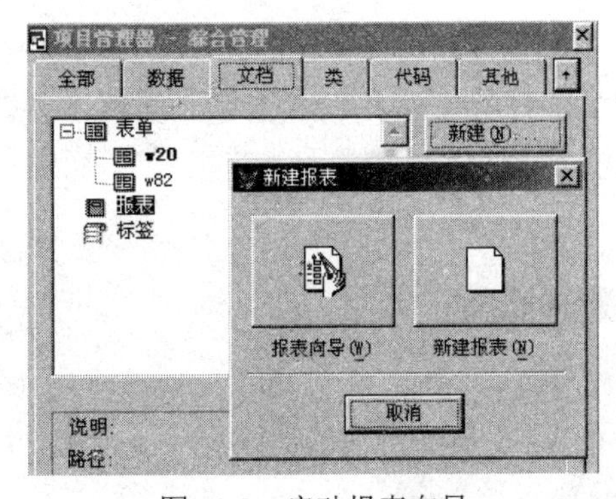

图 10-2　启动报表向导

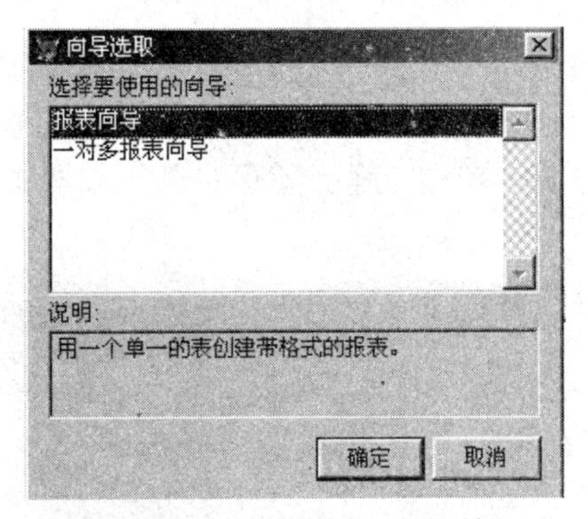

图 10-3　“向导选取”对话框

（4）单击“确定”按钮，系统进入报表向导的“步骤 1-字段选取”对话框，“可用字段”列表框中将自动出现数据库表“学生档案.dbf”的所有字段。选中字段名之后单击右箭头按钮▸，或者直接双击字段名，该字段就移动到“选定字段”列表框中。单击双箭头按钮▸▸，则全部移动。此例选定了除备注型字段“简历”之外的所有字段，如图 10-4 所示。

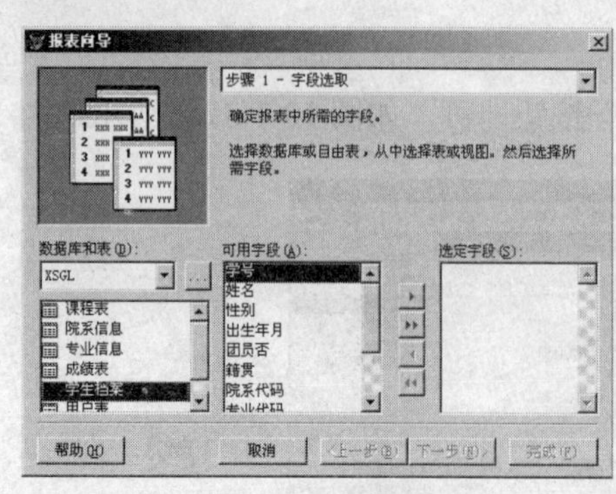

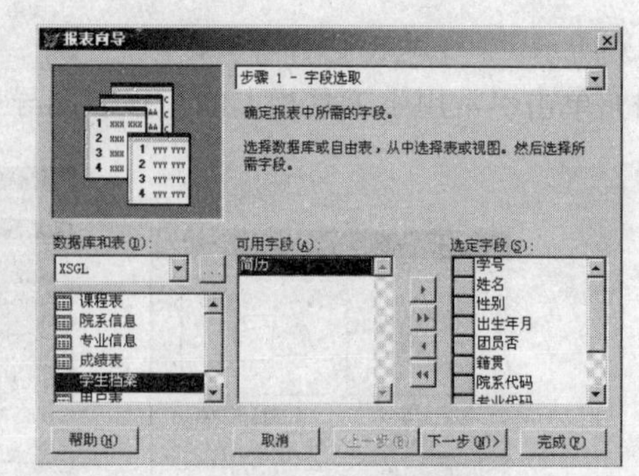

图 10-4 “步骤 1-字段选取”对话框

（5）单击“下一步”按钮，系统进入“步骤 2-分组记录”对话框。此步骤用来确定数据的分组方式，本例中选择“性别”作为分组依据，如图 10-5 所示。

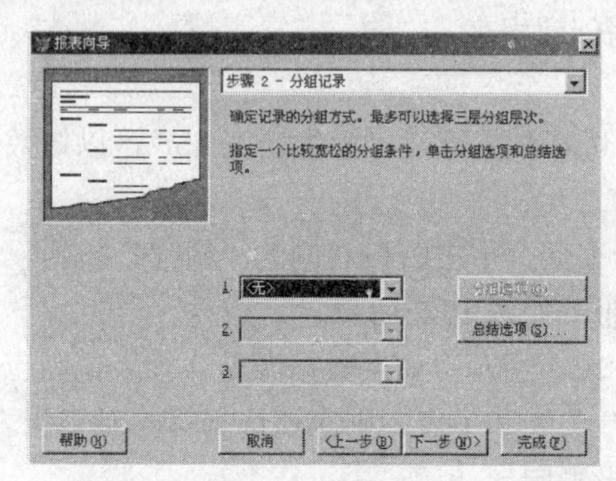

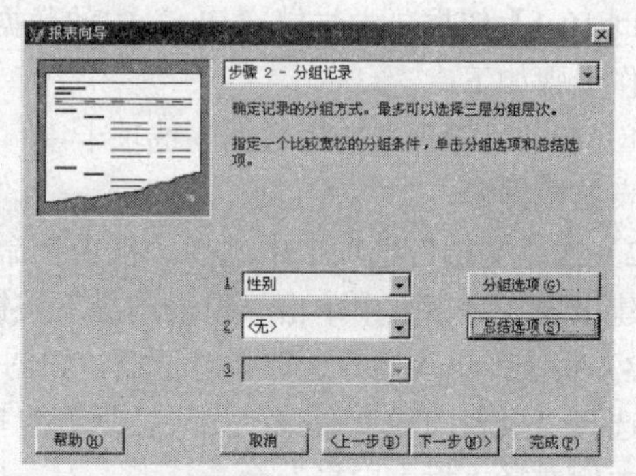

图 10-5 “步骤 2-分组记录”对话框

注意：只有按照分组字段建立索引之后才能正确分组。

（6）单击“下一步”按钮，系统进入“步骤 3-选择报表样式”对话框，当单击任何一种样式时，在左上角预览区中将更新成该样式的示例图片，本例中选择“简报式”，如图 10-6 所示。

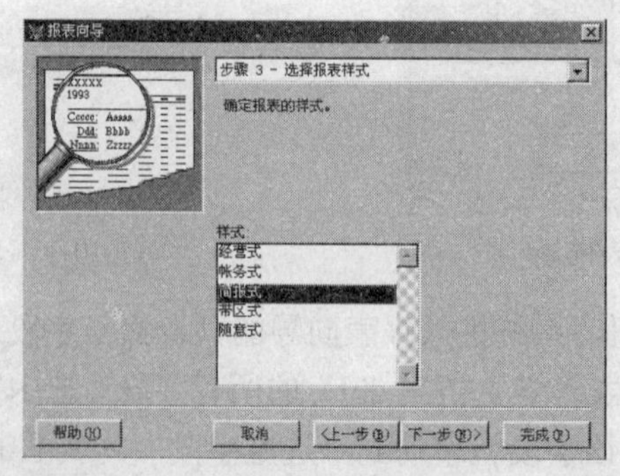

图 10-6 “步骤 3-选择报表样式”对话框

（7）单击“下一步”按钮，系统进入“步骤 4-定义报表布局”对话框，可以选择纵向、单列的报表布局，也可以选择纵向、2 列的报表布局等。如果在“分组记录”对话框中选择了分组依据字段，则本对话框中的“字段布局”、“列数”选项将不可用。此处使用默认值，如图 10-7 所示。

（8）单击“下一步”按钮，系统进入“步骤 5-排序记录”对话框，此步骤用来确定记录在报表中出现的顺序，排序依据的字段必须已经建立索引，本例中选择“学号”，当然也可以不进行选择，按原始顺序显示，如图 10-8 所示。

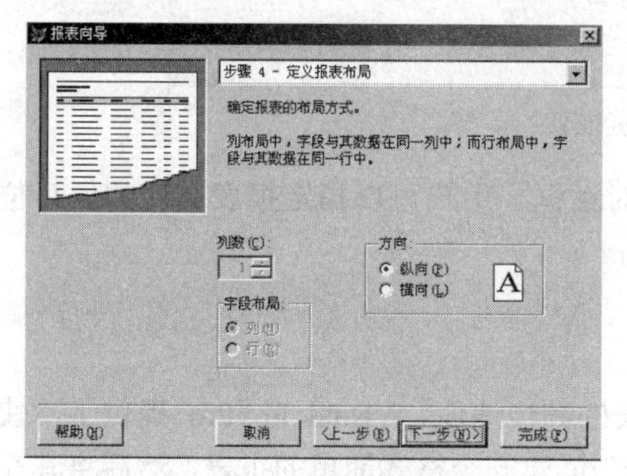

图 10-7　“步骤 4-定义报表布局”对话框

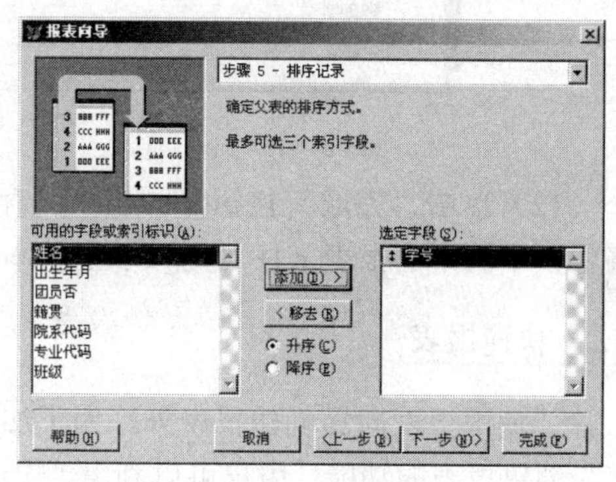

图 10-8　“步骤 5-排序记录”对话框

（9）单击“下一步”按钮，系统进入“步骤 6-完成”对话框，在“报表标题”文本框中输入“学生档案信息报表”，如图 10-9 所示。

图 10-9　“步骤 6-完成”对话框

（10）在“完成”对话框中，可以选择“保存报表以备将来使用”、“保存报表并在‘报表设计器’中修改报表”、“保存并打印报表”等选项。

（11）单击“预览”按钮，可以在屏幕上浏览生成的报表内容，如图 10-10 所示。如果对设计的报表不满意，可以单击对话框中的“上一步”按钮进行再设计。

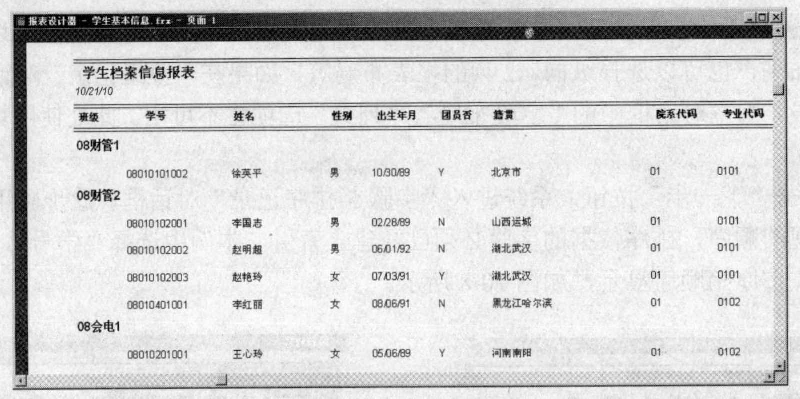

图 10-10 预览报表

（12）单击“完成”按钮，弹出“另存为”对话框，用户可以指定报表文件的保存位置和名称，本例中的报表文件名为“学生基本信息.frx”。

10.1.2 快速报表

除了使用报表向导创建报表外，为了加快报表的制作速度，Visual FoxPro 提供了“快速报表”创建报表的功能。用户可以利用“快速报表”创建一个格式简单的报表，然后将其在报表设计器中加以修改，达到快速构造所需报表的目的。如果是初学设计报表的用户，可使用“快速报表”的功能创建报表。

利用“快速报表”创建报表的方法比较简单，下面通过一个例子加以说明。

【例 10-2】依据“学生档案.dbf”中的数据创建报表。

操作步骤如下：

（1）在项目管理器的“文档”选项卡中选择“报表”命令后，单击“新建”按钮。在弹出的“新建报表”对话框中单击“新建报表”按钮，打开“报表设计器”。

（2）在“报表”菜单中选择“快速报表”命令，在弹出的“打开”对话框中选择用于创建报表的数据库表文件“学生档案.dbf”，单击“确定”按钮，系统弹出“快速报表”对话框，如图 10-11 所示。

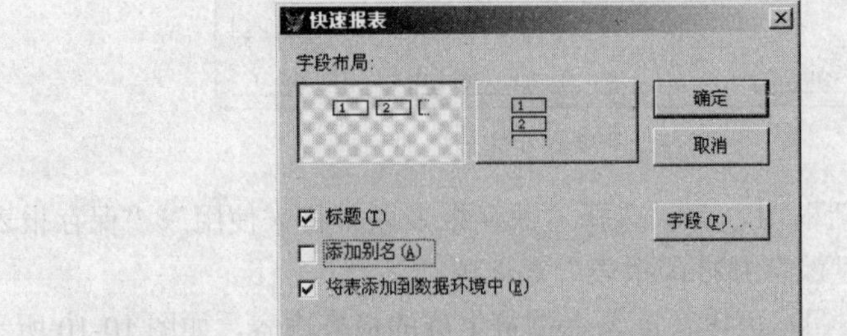

图 10-11 “快速报表”对话框

（3）在“快速报表”对话框中，“字段布局”栏分为行布局和列布局，这两种格式以按钮方式设计，单击某一个按钮就选择其中的一种格式。本例选择列布局。

（4）“标题”复选框是将字段名作为标题放置在相应的字段的上面（或左侧），本例选中此项。“添加别名”复选框将自动为当前报表中的字段添加该字段所属表的别名，本例不选此项。“将表添加到数据环境中”复选框是把打开的表文件添加到报表的数据环境中作为报表的数据源，本例选择此项。

（5）单击“字段”按钮，打开“字段选择器”对话框，为报表选择可用的字段。在默认情况下，选择表文件中除通用型字段以外的全部字段。本例选择默认情况。

（6）单击“确定”按钮，系统将以上设置的信息放置到“报表设计器”窗口中，如图 10-12 所示。

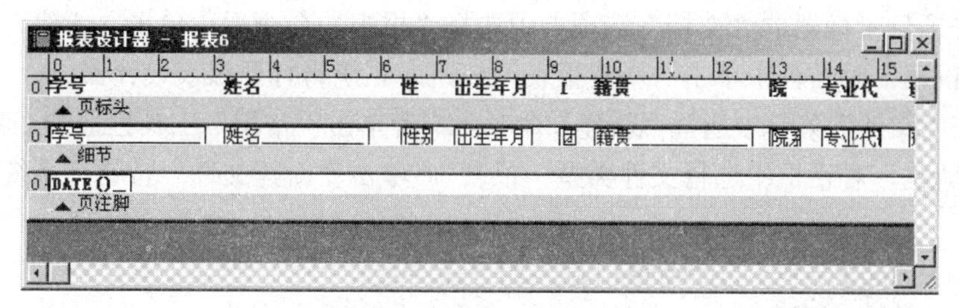

图 10-12 “报表设计器”窗口

（7）单击“常用”工具栏上的“打印预览”按钮，即可在屏幕上浏览所生成的报表内容，如图 10-13 所示。

图 10-13 “快速报表”创建的报表内容

（8）保存报表，报表文件名为“学生数据报表.frx”。

10.1.3 报表设计器

通常情况下，直接使用报表向导和快速报表创建的简单报表并不能满足用户要求，需要再使用报表设计器进行修改。用户也可以直接使用报表设计器创建报表，如图 10-14 所示。

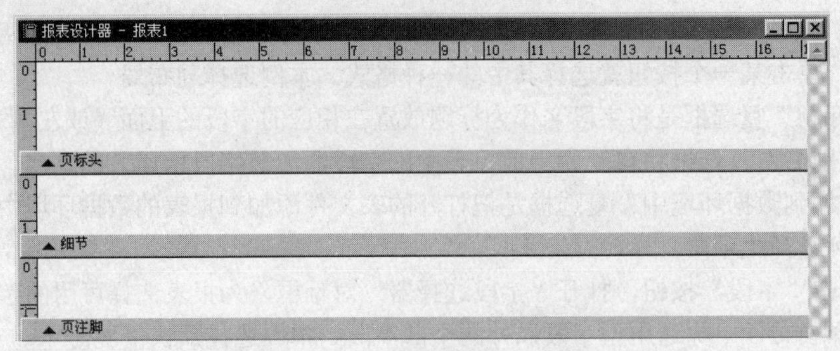

图 10-14 “报表设计器”窗口

打开“报表设计器”窗口有以下 3 种方法：

（1）在项目管理器的“文档”选项卡中选择“报表”命令后，单击“新建”按钮。在弹出的“新建报表”对话框中单击“新建报表”按钮，系统将打开报表设计器。

（2）在“文件”菜单中选择“新建”命令，或者单击“常用”工具栏上的“新建”按钮，在弹出的“新建”对话框中选择文件类型“报表”，单击“新建文件”按钮。系统将打开报表设计器。

（3）在 Visual FoxPro 的命令窗口输入如下命令：

```
Create Report <报表文件名>
```

与报表设计相关的工具栏有：“报表设计器”工具栏、“报表控件”工具栏、“调色板”工具栏、“布局”工具栏，如图 10-15 所示。

图 10-15 与报表设计有关的工具栏

1. “报表设计器”工具栏

当打开“报表设计器”窗口后，系统会自动在 Visual FoxPro 的主窗口中显示“报表设计器”工具栏。此工具栏从左到右各按钮的功能如下：

（1）“数据分组”按钮：显示“数据分组”对话框，从中可以创建数据分组并指定其属性。

（2）“数据环境”按钮：显示报表的“数据环境设计器”窗口。

（3）“报表控件工具栏”按钮：显示或隐藏“报表控件”工具栏。

（4）“调色板工具栏”按钮：显示或隐藏“调色板”工具栏。

（5）“布局工具栏”按钮：显示或隐藏“布局”工具栏。

2. “报表控件”工具栏

“报表控件”工具栏可以用来向报表中添加控件。此工具栏从左到右各按钮的功能如下：

（1）“选定对象”按钮：选取对象、移动或改变控件的大小。在创建一个控件后，系统自动选定该按钮。

（2）“标签”按钮：在报表上创建一个标签控件，用于显示不希望用户改变的文本。

（3）“域控件”按钮：在报表上创建一个域控件，用于显示字段、内存变量或表达式的内容。

（4）“线条”按钮：设计时用于在报表上绘制各种线条。

（5）“矩形”按钮：设计时用于在报表上绘制矩形。

（6）“圆角矩形”按钮：设计时用于在报表上绘制圆角矩形、椭圆或圆。

（7）“图片/ActiveX 绑定控件”按钮：设计时用于在报表上创建对应的控件，用于显示图片或通用型字段的内容。

（8）“按钮锁定”按钮：设计时用于在报表上创建多个同种类型的控件，而不需要反复单击对应控件的按钮。

3. “调色板”工具栏

使用“调色板”工具栏可以设置报表的前景色和背景色，也可以设置控件的前景色和背景色。此工具栏从左到右各按钮的功能如下：

（1）“前景色”按钮：设置控件的前景色。

（2）“背景色”按钮：设置控件的背景色。

（3）“色块”按钮：用于设置具体的颜色块。

（4）“其他颜色”按钮：显示“Windows 颜色”对话框，允许用户自己定制颜色作为前景色或背景色。

注意：选择要改变颜色的控件，在“调色板”工具栏中单击“前景色”按钮或“背景色”按钮，然后在需要的颜色上单击即可。

4. “布局”工具栏

用户可以通过“布局”工具栏来调整一组控件，使之水平对齐、垂直对齐、上对齐或下对齐，以及将这些控件调整到相同高度、相同宽度或相同大小。此工具栏从左到右各按钮的功能如下：

（1）“左边对齐”按钮：按左边界对齐选定的控件，当选定多个控件时才可用。

（2）“右边对齐”按钮：按右边界对齐选定的控件，当选定多个控件时才可用。

（3）“顶边对齐”按钮：按上边界对齐选定的控件，当选定多个控件时才可用。

（4）“底边对齐”按钮：按下边界对齐选定的控件，当选定多个控件时才可用。

（5）“垂直居中对齐”按钮：按照垂直轴线对齐选定的控件，当选定多个控件时才可用。

（6）“水平居中对齐”按钮：按照水平轴线对齐选定的控件，当选定多个控件时才可用。

（7）“相同宽度”按钮：把选定控件的宽度都调整到与最宽控件的宽度相同，当选定多个控件时才可用。

（8）“相同高度”按钮：把选定控件的高度都调整到与最高控件的高度相同，当选定多个控件时才可用。

（9）“相同大小”按钮：把选定控件的尺寸都调整到与最大控件的尺寸相同，当选定多个控件时才可用。

（10）“水平居中”按钮：按照报表中心的水平轴线对齐选定的控件。

（11）“垂直居中”按钮：按照报表中心的垂直轴线对齐选定的控件。

（12）“置前”按钮：把选定的控件放置到其他控件的前面。

（13）“置后”按钮：把选定的控件放置到其他控件的后面。

10.1.4 用报表设计器创建报表

用户在创建和修改报表时，都要关注报表的数据源和布局。无论用什么方法新建报表文件，或者打开保存的报表文件时，系统都会打开“报表设计器”窗口。用户在这个窗口中可以创建、修改和修饰报表文件。

1. 设置报表的数据源

在使用报表设计器创建报表时，需要指定数据源。如果一个报表一直使用同一个数据源，则可以把数据源添加到报表的数据环境中。当数据源中的数据发生变化后，使用报表文件打印出来的报表内容将反映数据源中的最新内容。

数据环境定义了报表使用的数据源，它与报表一起保存。当打开报表时，设置数据环境的“数据环境设计器”自动打开，从中可以看到报表使用的数据源。

【例 10-3】为报表添加数据源。

具体步骤如下：

（1）打开报表设计器。在“报表设计器”工具栏上单击“数据环境”按钮，或者选择“显示”菜单中的“数据环境”命令，或者在“报表设计器”窗口右击，在弹出的快捷菜单中选择“数据环境”命令，系统都会打开“数据环境设计器”窗口。

（2）打开数据环境设计器后，主菜单中将出现“数据环境”菜单，用户可以选择“数据环境”菜单中的“添加”命令，或者在“数据环境设计器”窗口右击，在弹出的快捷菜单中选择“添加”命令，系统都会自动打开“添加表或视图”对话框。

（3）在“添加表或视图”对话框中选择作为数据源的表或视图，本例选择“学生数据库”中的“学生档案”表和“成绩表”，如图 10-16 所示。

如果报表的数据源不固定，用户不要把数据源添加到报表的数据环境中，可以在使用报表时临时添加。

2. 设置报表的布局

设计报表的大部分工作是设置报表布局。默认情况下，在“报表设计器”窗口中显示 3 个带区：页标头、细节和页注脚。带区名称显示在带区下的分隔栏上。

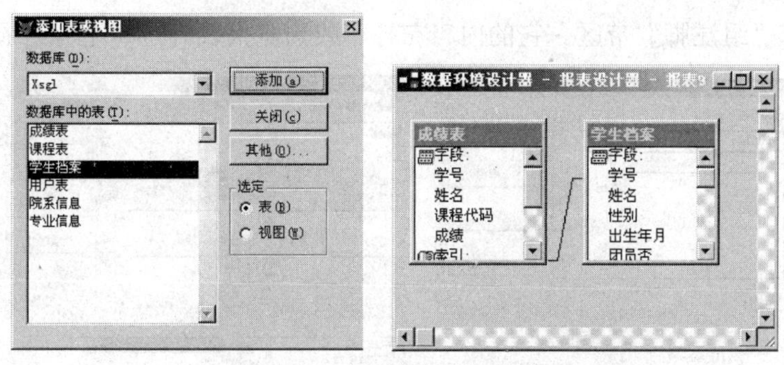

图 10-16　向报表中添加数据源

带区的作用是控制数据在页面上的打印位置。在打印或预览报表时，系统会以不同的方式处理各个带区的数据。用户可以在每个带区上放置一些报表控件。这 3 个基本带区的作用如下：

（1）页标头：系统将在每一页上打印一次该带区所包含的内容。

（2）细节：具体记录数据，每条记录打印一次。

（3）页注脚：包含出现在页面底部的一些信息，每个页面下面打印一次，如页码和日期等。

除了这 3 个基本带区外，用户可以根据需要为报表添加其他带区。具体的操作方法如下：

（1）添加“标题/总结”带区：选择“报表”菜单中的“标题/总结”命令，系统弹出“标题/总结”对话框，如图 10-17 所示。用户利用此对话框可以在报表设计器中增删标题带区或总结带区。

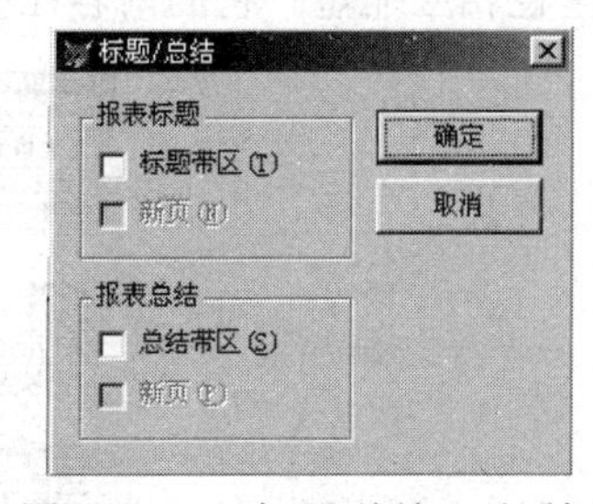

图 10-17　“标题/总结”对话框

对话框中各项的含义如下：

“标题带区”复选框：在报表中添加一个标题带区，系统会把标题带区放在报表的顶部，打印或预览报表时，只在开头出现一次。若希望标题内容单独打印一页，应选择对应区中的“新页”复选框。

“总结带区”复选框：在报表中添加一个总结带区，系统会把总结带区放在报表的尾部，打印或预览报表时，只出现在结尾处一次。若希望总结内容单独打印一页，应选择对应区中的“新页”复选框。

当选择了“标题带区”和“总结带区”复选框后，单击“确定”按钮，这时“报表设计器”窗口中就会增加“标题”和“总结”两个带区。

（2）“组标头”和“组注脚”带区：选择“报表”菜单中的“数据分组”命令，或者单击“报表设计器”工具栏上的“数据分组”按钮，系统弹出“数据分组”对话框，单击对话框中的 ... 按钮，系统弹出“表达式生成器”对话框，从中选择分组依据的表达式，例如“学生档案.班级”（表文件中必须依据此表达式建立索引）。如图 10-18 所示。在报表设计器中将添加“组标头”和“组注脚”带区。它的内容在打印或预览报表时，每个分组显示一次。

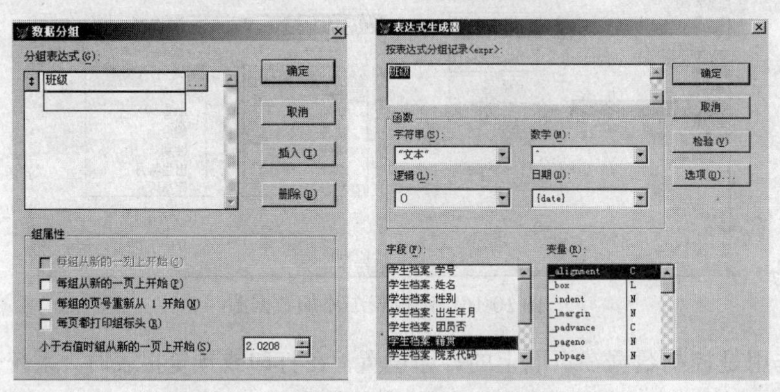

图 10-18　设置“组标头”和“组注脚”带区

（3）“列标头”和“列注脚”带区：如果要打印多栏报表，可以选择“文件”菜单中的“页面设置”命令，系统弹出“页面设置”对话框，在对话框的“列数”文本框中输入所需要的栏目数。为了在页面上真正打印出多个栏目的效果，需要把“打印顺序”设置为：从左到右，单击“确定”按钮即可。在报表设计器中将添加“列标头”和“列注脚”带区，同时“细节”带区也相应缩短。它的内容在打印或预览报表时，每列显示一次，如图 10-19 所示。

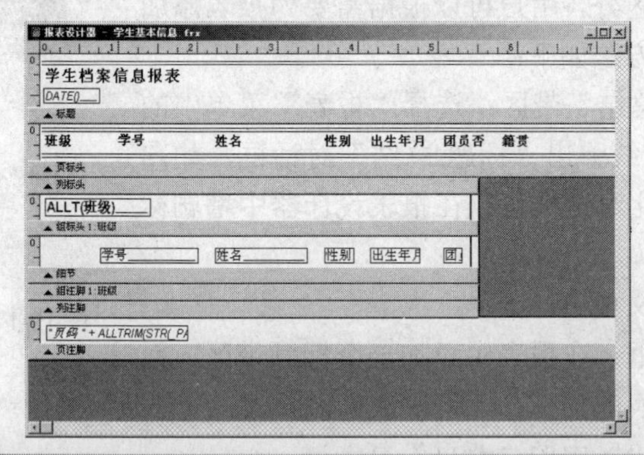

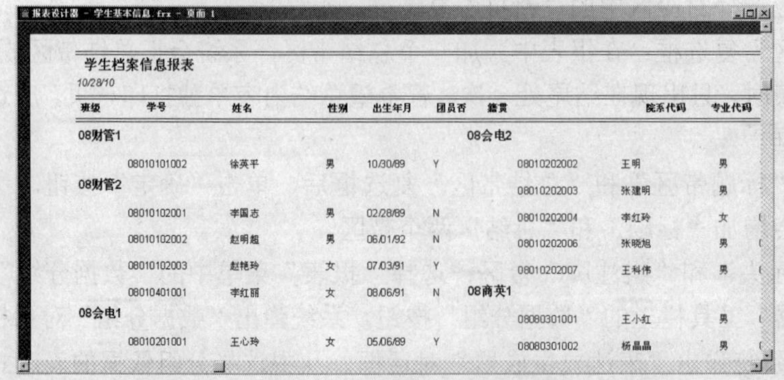

图 10-19　设置“列标头”和“列注脚”带区

3. 调整报表带区的高度

在“报表设计器”窗口中，可以通过左侧的标尺了解每个带区的当前高度，也可以修改每个带区的高度。有两种方法：一是把鼠标指针指向分隔栏，当指针变成双向箭头时，拖动鼠标可以改变相应带区的高度；二是双击某带区的分隔栏，系统将弹出相应的对话框，用户可以在对话框的“高度”文本框中输入具体数值，单击“确定”按钮，精确地设置报表带区的高度。

10.2 修饰报表

在报表设计器中，为报表增加的新带区是空白的，通过在报表中添加控件，可以设置所要打印的内容。另外设计报表的最终目的是要按照一定的格式输出符合要求的数据，那么，为确保报表能正确输出，在打印报表之前，需要进行页面设置、预览等修饰报表的工作。

10.2.1 添加报表控件

1. 添加标签控件

标签控件在报表中的使用是最常见的，说明性文字或标题文本就是使用标签控件来完成的。添加标签控件的操作很简单，只要在“报表控件”工具栏上单击“标签”按钮，在指定区单击，输入文字即可完成。

在默认情况下，标签控件的内容使用 Visual FoxPro 中默认的字体、颜色、大小等，用户可以改变这些属性。选中要更改的标签，选择“格式”菜单中的“字体”命令，系统弹出“字体”对话框，用户在对话框中进行适当的选择后，单击“确定”按钮即可完成。

若要更改默认字体，需要选择“报表”菜单中的“默认字体”命令，系统弹出“字体”对话框，用户在对话框中进行适当的选择后，单击“确定”按钮即可。只有改变了默认字体后，新添加的控件才会反映出新设置的字体。

用户还可以设置标签的透明属性：选中要设置的标签，选择“格式”菜单中的“方式”命令，在出现的子菜单中做出选择：透明或不透明。

注意：标签控件具有不可编辑性，也就是说，输入的文字不能再修改，只能通过先删除再重新输入的方法来修改。

2. 添加域控件

域控件的作用是在报表中显示表或视图中的字段、变量和表达式的计算结果。向报表中添加域控件的方法有两种：

（1）打开报表的数据环境设计器，选择要使用的表或视图，然后把相应的字段拖放到报表指定的带区位置。

（2）在“报表控件”工具栏上单击“域控件”按钮，然后在报表带区的适当位置单击，系统弹出“报表表达式”对话框，如图 10-20（a）所示，单击“表达式”文本框右侧的…按钮，系统弹出“表达式生成器”对话框，如图 10-20（b）所示。

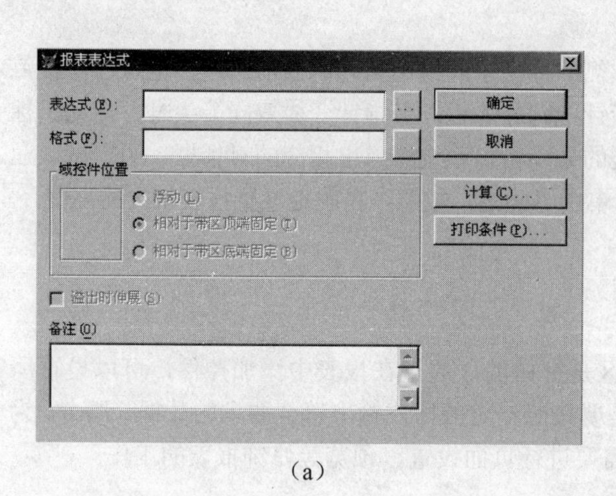

(a)

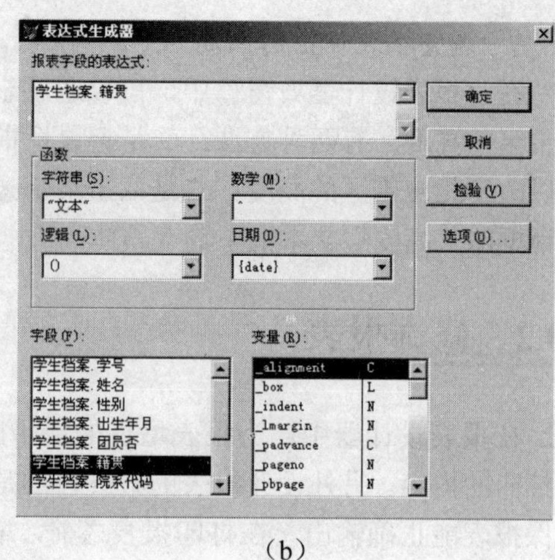

(b)

图 10-20　添加域控件

在"表达式生成器"对话框的"字段"列表框中，双击所需要的字段名，表名和字段名将出现在"报表字段的表达式"列表框中，用户在此基础上可以构造要计算的表达式。

单击"表达式生成器"对话框中的"确定"按钮，返回到"报表表达式"对话框，单击"确定"按钮，即可完成添加域控件。

3. 添加线条、矩形、圆角矩形控件

"线条"、"矩形"、"圆角矩形"控件都是用来修饰报表的，通常作为报表的边界和分隔线。在绝大多数报表中都需要这样的修饰，以使报表上的数据看起来直观、清晰。与其他控件不同的是，这 3 个控件可以同时跨越多个报表带区。

（1）添加线条：在报表中画线的目的是使报表像表格。使用"线条"控件，可以在报表布局中添加垂直和水平直线。具体方法是：在"报表控件"工具栏上单击"线条"按钮，然后在报表带区的适当位置，拖动鼠标以绘制线条，到达需要的长度后，松开鼠标键即可完成。

绘制线条后，可以移动或调整其大小，或者选择"格式"菜单中的"绘图笔"命令修改它的粗细和线型。

（2）添加圆角矩形：具体方法是：在"报表控件"工具栏上单击"圆角矩形"按钮，然后在报表带区的适当位置，拖动鼠标以绘制圆角矩形，到达需要的大小后，松开鼠标键。双击圆角矩形控件，系统弹出"圆角矩形"对话框。在对话框的"样式"选项组中，选择用户需要的样式，单击"确定"按钮，即可完成 "圆角矩形"控件的添加，如图 10-21 所示。

（3）添加矩形：在布局上添加"矩形"控件，可以把它们作为报表控件、报表带区或整个页面周围的边框使用。具体方法是：在"报表控件"工具栏上单击"矩形"按钮，然后在报表带区的适当位置，拖动鼠标以绘制矩形，到达需要的大小后，松开鼠标键即可完成。

4. 添加图片/ActiveX 绑定控件

在"报表设计器"窗口中，用户可以通过"图片/ActiveX 绑定控件"按钮将图片文件或通用型字段中的图片添加到报表中。具体方法是：在“报表控件”工具栏上单击“图片/ActiveX 绑定控件”按钮，然后在报表带区的适当位置拖动鼠标以绘制图文框，到达需要的大小后松开鼠标，系统弹出“报表图片”对话框，如图 10-22 所示。

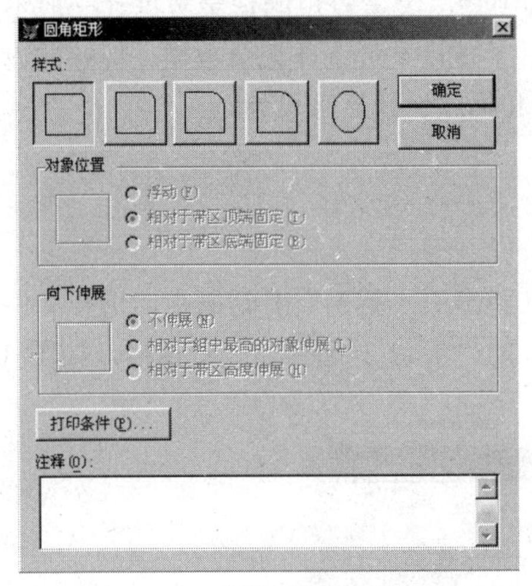

图 10-21 “圆角矩形”对话框

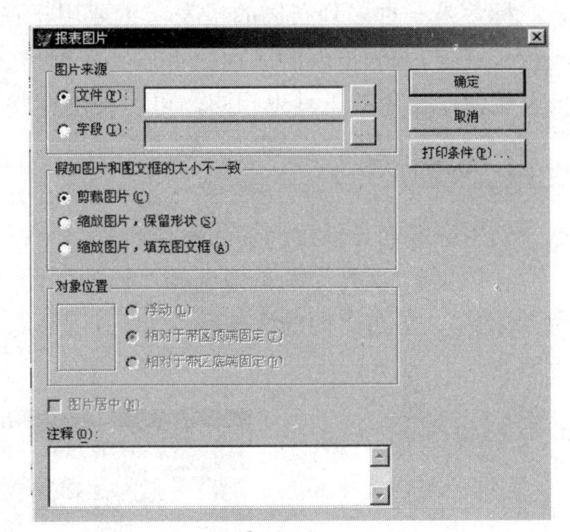

图 10-22 “报表图片”对话框

在对话框的图片来源区域选择“文件”单选项，在“文件”文本框中输入要插入的图片文件的位置和名称，或者通过单击其右侧的按钮来选择一个图片文件。

在对话框的图片来源区域选择“字段”单选项，在“字段”文本框中输入通用型字段名，或者通过单击其右侧的按钮来选择一个通用型字段名。

单击“确定”按钮，即可完成在报表上添加图片。

10.2.2 报表页面设置

报表文件用于存储报表设计的详细内容，即数据源的位置和输出格式的信息，并不存储每个具体的数据。报表文件的扩展名为.frx，与它相关的还有扩展名为.frt 的文件，用户要注意保存。报表设计完成后，用户都希望能打印出来以便交流或长期存档。

在打印报表之前，用户应关注页面的外观，如纸张的大小、打印的方向、页边距等，这些设置在“页面设置”对话框中就可以完成。

在“页面设置”对话框中，在“左页边距”文本框中输入具体数值，页面布局将按新的页边距显示。单击“打印设置”按钮，打开“打印设置”对话框。可以从“大小”列表中选择纸张大小。可以从“方向”列表中选择纸张打印方向，单击“确定”按钮，返回到“页面设置”对话框。再单击对话框上的“确定”按钮即完成设置。

10.3 设计标签

标签是一种多列布局的报表，主要用于在一页中输出大量较短的记录数据（一般不超过一行），它与普通报表的区别在于，其数据格式非常紧凑且不可统计记录数据。标签的设计与报表相似，使用的工具也相同，可以使用标签向导和标签设计器来设计。

10.3.1 标签向导

使用标签向导创建标签的操作步骤如下：

（1）在“文件”菜单中选择“新建”命令，在弹出的“新建”对话框中，选择文件类型为“标签”，单击“向导”按钮，即可打开标签向导的“步骤 1-选择表”对话框，如图 10-23 所示。

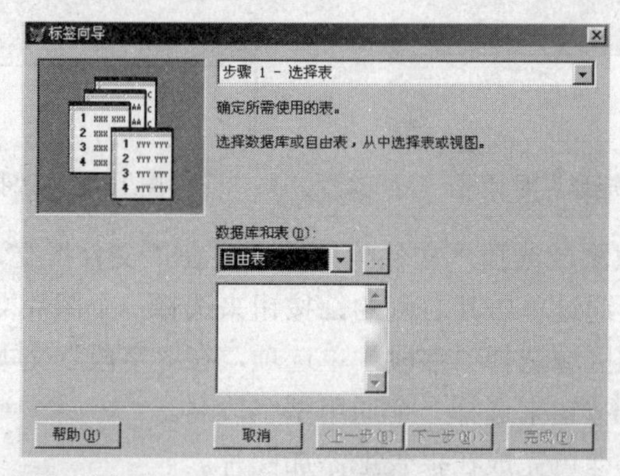

图 10-23 “步骤 1-选择表”对话框

（2）选择表：单击□按钮，出现“打开”对话框，从中选择所需的表，单击“下一步”按钮，弹出“步骤 2-选择标签类型”对话框，如图 10-24 所示。

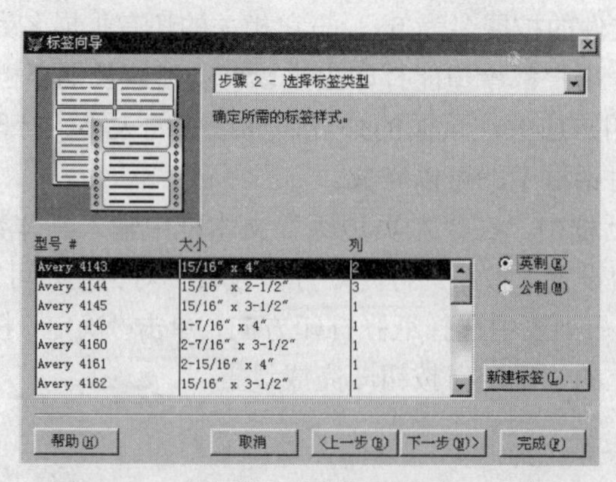

图 10-24 “步骤 2-选择标签类型”对话框

（3）选择标签类型：系统提供了 58 种类型，用户还可单击“新建标签”按钮自定义标签的大小和格式。用户在对话框中选择一种标签格式后单击“下一步”按钮，弹出“步骤 3-定义布局”对话框，如图 10-25 所示。

（4）定义布局：按照在标签中出现的顺序添加字段，合理使用标点符号按钮，可得到不同的标签布局。单击“下一步”按钮，弹出“步骤 4-排序记录”对话框，如图 10-26 所示。

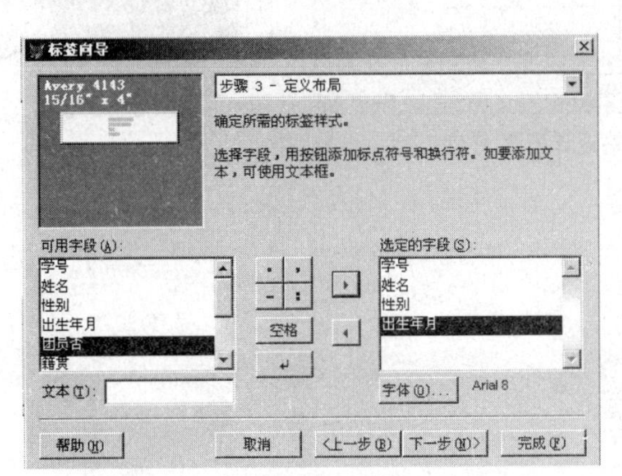

图 10-25　“步骤 3-定义布局”对话框

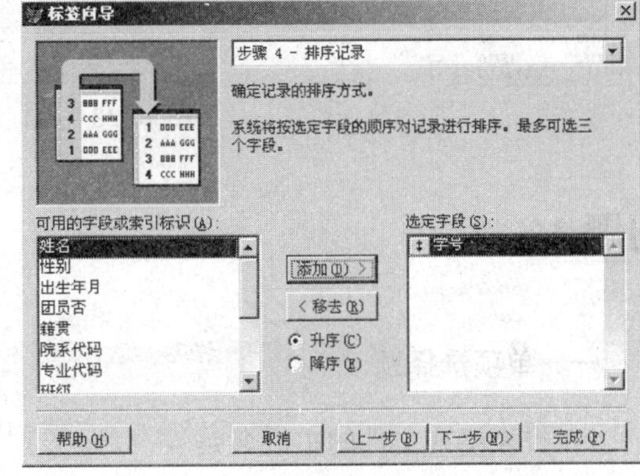

图 10-26　“步骤 4-排序记录”对话框

（5）排序记录：指定标签中记录的排列顺序。缺省时按表中的物理顺序排列，本例选择“学号”字段。单击“下一步”按钮，弹出“步骤 5-完成”对话框，如图 10-27 所示。

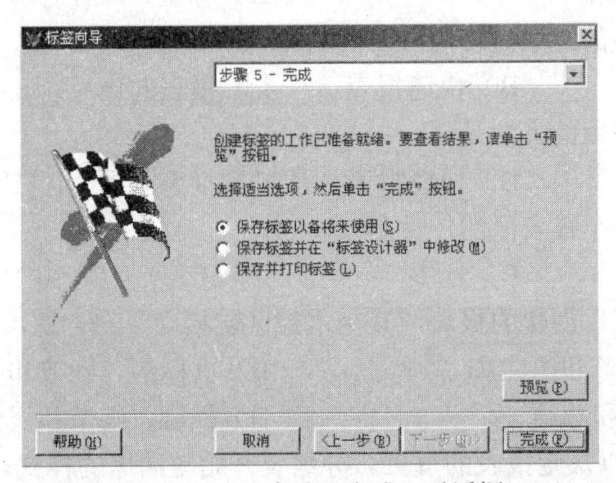

图 10-27　“步骤 5-完成”对话框

（6）完成：单击“预览”按钮显示设计结果，单击“完成”按钮，结束标签向导的操作。

10.3.2　标签设计器

在“文件”菜单中选择“新建”命令，在弹出的“新建”对话框中选择文件类型为“标签”，单击“新建文件”按钮。系统弹出“新建标签”对话框，从中选择标签布局后，单击“确定”按钮，即可进入“标签设计器”窗口，如图 10-28 所示。设计标签与设计报表方法类似，这里不再赘述。

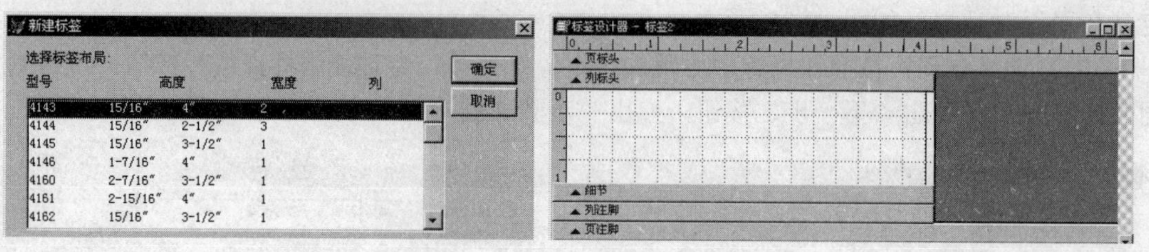

图 10-28　“标签设计器”窗口

习题 10

一、单项选择题

1．报表格式文件的扩展名是（　　）。

A）.frx　　B）.pjx　　C）.dbc　　D）.dbf

2．在报表设计器中可以使用的控件是（　　）。

A）标签、文本框、列表框　　B）标签、域控件、线条和矩形

C）布局和数据源　　D）标签、域控件和文本框

3．创建报表最快捷的方法是使用（　　）。

A）报表设计器　　B）快速报表　　C）报表向导　　D）报表生成器

4．创建报表不能使用的方法是（　　）。

A）报表设计器　　B）快速报表　　C）报表向导　　D）报表生成器

5．不能同时跨越多个报表区的控件是（　　）。

A）线条　　B）标签　　C）矩形　　D）圆角矩形

6．利用“快速报表”创建的报表，其基本带区包括（　　）。

A）组标头、细节和组注脚　　B）页标头、细节和页注脚

C）标题、细节和总结　　D）标题、细节和页注脚

7．使用（　　）可以决定报表的每页、分组及开始与结尾的样式。

A）标签　　B）域控件

C）报表带区　　D）报表数据源

8．如果要创建一个数据两级分组报表，第一个分组表达式是“部门”，第二个分组表达式是“基本工资”，当前索引的索引表达式应当是（　　）。

A）部门+基本工资　　B）基本工资+部门

C）部门+STR(基本工资)　　D）STR(基本工资)+部门

9．报表文件.frx 中保存的是（　　）。

A）打印报表的预览格式　　B）打印报表本身

C）报表的格式和数据　　D）报表设计格式的定义

10．使用报表向导定义报表时，定义报表布局的选项是（　　）。

A）列数、行数、方向　　B）列数、行数、字段布局

C）行数、方向、字段布局　　D）列数、方向、字段布局

二、填空题

1．设计报表通常包含两个基本部分，即________和________。

2．________控件可以在报表或标签布局中，用于显示字段、变量或表达式的计算结果。

3．图片/ActiveX 绑定控件用于显示________或________的内容。

4．如果已经对报表进行了数据分组，报表会自动包含________和________带区。

5．多栏报表的栏目数可以通过“页面设置”对话框中的________来设置。

三、应用题

1．利用自己班级中学生的名单制作一个记分册。

2．利用自己班级中学生的基本情况数据，制作一个学生基本情况表。

3．利用自己班级中学生的基本情况数据，为每个学生制作一个学生卡或上机卡。

11 菜单与工具栏

菜单是用户与应用程序之间的接口，菜单能够将应用程序的各功能模块有机地联系起来，通过菜单，用户可以快速、条理清楚地访问应用程序。菜单系统设计的好坏，不但反映了应用程序中功能模块组织的水平，同时也反映了应用程序的用户界面的友好性，具有良好风格、快捷、简单的菜单系统，对于实现应用程序的功能、方便用户的操作至关重要。

通过本章学习，学生应熟练掌握菜单设计器的使用，学会使用菜单设计器设计菜单；掌握利用菜单设计器定制菜单系统的方法；熟练掌握快捷菜单的设计方法；了解工具栏的设计方法。

11.1 菜单设计的步骤

在 Visual FoxPro 中，菜单分为下拉式菜单和快捷菜单。下拉式菜单由一个水平的条形菜单和一组弹出式菜单组成，条形菜单作为窗口的主菜单，弹出式菜单又叫子菜单，当选择一个条形菜单项时，将激活相应的子菜单。快捷菜单本质上也是弹出式菜单，是用户在右击鼠标时弹出的菜单。

创建下拉式菜单有以下几个步骤。

1. 打开菜单设计器

打开菜单设计器的步骤如下：

（1）选择“文件”菜单中的“新建”命令，打开“新建”对话框。

（2）在对话框中选择文件类型“菜单”，单击“新建文件”按钮，打开“新建菜单”对话框，如图 11-1 所示。

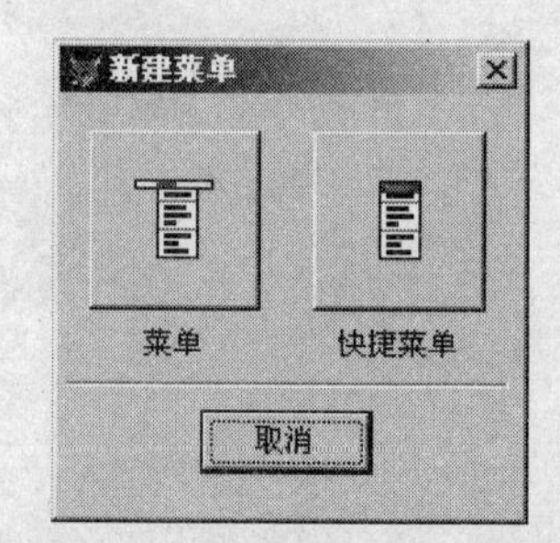

图 11-1 “新建菜单”对话框

（3）在“新建菜单”对话框中单击“菜单”按钮，系统弹出“菜单设计器”窗口，如图 11-2 所示。

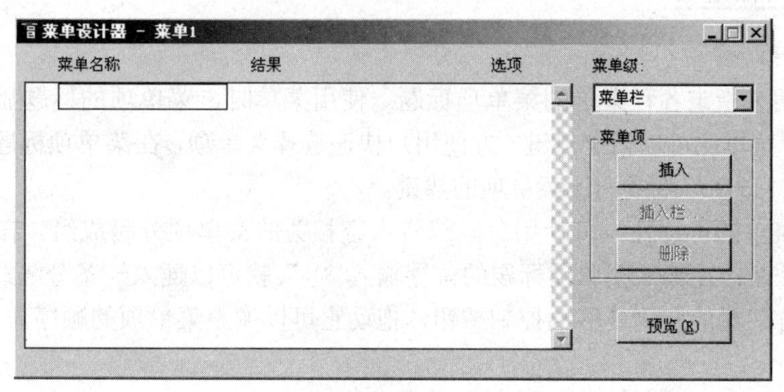

图 11-2　“菜单设计器”窗口

2. 设计菜单

在菜单设计器中，可以设计菜单的各项内容，包括菜单栏、菜单标题、菜单项、快捷键、分组线等，详细设计方法将在 11.2 节中介绍。

在菜单设计完成后，需要保存菜单文件。执行保存操作后生成两个文件，分别是扩展名为.mnx 的菜单定义文件，以及扩展名为.mnt 的菜单备注文件。

3. 生成菜单程序

利用菜单设计器创建的扩展名为.mnx 的菜单定义文件只保存对菜单的各项定义，它并不能运行，必须生成相应的菜单程序才能运行。方法是：在菜单设计器环境下，选择“菜单”菜单中的“生成”命令，在打开的“生成菜单”对话框中输入菜单程序文件名，单击“生成”按钮，即可生成菜单程序文件，其扩展名为.mpr。

4. 运行菜单程序

运行菜单程序有以下方法：

方法一：在项目管理器的“其他”选项卡中，选择要运行的菜单文件，单击窗口右边的“运行”按钮。

方法二：选择“程序”菜单中的“运行”命令，在弹出的“运行”对话框中选择菜单程序文件（.mpr），单击“运行”按钮。

方法三：在命令窗口输入命令：DO <文件名.mpr>

注意：菜单程序文件的扩展名不能省略。

11.2　菜单设计器及其应用

菜单设计器是 Visual FoxPro 提供给用户设计菜单的一个工具，用户只要通过“菜单设计器”窗口进行设置，告诉系统要设计的菜单都有哪些菜单项即可，然后由系统生成菜单程序。

11.2.1 菜单设计器组成

1. 菜单名称

菜单名称用来指定各种菜单的菜单项标题。使用菜单时，菜单项的标题显示在屏幕上供用户识别。每个菜单还可以指定热键，方便用户快速选择菜单项，在菜单项标题中的某个字母左侧输入“\<”，该字母就成为该菜单项的热键。

为了增强菜单的可读性，可使用分隔线将内容相关的菜单项分隔成组。在菜单项之间插入分隔线的方法是：在输入菜单项标题的位置输入“\-”就可以插入一条分隔线。

“菜单名称”栏的左侧是移动控制按钮，拖动它可以调整菜单项的顺序。

2. 结果

指定用户选择菜单标题或菜单项时将执行的动作。在该栏的列表框中有 4 个动作选项：命令、过程、子菜单、填充名称。

（1）命令：选择此项后，其右边出现一个文本框，可输入一条 Visual FoxPro 命令。

（2）过程：选择此项后，其右边出现“创建”或“编辑”按钮，单击这个按钮，系统自动打开一个文本编辑窗口，可以在其中输入和编辑过程代码。

（3）子菜单：选择此项后，其右边出现“创建”或“编辑”按钮，单击这个按钮，“菜单设计器”窗口切换到子菜单页，可以在其中定义或编辑子菜单。此时，窗口右上方的“菜单级”列表框中显示当前子菜单的内部名字。

默认的子菜单内部名字为上级菜单相应菜单项的标题，但可以通过选择“显示”菜单中的“菜单选项”命令重新指定。最上层的主菜单不能指定内部名字，它在“菜单级”列表框中显示为“菜单栏”，用户选择它，可以返回定义主菜单的页面。

（4）填充名称：选择此项后，其右边出现一个文本框，可以输入用户自定义或系统菜单的菜单项内部名字或序号。若当前定义的是主菜单，该选项为“填充名称”；若当前定义的是子菜单，该选项为“菜单项#”。

3. 选项

每个菜单项的“选项”栏都有一个无符号按钮，单击该按钮，系统弹出“提示选项”对话框，如图 11-3 所示。用户可以在该对话框中设置菜单项的属性。选项设置主要包括以下几个部分。

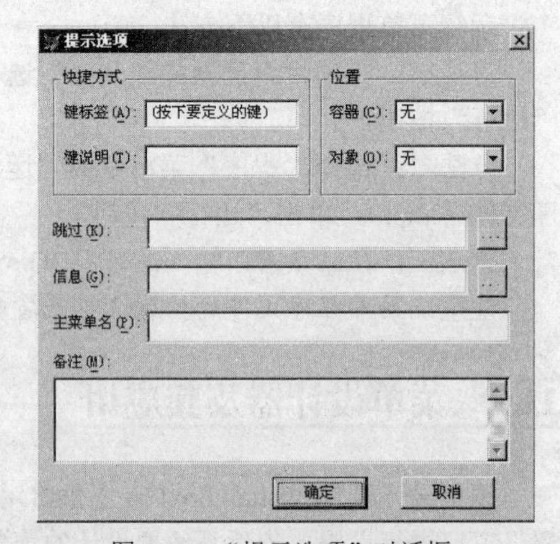

图 11-3 “提示选项”对话框

（1）快捷方式：定义菜单项的快捷键。方法是：先将光标定位在“键标签”文本框中，然后按下组合键。此时“键说明”文本框中会出现相同的内容，此内容显示在菜单项标题的右侧。

（2）位置：显示菜单位置对话框，可在其中指定当用户在应用程序中编辑一个 OLE 对象时，菜单标题的位置。

（3）跳过：通过一个表达式来确定菜单或菜单项是否可用。当表达式结果为.T.时，此菜单或菜单项以灰色显示，表示不可用。表达式在文本框中给出。

（4）信息：在其中输入用于说明菜单项的信息，当在菜单中选择此项时，说明信息将出现在状态栏上。

（5）主菜单名或菜单项#：菜单系统中的每个菜单项，不仅有标题供用户识别，还应该有一个内部名字供程序代码识别，此处可以为菜单项指定内部名字。否则，系统自动设定。

（6）备注：从这里输入对菜单及菜单项的注释。菜单程序运行时将忽略注释，所以在任何情况下注释都不影响所生成的代码。

4. 菜单级

“菜单级”下拉列表框中显示的是当前编辑的菜单，当用户编辑子菜单时，选择列表框中的“菜单栏”可以返回主菜单。

5. 菜单项

（1）“插入”按钮：单击该按钮，可在当前菜单项前面插入新的一行，用于添加新菜单项。

（2）“删除”按钮：单击该按钮，将删除当前菜单项。

（3）“插入栏”按钮：在当前菜单项前面插入一个 Visual FoxPro 系统菜单命令。单击该按钮后，打开“插入系统菜单栏”对话框。在对话框中选择所需要的菜单命令，并单击“插入”按钮。该按钮仅在定义子菜单时才有效。

（4）“预览”按钮：单击该按钮，可预览菜单的效果。用正在创建的菜单替代系统菜单，使用户可以观察自己设计的菜单层次、提示等内容是否正确，但不能执行菜单选项所要完成的功能。

11.2.2 主菜单中的菜单选项

当打开“菜单设计器”后，系统主菜单的“显示”菜单下会自动出现两条命令：“常规选项”和“菜单选项”，并且在系统主菜单中增加了一个“菜单”项，其中包括“生成”、“预览”、“快速菜单”等命令。

1. “常规选项”命令

选择“显示”菜单中的“常规选项”命令，系统弹出“常规选项”对话框，如图 11-4 所示。

（1）“过程”编辑框：可以直接在此框中输入过程代码，也可以单击“编辑”、“确定”按钮，激活一个“过程”编辑框来输入过程代码。如果主菜单中的某个菜单项没有规定具体的动作，当选择它时，将执行这里的过程代码。一般不用这种方法设置菜单项的动作，否则容易产生误解。

（2）“位置”区域：确定正在定义的菜单系统相对于激活菜单的位置，包括 4 个单选钮。

1）“替换”：用新菜单系统替代原来的菜单系统。

2）“追加”：将新菜单系统追加到原来的菜单系统后面。

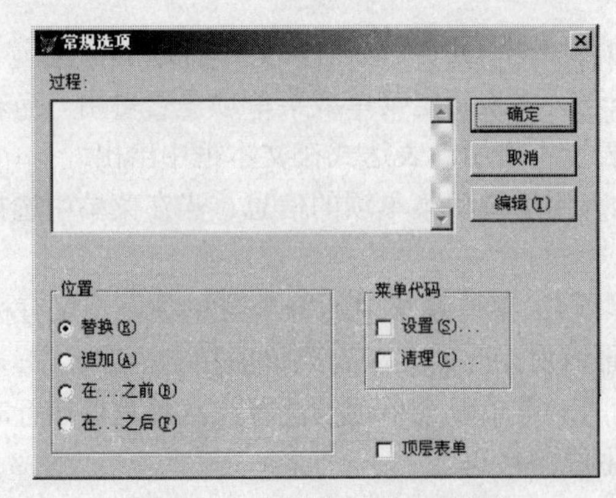

图 11-4 “常规选项”对话框

3）“在…之后”：将新菜单系统插入到原来菜单系统中指定的菜单项后面。

4）“在…之前”：将新菜单系统插入到原来菜单系统中指定的菜单项前面。

（3）“菜单代码”区域：包含“设置”和“清理”两个复选框。无论选择了哪个复选框，都将激活代码编辑窗口。“设置”复选框编写的代码可以包含创建环境的命令、定义内存变量的命令、打开所需文件的命令等，它是在菜单显示出来之前执行的。“清理”复选框编写的代码可以包含启用或废止菜单或菜单项的命令，它是在菜单显示出来之后执行的。

（4）“顶层表单”复选框：如果希望此菜单显示在表单中，就需要选中“顶层表单”复选框。否则，正在定义的菜单系统将作为一个定制的系统菜单，显示在 Visual FoxPro 系统窗口之中。

2. “菜单选项”命令

选择“显示”菜单中的“菜单选项”命令，系统弹出“菜单选项”对话框，如图 11-5 所示。

图 11-5 “菜单选项”对话框

“过程”编辑框：可以直接在此框中输入过程代码，也可以单击“编辑”、“确定”按钮，激活一个“过程”编辑框来输入过程代码。如果“菜单设计器”处于主菜单页面时，编辑的过程代码可以被主菜单中的所有菜单项调用；如果“菜单设计器”处于子菜单页面时，编辑的过程代码只能被该子菜单中的菜单项调用。一般不用这种方法设置菜单项的动作，否则容易产生误解。“菜单设计器”处于子菜单页面时，还可以定义子菜单的内部名字。

3. “生成”命令

完成菜单定义后，还需要生成菜单程序。选择“菜单”菜单中的“生成”命令，系统弹出“生成菜单”对话框。在对话框中可以改变输出的文件名，系统默认扩展名为.mpr。单击“生成”按钮，则生成菜单程序，从而完成了用户菜单的建立。

4. “快速菜单”命令

使用“快速菜单”功能可以将 Visual FoxPro 的系统菜单导入菜单设计器中，供用户修改和操作。这是设计菜单的一种好方法，具体操作方法如下：

（1）打开“菜单设计器”窗口。

（2）选择“菜单”菜单中的“快速菜单”命令，菜单设计器自动装入 Visual FoxPro 系统菜单，如图 11-6 所示。

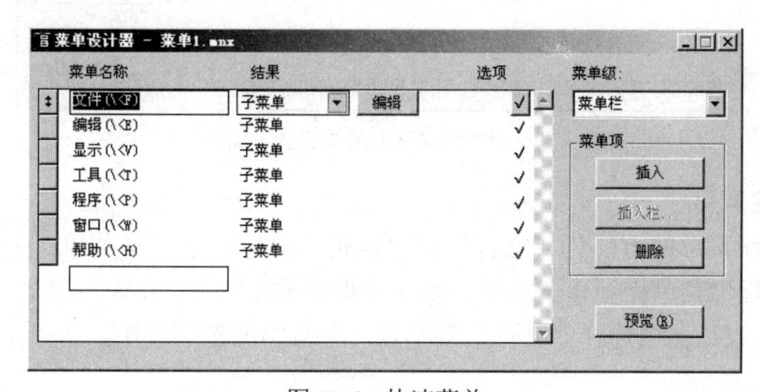

图 11-6 快速菜单

（3）在菜单设计器中可以增、删菜单或菜单项，完成修改后保存；生成菜单程序后，就可以运行使用了。

11.2.3 为应用程序创建菜单系统

以上详细介绍了菜单设计器的组成及其作用，下面将以一个例子说明利用菜单设计器建立、生成以及运行菜单的完整过程。

【例 11-1】设计一个学生管理系统的菜单。

1. 规划与设计

建立一个下拉式菜单，主菜单中的菜单项包括：文件、编辑、数据管理、退出。“文件”菜单中的菜单项包括：新建、打开、保存、另存为。“编辑”菜单中的菜单项包括：剪切、复制、粘贴。“数据管理”菜单中的菜单项包括：输入记录、更新记录、查看记录、删除记录。

2. 定义主菜单

利用菜单设计器建立一个主菜单，菜单项包括：文件、编辑、数据管理、退出。操作步骤如下：

（1）打开“菜单设计器”窗口。

（2）在菜单设计器的“菜单名称”下依次输入：文件、编辑、数据管理、退出。在“结果”下依次选择：子菜单、子菜单、子菜单、过程。

（3）单击“常用”工具栏上的“保存”按钮保存菜单文件，文件名为“学生管理.mnx”，如图 11-7 所示。

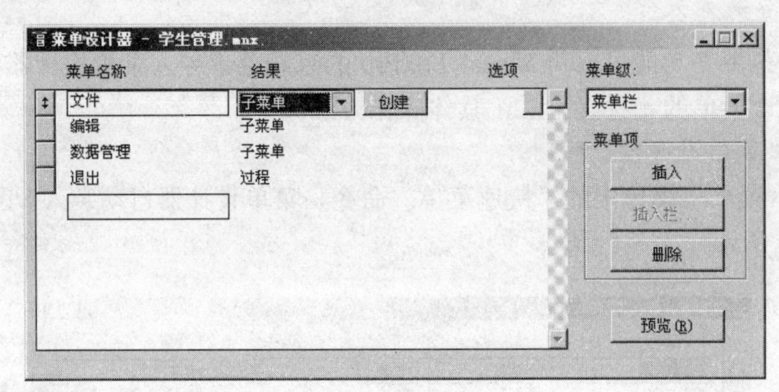

图 11-7　主菜单设计

3. 创建子菜单

采用插入系统菜单的方法为“文件”和“编辑”菜单栏创建子菜单；采用创建新菜单的方法为“数据管理”菜单栏创建子菜单。操作步骤如下：

（1）在菜单设计器中选择“文件”菜单项，单击“创建”按钮，将“菜单设计器”窗口切换到子菜单页。

（2）单击“插入栏”按钮，系统弹出“插入系统菜单栏”对话框，如图 11-8 所示。从列表框中选择“另存为”，单击“插入”按钮，将“另存为”插入到子菜单中。用同样的方法分别插入“保存”、“打开”和“新建”项。

（3）单击“插入系统菜单栏”对话框上的“关闭”按钮，返回“菜单设计器”窗口，如图 11-9 所示。这样就可以在自定义菜单中调用系统菜单中的功能。

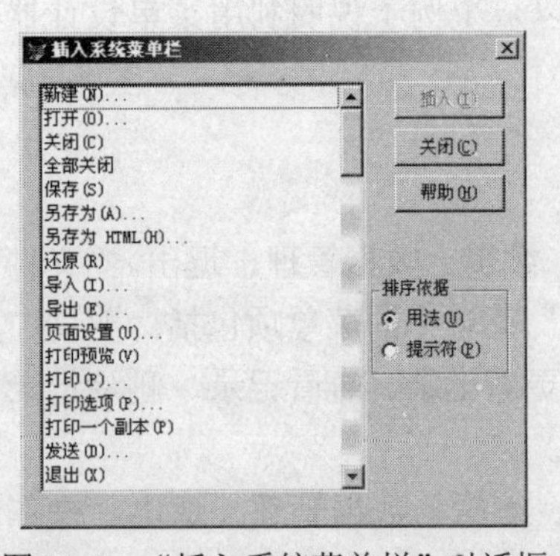

图 11-8　“插入系统菜单栏”对话框

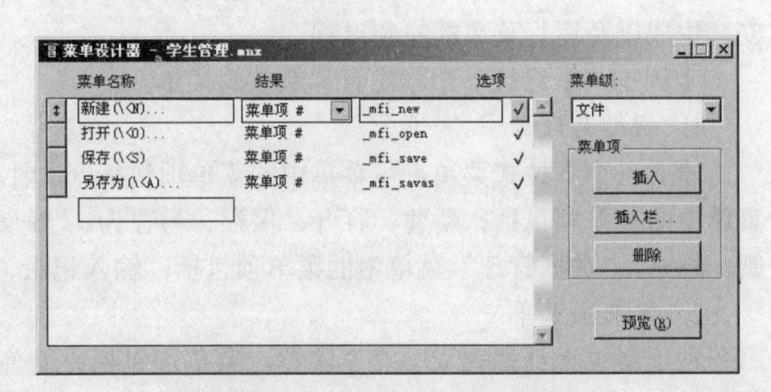

图 11-9　创建“文件”子菜单

（4）用上述方法为“编辑”菜单栏创建子菜单，菜单项包括：剪切、复制和粘贴。

（5）在“菜单级”下拉列表框中选择“菜单栏”选项，返回主菜单。

（6）选择“数据管理”菜单项，单击“创建”按钮，使菜单设计器切换到子菜单页。在“菜单名称”栏下依次输入：输入记录、更新记录、查看记录、删除记录。在“结果”栏下依次选择：命令、命令、命令、命令。

（7）单击“常用”工具栏上的“保存”按钮。

4. *为菜单项添加热键、快捷键*

在菜单设计器中指定菜单名称时，可以设置菜单项的热键，格式是在热键字母前面加上“\<”。在一般中文菜单中，热键均位于圆括号中，如“文件(\<F)”。

为菜单项指定快捷键的方法是：在“菜单设计器”窗口选择要设置快捷键的菜单项，单击“选项”栏上的按钮，系统弹出“提示选项”对话框。将光标定位在“键标签”文本框中，然后在键盘上按下需要设置的快捷键。例如按下 Ctrl+L 组合键，在“键标签”文本框中就会出现 Ctrl+L。

本例中，为各菜单项添加热键、快捷键的操作步骤如下：

（1）设置热键：在菜单项“文件”后输入(\<F)；在菜单项“编辑”后输入(\<E)；在菜单项“数据管理”后输入(\<M)；在菜单项“退出”后输入(\<R)。预览效果如图 11-10 所示。

（2）为菜单项“输入记录”设置快捷键：选择“数据管理(\<M)”菜单项，单击“编辑”按钮，使“菜单设计器”窗口切换到子菜单页。选择菜单项“输入记录”，单击“选项”按钮，打开“提示选项”对话框，在“键标签”文本框中按下 Ctrl+S 组合键，即可为此菜单项设置快捷键 Ctrl+S，如图 11-11 所示。

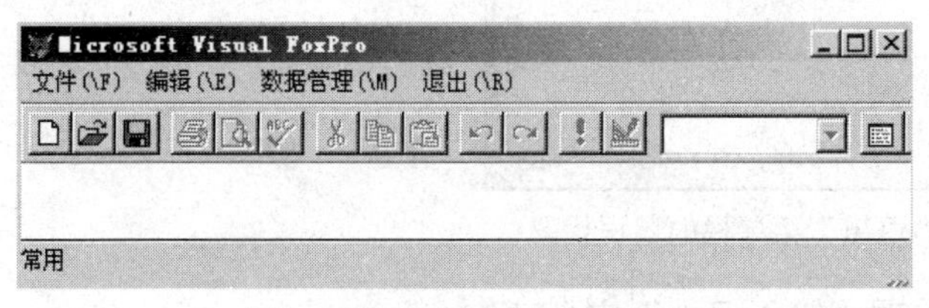

图 11-10　设置热键后的效果

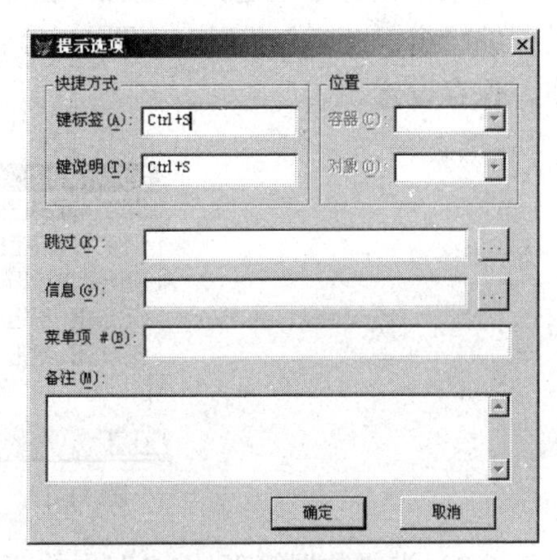

图 11-11　设置热键

（3）单击“确定”按钮，单击“常用”工具栏上的“保存”按钮保存设置。

5. *为弹出式菜单设置内部名字*

菜单项的标题显示于屏幕是供用户识别的，菜单及菜单项的内部名字是在程序代码中供引用的。现在为“文件”菜单设置内部名字 wj，其操作步骤如下：

（1）在菜单设计器中，选择“文件(\<F)”菜单项，单击“编辑”按钮，使菜单设计器切换到子菜单页。

（2）选择“显示”菜单中的“菜单选项”命令，系统弹出“菜单选项”对话框，如图 11-12（a）所示，将“文件 F”改为“wj”，如图 11-12（b）所示。

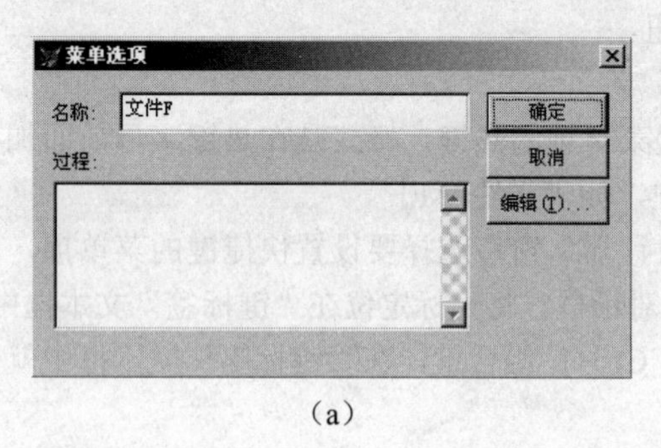

（a）

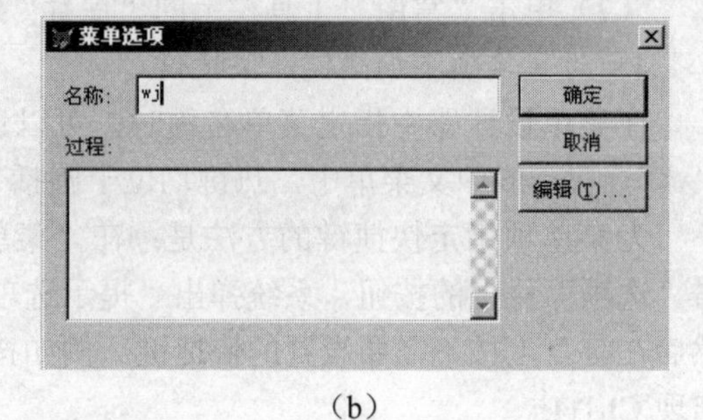

（b）

图 11-12　设置菜单的内部名字

（3）单击“确定”按钮，返回到“菜单设计器”窗口。

6. 为菜单项定义动作

在程序的运行过程中，当选择某项菜单命令时，就会执行相应的命令或程序。因此设计菜单时需要为菜单项添加命令或程序。

（1）为菜单项“退出”定义过程代码。

在菜单设计器中选择“退出”菜单项，单击菜单项“结果”栏上的“创建”按钮，打开过程编辑窗口，输入代码，如图 11-13 所示。关闭编辑窗口，单击常用工具栏上的“保存”按钮，保存设置。

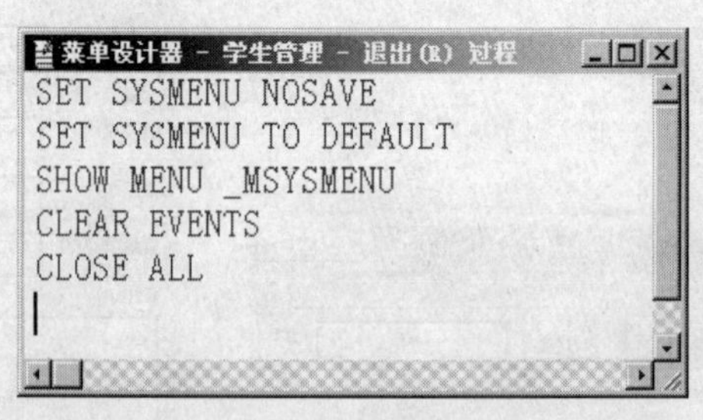

图 11-13　“退出”菜单栏的过程代码

（2）为“数据管理(\<M)”中的菜单项“输入记录”定义动作。

选择菜单项“输入记录”，在“结果”栏对应的文本框中输入命令：

```
DO FORM sr
```

用同样的方法为其他菜单项设置动作，如图 11-14 所示。

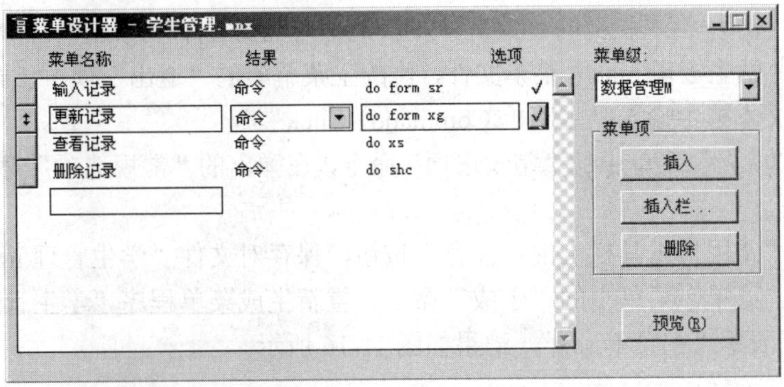

图 11-14 为菜单项定义动作

11.2.4 在顶层表单中添加菜单

在默认情况下，创建的菜单系统显示在 Visual FoxPro 系统窗口中，如果想使自定义菜单显示在表单中，就需要把菜单添加到表单中，操作步骤如下：

（1）在菜单设计器中建立菜单。

（2）选择“菜单”菜单中的“常规选项”命令，在弹出的“常规选项”对话框中选中“顶层表单”复选框。修改后要保存菜单，再生成菜单程序。

（3）打开要添加菜单的表单，将表单的“ShowWindow”属性设置为：2—作为顶层表单。

（4）在表单的 Init 事件代码中添加调用菜单程序的命令，格式为：

```
DO <文件名.mpr> WITH THIS [,'菜单内部名']
```

THIS 表示当前表单对象的引用。菜单内部名参数可以省略，也可以为添加的菜单指定一个新名字，如果计划运行表单的多个实例，则用值.T.代替。

（5）在表单的 Destroy 事件代码中添加清除菜单的命令，格式为：

```
RELEASE MENU <菜单名> [EXTENDED]
```

使得在关闭表单时能同时清除菜单，释放菜单所占用的内存空间。其中的 EXTENDED 表示在清除主菜单时，其子菜单一起清除。

【例 11-2】将“学生管理.mpr”菜单添加到表单“主菜单.scx”中。

操作步骤如下：

（1）建立表单“主菜单.scx”，并将表单的属性“ShowWindow”设置为：2—作为顶层表单，如图 11-15 所示。

（2）编写表单的 Init 事件代码：

```
DO 学生管理.mpr WITH THIS, .T.
```

（3）编写表单的 Destroy 事件代码：

```
RELEASE MENU 学生管理 EXTENDED
```

（4）编写命令按钮“退出”的 Click 事件代码：

```
THISFORM .RELEASE
```

（5）单击“常用”工具栏上的“保存”按钮。将表单的内容保存到磁盘文件“主菜单.scx”中。

（6）打开“学生管理.mnx”菜单文件，修改主菜单中的“退出”项，“结果”栏改为“命令”，在其后的文本框中输入“主菜单.Command1.Click”。

（7）选择“显示”菜单中的“常规选项”命令，在弹出的“常规选项”对话框中选择“顶层表单”复选框。

（8）单击“常用”工具栏上的“保存”按钮，保存对文件“学生管理.mnx”的修改。

（9）选择“菜单”菜单中的“生成”命令，重新生成菜单程序“学生管理.mpr”。

（10）执行表单“主菜单.scx”，结果如图 11-16 所示。

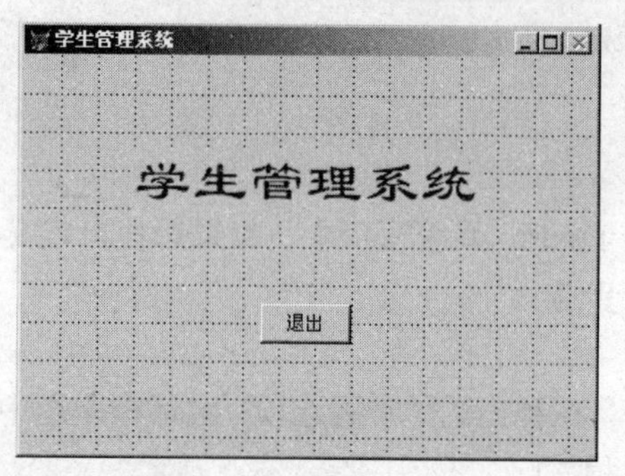

图 11-15　顶层表单设计

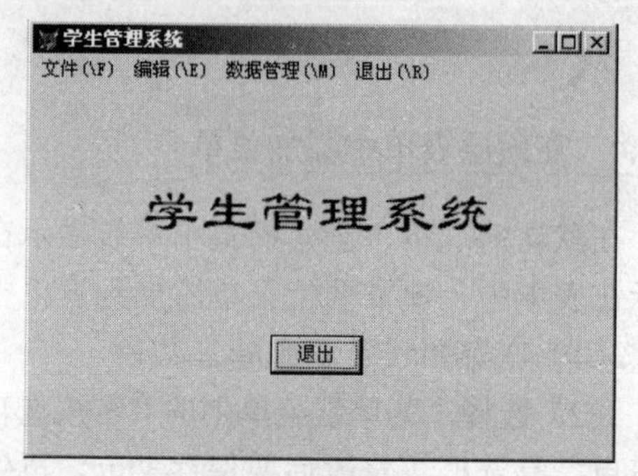

图 11-16　表单中的菜单

11.3　创建快捷菜单

快捷菜单从属于对象，它是对对象进行操作的一种捷径，当用户右击对象时，就会弹出一个快捷菜单，该菜单列出了可以对当前对象进行操作的各项命令。

快捷菜单一般是弹出式菜单，或者由几个具有上下级关系的弹出式菜单组成。利用系统提供的“快捷菜单设计器”可以方便地定义快捷菜单。

建立快捷菜单的方法如下：

（1）选择“新建”菜单中的“菜单”命令，单击“新建文件”按钮。

（2）在“新建菜单”对话框中单击“快捷菜单”按钮，系统弹出“快捷菜单设计器”窗口，如图 11-17 所示。

（3）在快捷菜单设计器中设计快捷菜单，方法与设计主菜单类似。

（4）选择“显示”菜单中的“菜单选项”命令，系统弹出“菜单选项”对话框。在名称区域的文本框中输入快捷菜单的内部名字。

（5）选择“显示”菜单中的“常规选项”命令，在弹出的“常规选项”对话框中选择“设置”复选框后，单击“确定”按钮。在编辑窗口中输入：PARAMETERS <表单名>，该语句用于接收当前表单对象引用的参数。

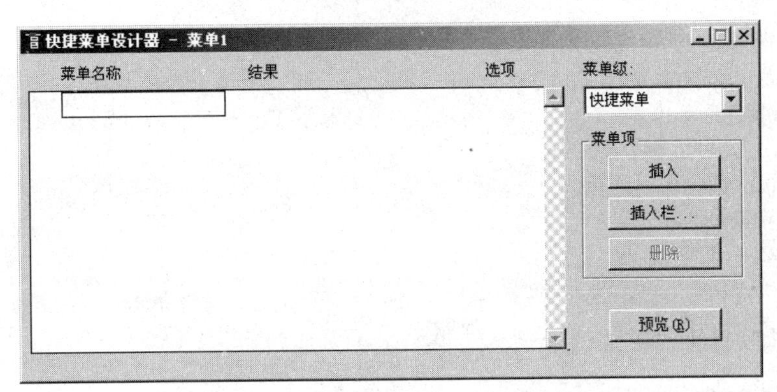

图 11-17　“快捷菜单设计器”窗口

（6）为了能在单击后及时清除菜单并释放其占用的内存空间，可以选择“显示”菜单中的“常规选项”命令，在弹出的“常规选项”对话框中选择“清理”复选框并单击“确定”按钮。在编辑窗口中输入：RELEASE POPUPS <快捷菜单内部名>。

（7）保存菜单并生成菜单程序。

（8）打开表单文件，选择需要快捷菜单的对象，为其 RightClick 事件编写代码：

```
DO <快捷菜单名.mpr>   WITH   THIS
```

至此，快捷菜单设计完成。

【例 11-3】为表单（bdkj.scx）建立一个快捷菜单（kjcd1.mnx），内部名字为 aaa，菜单项有变大(L)、变小(S)、左移、右移、上移、下移。

操作步骤如下：

（1）建立表单文件 bdkj.scx。表单的 Caption 属性设置为：使用快捷菜单；标签的 Caption 属性设置为：练习建立和使用快捷菜单；AutoSize 属性设置为：.T.。

（2）在表单的 RightClick 事件代码中添加调用快捷菜单程序的命令：

```
DO kjcd1.mpr WITH THIS
```

（3）建立菜单文件 kjcd1.mnx，如图 11-18 所示。

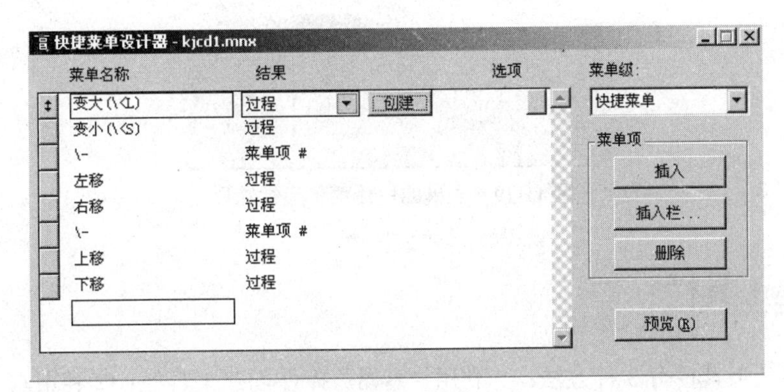

图 11-18　快捷菜单设计

“变大”选项的过程代码为：

```
bdkj.width=bdkj.width+10
bdkj.height=bdkj.height+10
```

“变小”选项的过程代码为：

```
bdkj.width=bdkj.width-10
bdkj.height=bdkj.height-10
```

“左移”选项的命令为：

```
bdkj.left=bdkj.left-10
```

“右移”选项的命令为：

```
bdkj.left=bdkj.left+10
```

“上移”选项的命令为：

```
bdkj.top=bdkj.top-10
```

“下移”选项的命令为：

```
bdkj.top=bdkj.top+10
```

选择“显示”菜单中的“菜单选项”命令，系统弹出“菜单选项”对话框。在名称区域的文本框中输入快捷菜单的内部名字：aaa。

选择“显示”菜单中的“常规选项”命令，在弹出的“常规选项”对话框中选择“设置”复选框并单击“确定”按钮。在编辑窗口中输入：

```
PARAMETERS bdkj
```

选择“显示”菜单中的“常规选项”命令，在弹出的“常规选项”对话框中选择“清理”复选框并单击“确定”按钮。在编辑窗口中输入：

```
RELEASE POPUPS aaa
```

表单的快捷菜单运行结果如图 11-19 所示。

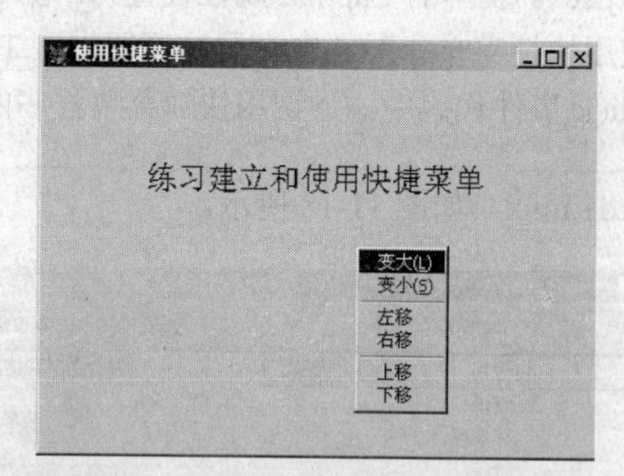

图 11-19　表单的快捷菜单运行结果

11.4　创建工具栏

创建自定义工具栏有 3 种方法：①利用“容器”控件创建工具栏；②利用与 Visual FoxPro 一起发布的 Active X 控件创建工具栏；③利用 Visual FoxPro 提供的工具栏基类创建工具栏。

本节仅介绍利用“容器”控件创建工具栏的方法。

【例 11-4】创建一个自定义工具栏，利用其上按钮控制标签的字体、前景色、背景色、加粗、斜体、加下划线设置。自定义工具栏界面设计和运行效果如图 11-20 所示。

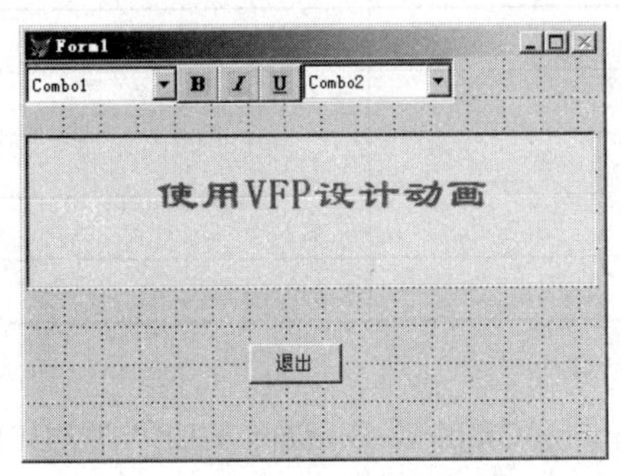

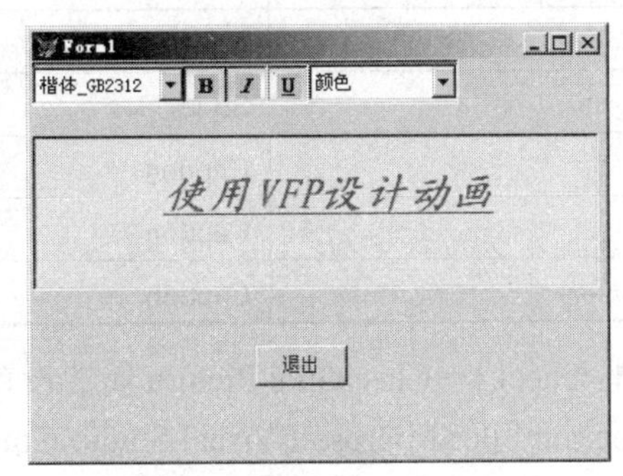

图 11-20　利用“容器”控件创建的工具栏界面

设计步骤如下：

（1）建立应用程序的用户界面。

打开表单设计器，在表单上添加一个命令按钮 Command1 和一个容器控件 Container1。右击容器控件，在弹出的快捷菜单中选择“编辑”命令。在容器中增加一个标签 Label1。设置对象属性如表 11-1 所示。

表 11-1　控件属性设置

对象	属性	属性值
Command1	Caption	退出
Container1	BackColor	255,255,0
	SpecialEffect	1
Label1	Caption	使用 VFP 设计动画
	AutoSize	.T.
	BackStyle	0
	ForeColor	255,0,0
	FontSize	20

命令按钮 Command1 的 Click 事件代码为：

```
Thisform.Release
```

（2）设计自定义工具栏。

增加一个容器控件 Container2，右击容器控件，在弹出的快捷菜单中选择“编辑”命令。在容器中增加两个组合框 Combo1、Combo2 和三个复选框 Check1～Check3。设置对象属性如表 11-2 所示。

表 11-2　控件属性设置

对象	属性	属性值
Container2	SpecialEffect	1
Combo1	Style	2—下拉列表框
Combo2	Style	2—下拉列表框
Check1	Caption	（无）
Check2	Caption	（无）
Check3	Caption	（无）

复选框 Check1～Check3 的 Picture 属性设置分别为：

C:\Program Files\Microsoft Visual Studio\Common\Graphics\Bitmaps\TlBr_W95\BLD

C:\Program Files\Microsoft Visual Studio\Common\Graphics\Bitmaps\TlBr_W95\ITL

C:\Program Files\Microsoft Visual Studio\Common\Graphics\Bitmaps\TlBr_W95\UNDRLN

（3）编写程序代码。

组合框 Combo1 的 Init 事件代码：

```
dimension x[1]
=afont(x)   && 将系统中的字体赋予数组 x
for i=1 to alen(x)
        this.additem(x[i])
endfor
this.displayvalue="宋体"
```

组合框 Combo1 的 InteractiveChange 事件代码：

```
thisform.container1.label1.fontname=this.displayvalue
```

组合框 Combo2 的 Init 事件代码：

```
this.additem("颜色")
this.additem("设置前景色…")
this.additem("设置背景色…")
this.listindex=1
```

组合框 Combo2 的 InteractiveChange 事件代码：

```
do case
  case this.listindex=1
     return
  case this.listindex=2
     nforecolor=getcolor()
     if  nforecolor>-1
        thisform.setall("forecolor",nforecolor,"label")
     endif
  case this.listindex=3
     nbackcolor=ge.color()
     if nbackcolor>-1
        thisform.setali("backcolor",nbackcolor,"container")
```

```
    endif
endcase
this.listindex=1
```

复选框 Check1 的 Click 事件代码：

```
thisform.container1.label1.fontbold=this.value
```

复选框 Check2 的 Click 事件代码：

```
thisform.container1.label1.fontitalic=this.value
```

复选框 Check3 的 Click 事件代码：

```
thisform.container1.label1.fontunderline=this.value
```

习题 11

一、填空题

1．Visual FoxPro 系统菜单一般是下拉式菜单，通常由一个________菜单和一组________菜单组成。

2．要将 Visual FoxPro 系统菜单恢复成标准配置，可执行________命令。

3．要为表单设计菜单，在设计菜单时，首先要在________对话框中选择“顶层表单”复选框；其次要将表单的________属性值设置为 2，使其成为顶层表单；最后要在表单的________事件代码中设置调用菜单程序的命令。

4．快捷菜单实质上是一个弹出式菜单。要将某个弹出式菜单作为一个对象的快捷菜单，通常是在对象的________事件代码中添加调用该弹出式菜单程序的命令。

5．对经常使用的菜单项可为其设置________键或________键，以提高操作效率。快捷键一般由________键或________键与字母键组合而成。

6．将菜单文件添加到项目管理器后，可以在项目管理器的“全部”或________选项卡找到该文件。

7．若要为菜单项“综合查询”定义热键为 x，其菜单名称定义是________。

8．若要运行菜单程序 example.mpr，在命令窗口应输入________命令。

9．菜单定义文件的扩展名为________，菜单程序文件的扩展名为________。

10．设计菜单要完成的最终操作是________，将一个预览成功的菜单存盘，再运行该菜单，却不能执行。这是因为________。

二、应用题

1．设计字幕，通过菜单改变字幕的字体、颜色、字号等。

2．设计一个应用程序，通过菜单能够调用前面章节创建的多个表单实例。

3．设计字幕，利用容器控件创建工具栏改变字幕的字体、颜色、字号等。

12 数据的导入和导出

本章主要介绍 Visual FoxPro 与其他应用程序之间数据的传递：数据导入和数据导出。通过向 Visual FoxPro 导入数据或从 Visual FoxPro 中导出数据，实现 Visual FoxPro 和其他应用程序之间共享数据。数据可以是文本文件、电子表格文件和表文件的任何一种。用户可以用现有数据来创建新 Visual FoxPro 表或将数据添加到已有的 Visual FoxPro 表中；还可以把 Visual FoxPro 表中数据复制到不同应用程序所需要的文件中。学习要点是“导入”和“导出”向导的使用。

12.1 数据导入

通过导入或追加数据，用户可以把数据从另一个应用程序置入 Visual FoxPro 中，还可以把 Visual FoxPro 中的数据复制到不同类型的文件中。

导入数据的过程是从源文件中复制数据，然后创建新表，并用源文件的数据填充该表。例如：从 Excel 中复制数据来创建 Visual FoxPro 表。导入文件后，可以像使用其他任何 Visual FoxPro 中的表一样使用它。

导入数据时，必须选择文件类型并指定源文件和目标表的名称。

12.1.1 导入的文件类型

可以导入 Visual FoxPro 的文件类型如表 12-1 所示。

表 12-1 可导入 Visual FoxPro 的文件类型

文件类型	文件扩展名	说明
文本文件	.txt	
Excel	.xls	Excel 电子表格格式。列单元转变为字段，行转变为记录
Lotus1-2-3	.wk3	Excel 电子表格格式。列单元转变为字段，行转变为记录

续表

文件类型	文件扩展名	说明
Borland Paradox	.db	Paradox 表
Symphony	.wr1	
MultiPlan	.mod	
RapidFile	.rpd	

12.1.2 使用"导入"向导将数据导入新表

"导入"向导可以帮助用户利用源文件创建新表。向导提出一系列问题，用户根据实际情况逐项回答后，即可导入数据，创建新表。具体步骤如下：

（1）选择"文件"菜单中的"导入"命令，打开"导入"对话框，如图 12-1 所示。

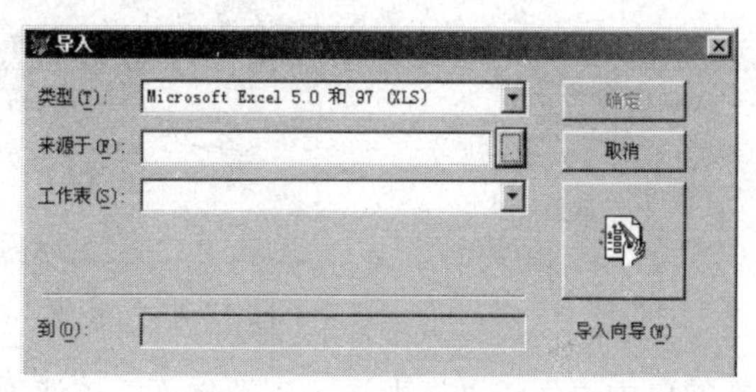

图 12-1 "导入"对话框

（2）单击"导入向导"按钮，按照向导在屏幕上的提示进行操作即可。

【例 12-1】从 Excel 中导入数据，并用源文件的结构定义新表。

操作步骤如下：

（1）打开"导入"对话框，单击"导入向导"按钮，显示"步骤 1-数据识别"对话框，如图 12-2 所示。

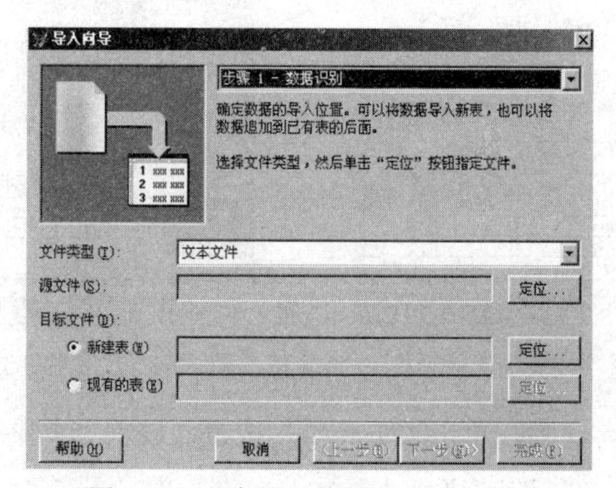

图 12-2 "步骤 1-数据识别"对话框

（2）在“文件类型”下拉列表框中选择“Microsoft Excel 5.0 和 97(XSL)”，并单击“源文件”右边的“定位”按钮。弹出“打开”对话框，如图 12-3 所示。在“打开”对话框中选择源文件名并单击“确定”按钮，回到“数据识别”对话框。

（3）选择“新建表”单选项，单击其右端的“定位”按钮，弹出“另存为”对话框。在“另存为”对话框中选择目标文件的存放位置及其文件名，单击“确定”按钮，回到“数据识别”对话框。

（4）单击“下一步”按钮，打开“步骤 1a-选择数据库”对话框，如图 12-4 所示。

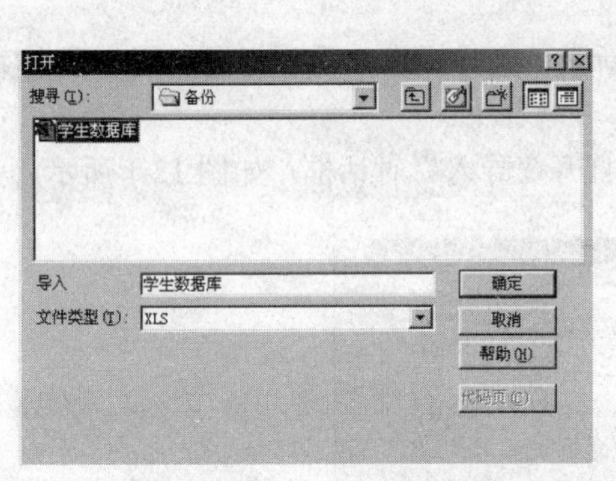

图 12-3 “打开”对话框

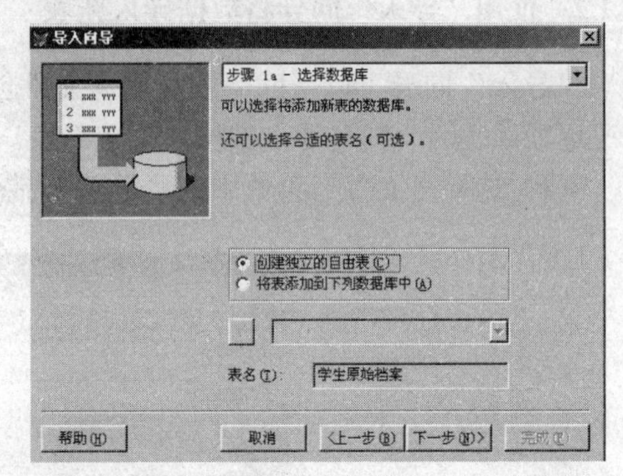

图 12-4 “步骤 1a-选择数据库”对话框

（5）选择“创建独立的自由表”或“将表添加到数据库”单选项，单击“下一步”按钮，显示“步骤 2-定义字段类型”对话框，如图 12-5 所示。

（6）选择“字段名所在行”、“工作表”、“导入起始行”各项后，单击“下一步”按钮，显示“步骤 3-定义输入字段”对话框，如图 12-6 所示。

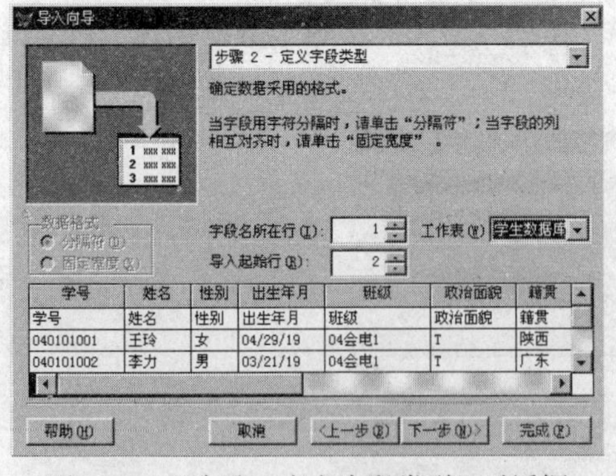

图 12-5 “步骤 2-定义字段类型”对话框

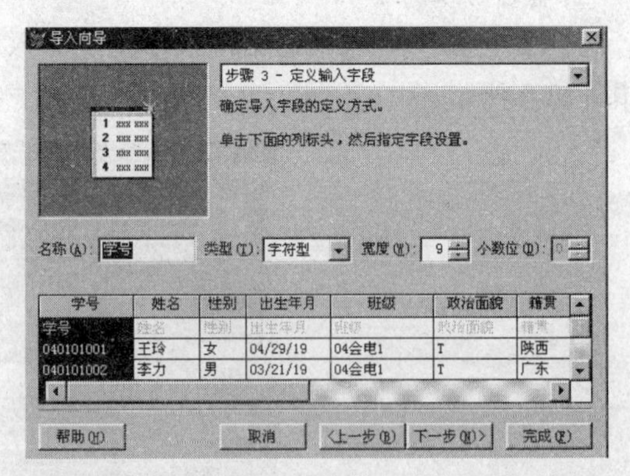

图 12-6 “步骤 3-定义输入字段”对话框

（7）修改各字段的定义后，单击“下一步”按钮，显示“步骤 3a-指定国际选项”对话框，如图 12-7 所示。

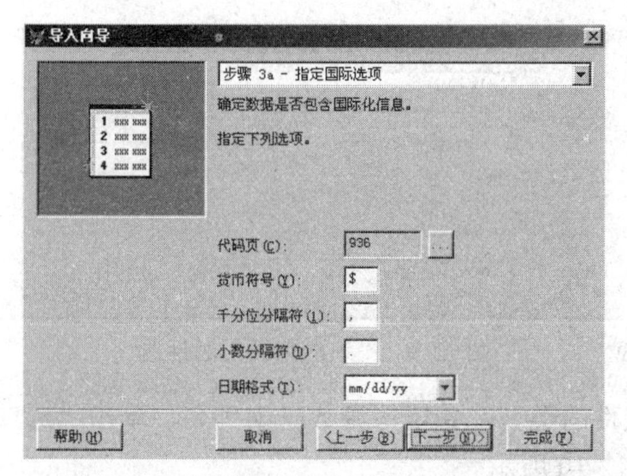

图 12-7　“步骤 3a-指定国际选项”对话框

（8）选择货币符号、日期格式等项目后，单击“下一步”按钮将显示“步骤 4-完成”对话框，如图 12-8 所示。

图 12-8　“步骤 4-完成”对话框

（9）单击“完成”按钮，使用“导入”向导将数据导入新表的任务已经完成。

12.1.3　追加数据

1. 追加数据的概念

追加数据是把文本、电子表格或表中的数据添加到一个已有的 Visual FoxPro 表的最后一条记录之后。可以指定要导入的字段，以及选定满足某一条件的所有记录。可使用“导入”向导将数据导入新表的方法，将数据追加到已有的 Visual FoxPro 表的最后一条记录之后，也可用下述方法完成。

2. 追加数据的步骤

（1）将已有的 Visual FoxPro 表打开，并处于浏览状态。

（2）选择“表”菜单中的“追加记录”命令，弹出“追加来源”对话框，如图 12-9 所示。

图 12-9 “追加来源”对话框

（3）选择源数据文件的类型，并填写源数据文件名，单击“选项”按钮，弹出“追加来源选项”对话框，如图 12-10 所示。

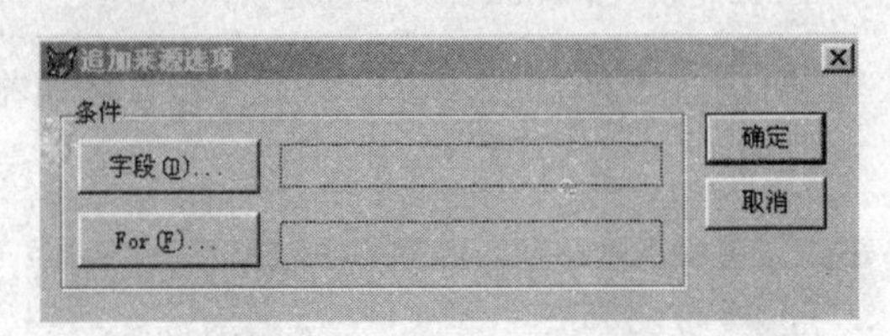

图 12-10 “追加来源选项”对话框

（4）指定要导入的字段，以及选定导入的记录应满足的条件。在“追加来源”对话框中单击“确定”按钮，即可完成追加记录。

3. 说明

（1）在导入数据时，可以在源应用程序中修改文件或者使用导入向导来确定 Visual FoxPro 新表的结构。

（2）如果想使用早期 Visual FoxPro 产生的数据文件，可以直接打开使用而不必导入，转换后数据文件不能被以前的版本打开。

（3）用户也可以在“导入”对话框中直接选择源文件的类型、文件的名字等信息。然后单击“确定”按钮，来完成导入数据的操作。

12.2 数据导出

导出数据是把数据从 Visual FoxPro 表中复制到其他应用程序使用的文件中。例如，可以将 Visual FoxPro 表中的数据导出到一个电子表格文件中。导出过程需要一个源表以及目标文件的类型和名称。如有必要，还可以对导出哪些字段和记录进行选择。用户可以在支持目标文件的应用程序中使用生成的文件。

12.2.1 导出的文件类型

可以从 Visual FoxPro 导出的文件类型如表 12-2 所示。

表 12-2　可以从 Visual FoxPro 导出的文件类型

文件类型	文件扩展名	说明
制表符分隔	.txt	用制表符分隔每个字段的文本文件
逗号分隔	.txt	用逗号分隔每个字段的文本文件
空格分隔	.txt	用空格分隔每个字段的文本文件
系统数据格式	.sdf	具有定长记录且记录以回车和换行符结尾的文本文件
表	.dbf	其他关系 DBMS 中的表
Microsoft Excel	.xls	电子表格格式。列与字段对应，行与记录对应

12.2.2　导出数据

用户可以把所有的字段和记录从 Visual FoxPro 表复制到新文件中，也可以仅复制选定的字段和记录。

1. 导出数据的步骤

（1）选择“文件”菜单中的“导出”命令，打开“导出”对话框，如图 12-11 所示。

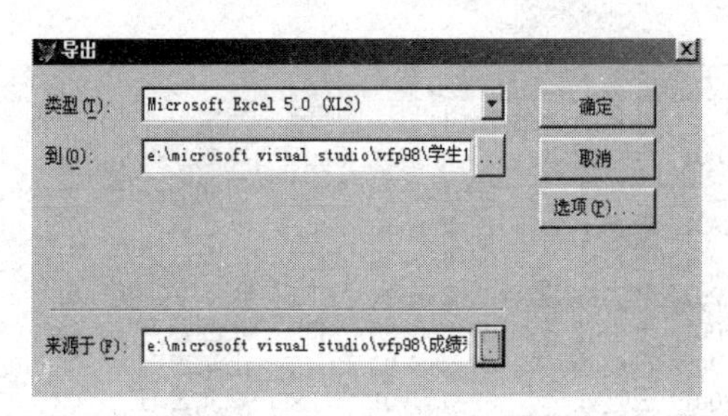

图 12-11　“导出”对话框

（2）在“类型”下拉列表框中选择目标文件的类型。在“到”编辑框中输入目标文件名（或单击其后的按钮，在打开的“另存为”对话框中选择合适的文件夹，并输入文件名）。

（3）在“来源于”编辑框中输入源文件名（如果当前已打开某个表，则该表为缺省选择）。

（4）如果想有选择地导出某些字段或记录，应单击“选项”按钮，弹出“导出选项”对话框，如图 12-12 所示。

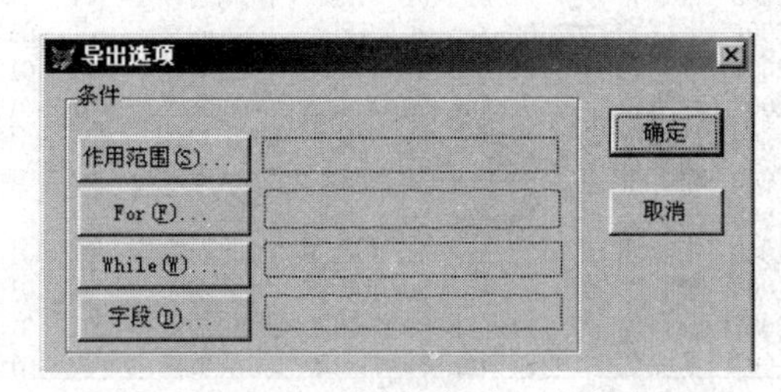

图 12-12　“导出选项”对话框

（5）在“导出选项”对话框中填入相应的内容，即可完成导出数据的操作。

2. “导出选项”的使用

（1）选择导出字段：在默认情况下，Visual FoxPro 将源表中的所有字段导出到目标文件中。使用“字段”按钮，可以选择要导出哪些字段。

（2）选择导出的记录：在默认情况下，Visual FoxPro 将源表中的所有记录导出到目标文件中。使用“导出选项”对话框中的“作用范围”、For、While 按钮，可以选择要导出哪些记录。

3. 导出文本文件

导出文本文件时，在默认情况下，Visual FoxPro 将用逗号分隔各字段，并且每个字符型字段用双引号括起来，用户可以改变成其他符号分隔字段。

习题 12

1. 利用“导入向导”将 Excel 文件 xs1.xls（如图 12-13 所示）导入到 Visual FoxPro 中，创建新的自由表 xs1.dbf。

	A	B	C	D	E	F	G	H	I
1	学号	姓名	性别	出生年月	团员否	籍贯	院系	专业代	班级
2	08010401001	李红丽	女	06-Aug-91	FALSE	黑龙江哈尔滨	01	0102	08商英1
3	08010401002	王晓刚	男	05-Jun-90	FALSE	河北石家庄	01	0104	08审计1
4	08010402001	李刚	男	12-Mar-90	FALSE	浙江杭州	01	0104	08审计2
5	08010201001	王心玲	女	06-May-89	TRUE	河南南阳	01	0102	08会电1
6	08010201002	李力	男	05-Mar-91	TRUE	河南平顶山	01	0102	08会电1
7	08080301001	王小红	男	02-Sep-90	TRUE	陕西西安	08	0803	08商英1
8	08080301002	杨晶晶	男	04-Sep-90	TRUE	山东枣庄	08	0803	08商英1
9	08080302001	王虹虹	女	09-May-91	FALSE	湖北黄石	08	0803	08商英2

图 12-13　Excel 文件 xs1.xls

2. 利用“导入向导”将 Excel 文件 xs2.xls（如图 12-14 所示）导入到 Visual FoxPro 中，添加到已有的表文件 xs1.dbf 中。

	A	B	C	D	E	F	G	H	I
1	学号	姓名	性别	出生年月	团员否	籍贯	院系	专业代	班级
2	08010202002	王明	男	09-Dec-91	FALSE	广西柳州	01	0102	08会电2
3	08010202003	张建明	男	12-Nov-91	TRUE	河北石家庄	01	0102	08会电2
4	08010202004	李红玲	女	08-Sep-90	TRUE	山东曲阜	01	0102	08会电2
5	08010102001	李国志	男	28-Feb-89	FALSE	山西运城	01	0101	08财管2
6	08010102002	赵明超	男	01-Jun-92	FALSE	湖北武汉	01	0101	08财管2
7	08010102003	赵艳玲	女	03-Jul-91	TRUE	湖北武汉	01	0101	08财管2
8	08010101002	徐英平	男	30-Oct-89	TRUE	北京市	01	0101	08财管1
9	08010201003	王国栋	男	16-Mar-90	TRUE	河南郑州	01	0102	08会电1
10	08010202006	张晓旭	男	23-May-91	FALSE	河北石家庄	01	0102	08会电2
11	08010201004	李晓辉	男	20-Apr-90	FALSE	河南南阳	01	0102	08会电1
12	08010202007	王科伟	男	11-Sep-89	TRUE	陕西西安	01	0102	08会电2
13	08010201005	李玲想	女	23-Jan-89	TRUE	北京市	01	0102	08会电1

图 12-14　Excel 文件 xs2.xls

3．利用“导入向导”将以下文本导入到 Visual FoxPro 中，创建新的自由表 xs2.dbf。

```
"08010401001","李红丽","女",08/06/1991,F,"黑龙江省哈尔滨","01","01(
"08010401002","王晓刚","男",06/05/1990,F,"河北省石家庄","01","0104'
"08010402001","李刚","男",03/12/1990,F,"浙江省杭州","01","0104","0
"08010201001","王心玲","女",05/06/1989,T,"河南南阳","01","0102","0
"08010201002","李力","男",03/05/1991,T,"河南平项山市","01","0102",
"08080301001","王小红","男",09/02/1990,T,"陕西西安","08","0803","0
"08080301002","杨晶晶","男",09/04/1990,T,"山东枣庄","08","0803","0
"08080302001","王虹虹","女",05/09/1991,F,"湖北黄石","08","0803","0
"08010202002","王明","男",12/09/1991,F,"广西柳州","01","0102","08
"08010202003","张建明","男",11/12/1991,T,"河北石家庄","01","0102",
"08010202004","李红玲","女",09/08/1990,T,"山东曲阜市","01","0102",
"08010102001","李国志","男",02/28/1989,F,"山西运城","01","0101","0
"08010102002","赵明超","男",06/01/1992,F,"湖北武汉","01","0101","0
"08010102003","赵艳玲","女",07/03/1991,T,"湖北武汉","01","0101","0
"08010101002","徐英平","男",10/30/1989,T,"北京市","01","0101","08
```

4．利用“导出向导”将 Visual FoxPro 中的表文件 xs3.dbf（如图 12-15 所示）导出到 Excel 中，创建文件 xs3.xls。

学生档案

学号	姓名	性别	出生年月	团员否	籍贯	院系代码	专业代码
08010401001	李红丽	女	08/06/91	F	黑龙江哈尔滨	01	0102
08010401002	王晓刚	男	06/05/90	F	河北石家庄	01	0104
08010402001	李刚	男	03/12/90	F	浙江杭州	01	0104
08010201001	王心玲	女	05/06/89	T	河南南阳	01	0102
08010201002	李力	男	03/05/91	T	河南平项山	01	0102
08080301001	王小红	男	09/02/90	T	陕西西安	08	0803
08080301002	杨晶晶	男	09/04/90	T	山东枣庄	08	0803
08080302001	王虹虹	女	05/09/91	F	湖北黄石	08	0803
08010202002	王明	男	12/09/91	F	广西柳州	01	0102
08010202003	张建明	男	11/12/91	T	河北石家庄	01	0102
08010202004	李红玲	女	09/08/90	T	山东曲阜	01	0102
08010102001	李国志	男	02/28/89	F	山西运城	01	0101
08010102002	赵明超	男	06/01/92	F	湖北武汉	01	0101
08010102003	赵艳玲	女	07/03/91	T	湖北武汉	01	0101

图 12-15　表文件 xs3.dbf

5．利用“导出向导”将 Visual FoxPro 中的表文件 xs3.dbf（如图 12-15 所示）导出，创建文本文件 xs1.txt。

13 应用系统开发实例

Visual FoxPro 是面向对象的数据库编程语言，是一款典型的关系数据库管理系统。它不仅提供了高效的界面开发工具，同时又具有方便快捷的数据库操作功能，在中小型数据库管理中有着广泛的应用。

学习 Visual FoxPro 数据库管理系统的目的是开发满足实际需求的数据库应用系统。本章以前面各章节所学 Visual FoxPro 基本知识与设计方法为基础，通过对学生信息管理系统的设计与开发，介绍数据库应用系统开发的步骤和流程。

13.1 数据库应用系统开发步骤

一般而言，一个数据库应用系统开发通常要经过需求分析、系统设计、系统实现、系统测试、系统发布和系统使用维护等阶段。下面以利用 Visual FoxPro 数据库管理系统开发数据库应用系统为例，介绍主要开发步骤。

1. 需求分析

需求分析是整个应用系统开发的基础。在此阶段，系统开发人员要深入细致地与用户交流，准确、充分地了解用户需求。需求分析包括两个方面的内容：一是数据分析，根据用户工作信息，分析必须建立哪些数据信息，分析数据之间的相互联系等；二是功能分析，即详细分析用户如何对各类信息进行加工处理，以实现用户所提出的各类功能需求，为应用系统功能设计提供依据。

2. 系统设计

系统设计是在需求分析的基础上，结合计算机技术的具体实现，采用一定的标准和准则，对应用系统进行总体规划设计，包括数据库（表）设计和系统功能设计。数据库（表）设计是系统设计最重要的第一步，其设计的好坏将直接影响整个应用系统的稳健性与可扩展性。系统功能设计主要是能够实现数据的输入、输出和各种加工处理，以及对整个应用系统进行管理、控制与维护的功能模块。

3. 数据库设计

设计数据库主要有以下几项工作：

（1）收集数据。将与系统相关的数据粗略地汇集到一起。

（2）分析数据。根据系统功能的需要，分析确定的数据源，去掉重复数据，删除无关数据。

（3）规范数据。按数据规范原则，设计多个表，合理定义每个表中各个字段的属性。

（4）建立关联。给表中字段建立索引，确定表之间的关系类型。

（5）建立数据库。建立数据库，添加表，确定多表之间的关系。

4. 界面设计

界面设计又称为表单设计，即设计用户和系统的输入/输出接口，它的主要工作是确定用户需要向系统输入哪些数据，以什么方式和格式输入到系统中。在设计时要从方便用户使用和方便系统处理两个角度来考虑。需要注意以下两点：一是良好的输入格式，给用户创造一个良好的工作环境，以减少输入的出错率，提高输入速度；二是减少数据的重复输入，一个数据只输入一次，避免多次输入，提高工作效率。

在 Visual FoxPro 集成环境中，选择相应的功能控件设计好用户界面后，需要编写程序代码来实现界面功能。

5. 报表设计

报表用来按照特定的格式输出数据，是数据输出最常用的一种表现形式。报表设计是应用程序开发的一个重要组成部分，主要包括两部分内容：数据源和布局。

（1）数据源。设计报表的数据环境，可以是相关表或视图。

（2）报表布局。根据用户报表输出样式的需求来设计报表的布局，可以通过“报表设计器”来完成，添加控件并设置相关数据源。

6. 菜单设计

菜单是应用系统程序的主界面，是为了方便用户操作的界面框架。使用菜单打开表单进行数据查询和处理，在表单中调用数据库中的数据进行查询和维护。

菜单设计要根据用户的操作需求，便于用户直观地了解应用程序所能实现的主要功能。

7. 编译应用程序

一个典型的数据库应用系统由数据、用户界面、数据管理和报表等组成，主要实现对数据的增加、删除、修改和查询四大功能。在设计应用程序时，应仔细考虑每个组件将提供的功能以及与其他组件之间的关系。

在建立应用程序时，需要考虑如下任务：

（1）设置应用程序的起始点。

（2）初始化环境。

（3）显示初始的用户界面。

（4）控制事件循环。

（5）退出应用程序时，恢复原始环境。

8. 发布应用程序

在完成应用程序的开发和测试工作之后，可用“安装向导”为应用程序创建安装程序和发布磁盘。如果要以多种磁盘格式发布应用程序，“安装向导”会按指定的格式创建安装程序和磁盘。

13.2 学生信息管理系统开发实例

学生信息管理系统主要是借助计算机实现对学生信息的高效管理。学生信息包括学生的档案信息、系院信息、专业信息、课程信息和成绩信息等。

13.2.1 需求分析

应用系统的开发既要满足学校对学生信息的管理和查询，又要满足学生浏览、查找信息的需求。通过对学生管理工作的业务流程和学生信息管理的工作需要进行分析，本系统主要包括以下几方面的功能。

1. 系统管理功能

登录系统时，首先输入用户名和密码，输入正确即可登录学生信息管理系统，否则要求重新输入。系统可根据用户需要进行用户名和密码的修改，该模块实现密码验证和密码修改功能。

2. 数据管理功能

该模块可对学生档案信息、系院信息、专业信息、课程信息和成绩信息等基本数据信息进行添加、删除和修改操作，实现数据库增加、删除、修改和浏览记录的功能。

3. 数据查询功能

包括对学生基本信息查询和学生成绩查询，两种查询均可实现按学号查询、按姓名查询、按班级查询等功能。学生成绩查询还可实现按课程查询的功能。

4. 报表输出功能

以报表的形式输出并打印学生基本信息和个人成绩单。

5. 退出系统功能

完成对学生信息管理系统的操作后，通过该模块安全地退出学生信息管理系统。

13.2.2 系统设计

首先根据需求分析将该系统划分为若干个功能模块，每个功能模块实现特定的功能。系统的总体功能结构如图13-1所示。

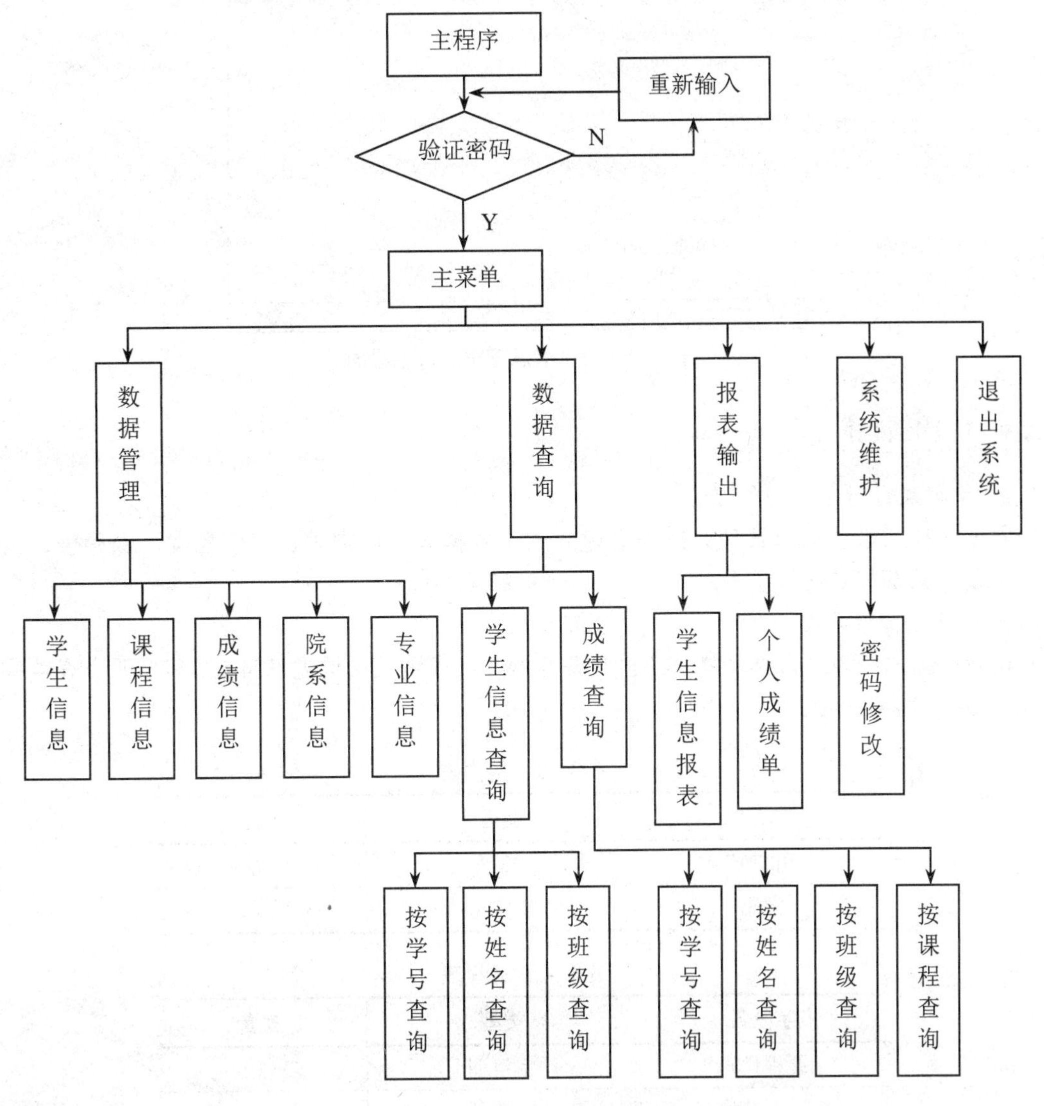

图13-1 系统总体功能结构图

在学生信息管理系统中，由项目管理器统一管理数据表、表单、报表、程序、菜单等。系统先运行主程序，由主程序调出用户登录界面；成功登录后，调出系统的主菜单；通过主菜单进入各个表单和报表，完成界面功能。表单和报表中的数据来自数据库中的数据表。

学生信息管理系统主界面如图13-2所示。

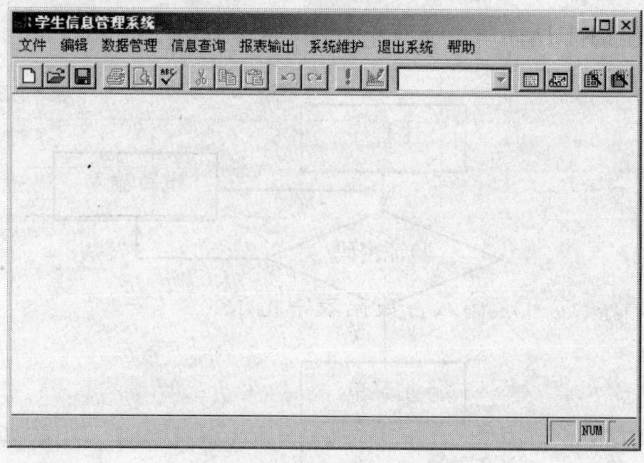

图 13-2 学生信息管理系统主界面

13.2.3 数据库设计

1. 数据表设计

通过分析，学生信息管理系统需要建立六个数据表：用户表、学生档案、课程表、成绩表、院系信息表和专业信息表。

（1）建立表结构。

在所需的六个表中，学生档案表结构见表 4-1，成绩表结构见表 4-2。其余四个表结构如表 13-1 至表 13-4 所示。

表 13-1 用户表

字段名	类型	宽度
用户名	字符型	10
密码	字符型	6

表 13-2 课程表

字段名	类型	宽度
课程代码	字符型	3
课程名称	字符型	20
类别	字符型	6

表 13-3 院系信息表

字段名	类型	宽度
院系代码	字符型	2
院系名称	字符型	20

表 13-4 专业信息表

字段名	类型	宽度
专业代码	字符型	4
专业名称	字符型	20

（2）输入表记录。

按照第 4 章 4.1.2 节所述方法输入各数据表中记录。

（3）建立索引。

索引的建立决定了表与表之间的关联关系。在进行表结构的设计时，要为每张表建立索引。学生档案表中的“学号”为主索引，“院系代码”和“专业代码”分别为普通索引。成绩表中的“学号”和“课程代码”均为普通索引，“学号+课程代码”为主索引。课程表中的“课程代码”为主索引。院系信息表中的“院系代码”为主索引。专业信息表中的“专业代码”为主索引。

2. 创建项目和数据库

本系统开发过程中创建的所有文件将在项目管理器中进行，因此应首先创建项目。在所创建的项目中创建数据库，将前面设计的六个数据表添加到数据库中，形成数据库表。具体操作步骤如下：

（1）在 D 盘新建一个文件夹，命名为“学生信息管理系统”。

（2）打开 Visual FoxPro 系统，将系统的默认存储路径改为“D:\学生信息管理系统”。

（3）创建一个项目，项目名为“学生管理.pjx”。

（4）在项目中创建一个数据库，文件名为 xsgl.dbc。

（5）将“学生档案”表、“课程表”、“成绩表”、“用户表”、“院系信息”表、“专业信息”表六张表添加到 xsgl.dbc 中，并添加表中记录。

3. 建立表间关系和设置参照完整性

（1）建立表间关系。

在数据库中根据六张表的索引建立表间关系，如图 13-3 所示。

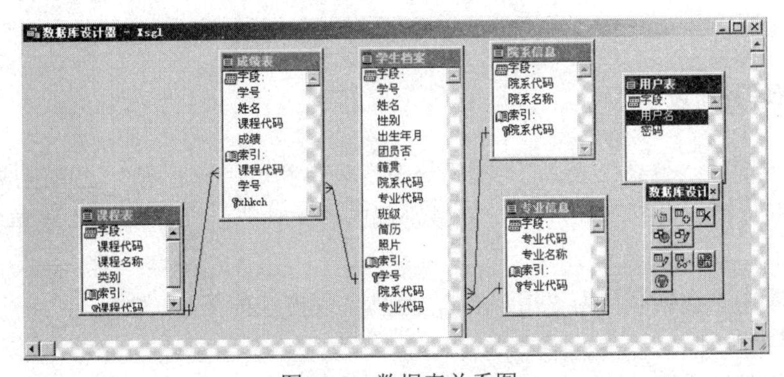

图 13-3 数据表关系图

（2）设置参照完整性。

参照完整性是关系数据库管理系统的一个重要功能。为了保持表中数据的一致性，需要在各数据表之间建立参照完整性。当插入、删除或更新记录时，就会参照引用相关联的另外一个表中的数据。在打开的“参照完整性生成器”对话框中，显示了该系统中所有的关联关系，如图 13-4 所示。

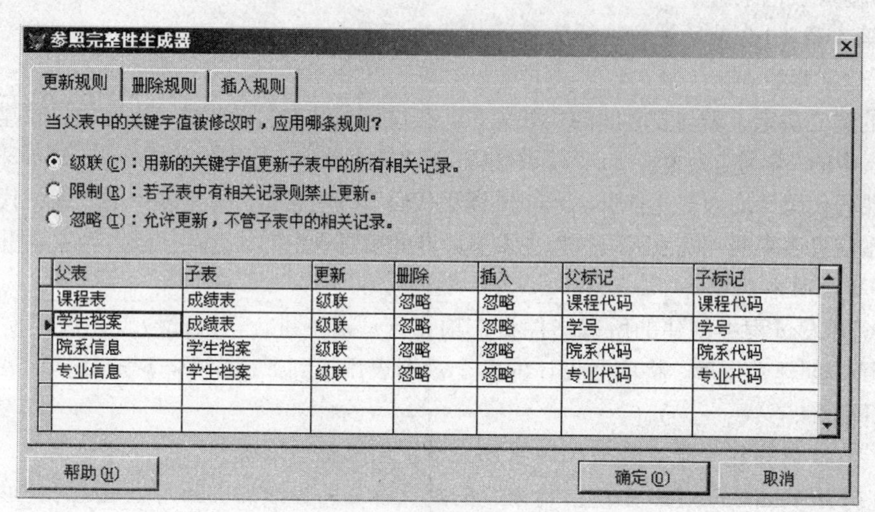

图 13-4　参照完整性设置

参照完整性规则有 3 个，分别是更新规则、插入规则和删除规则。更新规则规定，当更新父表的主关键字时，处理相关子表中记录的级联、限制、忽略规则。插入规则规定，当子表中插入一条新记录或更新一条已经存在的记录时的处理规则。删除规则规定，当删除父表中的记录时，处理相关子表中记录的方法。详见第 4 章 4.4.3 节的内容。

在图 13-4 所示的参照完整性设置中，以“学生档案”表和“成绩表”为例，更新规则定为“级联”，则当修改“学生档案”表中的“学号”信息时，自动更新“成绩表”中的“学号”信息。

13.2.4　系统管理界面设计

系统管理界面由“登录”表单、“密码修改”表单和“用户管理”表单组成。“登录”表单实现用户登录系统，“密码修改”表单完成密码的修改功能，“用户管理”表单实现对系统用户的增删功能。

在三个表单中，数据源均为“用户表”，具体实现方法如下。

1．登录界面设计

登录表单提供用户登录窗口，如图 13-5 所示。登录表单中的对象属性设置如表 13-5 所示。

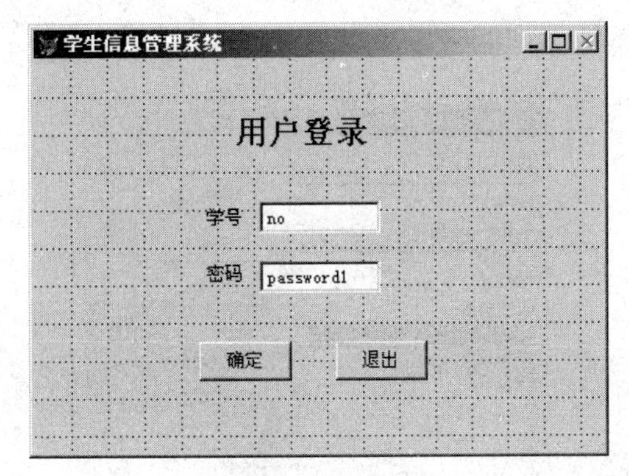

图 13-5　登录表单

表 13-5　属性设置

对象	属性	属性值
Label1	Caption	用户登录
	fontsize	16
	fontname	宋体
Label2	Caption	用户名
	fontsize	9
	fontname	宋体
Label3	Caption	密码
	fontsize	9
	fontname	宋体
Text1	name	no1
Text2	name	Password1
	passwordchar	*
Command1	Caption	确定
Command2	Caption	退出
Form1	Caption	用户登录
	name	login

登录表单的设计步骤如下：

（1）在“项目管理器”对话框的“文档”选项卡中选择“表单”选项，新建表单，打开“表单设计器”对话框。

（2）右击“表单设计器”窗口，在弹出的快捷菜单中选择“数据环境”命令。打开“数据环境设计器”窗口的同时，弹出“添加表或视图”对话框，如图 13-6 所示。

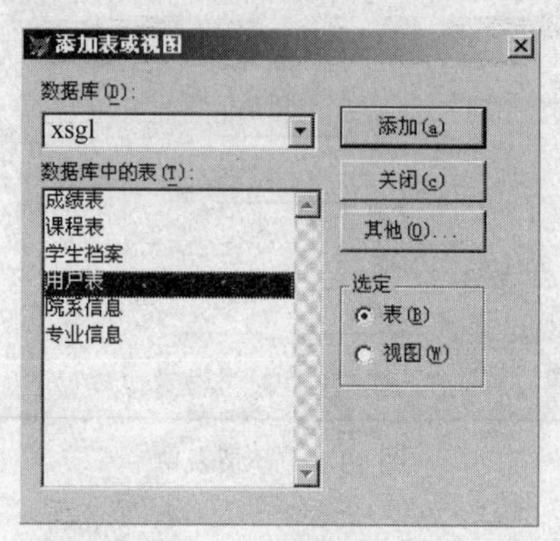

图 13-6 “添加表或视图”对话框

（3）从 xsgl 数据库中选择“用户表”，单击“添加”按钮。然后单击“关闭”按钮，关闭“添加表或视图”对话框。

（4）依次把用户表中的“用户名”和“密码”字段拖放到空表单的合适位置。在表单上出现 Caption 属性为“用户名”、“密码”的标签，name 属性为“txt 用户名”、“txt 密码”的文本框。调整这四个控件在表单上的位置。

（5）按图 13-5 所示的表单和表 13-5 所示的控件属性添加控件，并设置属性。

（6）编写程序代码。

1）表单的 Load 和 Unload 事件代码。

Load 事件代码如下：

```
set talk off
set safety off
close all
open database .\xsgl.dbc exclusive
public yh
select 1
use .\用户表.dbf
```

Unload 事件代码如下：

```
return yh
close all
```

2）“确定”按钮的 Click 事件代码。

```
yhm=alltrim(thisform.no1.value)                    && 把输入的用户名赋值给变量 yhm
mm=alltrim(thisform.password1.value)               && 把输入的密码赋值给变量 mm
locate all for yhm==alltrim(用户表.用户名) and alltrim(用户表.密码)==mm
                                                   && 在用户表中查找相匹配的记录
if found()
   yh=alltrim(用户表.用户名)                        && 变量 yh 用来在后续操作中作为登录人员的标记
 do menu.mpr                                       && 执行主菜单 menu.mpr
```

```
close all
    thisform.release                    && 如果用户名和密码都正确，该界面不再显示
else
    wait window "请重新输入" timeout 2
    thisform.no1.value=""               && 清空用户名文本框
    thisform.password1.value=""         && 清空密码文本框
    thisform.no1.setfocus
endif
```

注意：menu.mpr 主菜单此时尚未设计，可将该语句先改为“messagebox("验证窗口!")”来做功能测试。

3）“退出”按钮的 Click 事件代码。

```
tu=messagebox("你确定要退出学生信息管理系统吗？",4+32+0,"学生信息管理系统")
if tu=6                        && 当单击对话框中的“是”按钮时，退出系统
    yh=""                      && 公共变量 yh 为空
    thisform.release           && 释放登录表单
endif
  clear events                 && 清除事件循环
```

2．密码修改界面设计

为了系统的安全起见，密码用一段时间就要进行更换。在密码修改表单的“用户名”、“旧密码”、“新密码”文本框中输入相应内容，单击“确定”按钮，完成密码的修改；单击“取消”按钮，取消密码修改操作。表单界面如图 13-7 所示。

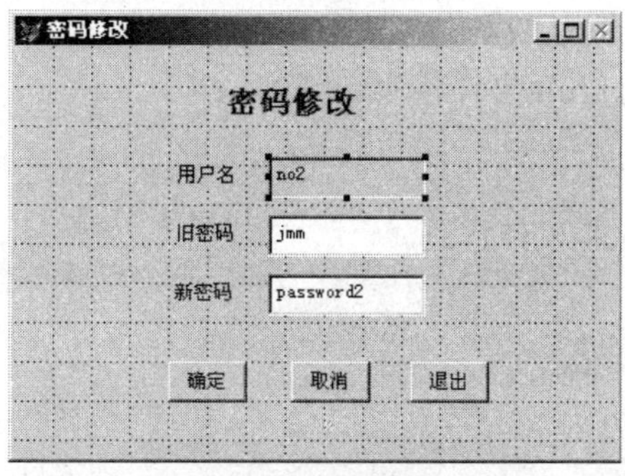

图 13-7　密码修改表单界面

按表单上所示控件设计“密码修改”表单。在数据环境设计器中添加“用户表”，对象属性设置如表 13-6 所示。

表 13-6　属性设置

对象	属性	属性值
Label1	Caption	密码修改
	fontsize	16
	fontname	宋体

续表

对象	属性	属性值
Label2 Label3 Label4	Caption	用户名、旧密码、新密码
	fontsize	9
	fontname	宋体
Text1	name	no2
	readonly	T
Text2	name	jmm
	passwordchar	*
Text3	name	Password2
	passwordchar	*
Command1	Caption	确定
Command2	Caption	取消
Command3	Caption	退出
Form1	Caption	密码修改
	name	mmxg

编写“密码修改”表单的程序代码。

（1）“密码修改”表单的 Init 事件代码。

```
use .\用户表.dbf
thisform.no2.value=yhm
```

（2）“确定”按钮的 Click 事件代码。

```
locate for 用户名=yh
if alltrim(thisform.jmm.value)==alltrim(用户表.密码)
    replace  用户表.密码  with  thisform.password2.value
    messagebox("修改成功！！",0,"提示信息")
else
    messagebox("您输入的旧密码错误，请重新输入..",4+64+0,"提示信息")
    thisform.jmm.value=""
    thisform.password2.value=""
    thisform.jmm.setfocus
endif
thisform.refresh
```

（3）“取消”按钮的 Click 事件代码。

```
replace 用户表.密码 with thisform.jmm.value
messagebox("放弃密码修改",0+48,"提示信息")
thisform.refresh
```

（4）“退出”按钮的 Click 事件代码。

```
thisform.release
```

3. 用户管理界面设计

“用户管理”表单界面如图 13-8 所示。

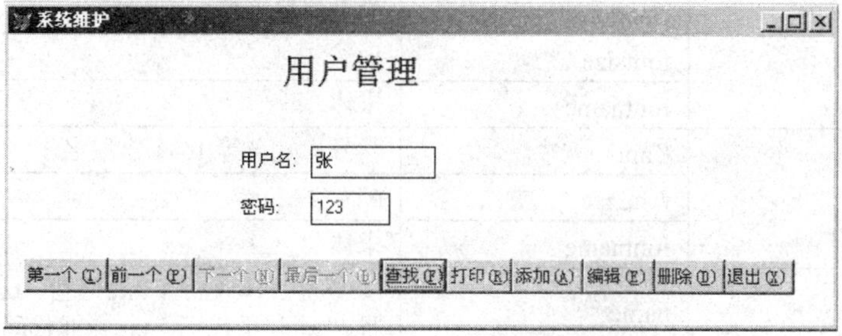

图 13-8　用户管理表单界面

在界面设计时，可利用“向导”先建立表单。然后对建立好的表单按图 13-8 所示进行适当修改。在此，用户管理界面数据源使用“用户表”，表单样式为“标准式”，按钮类型为“文本按钮”。

13.2.5　系统功能模块设计

1. 数据管理模块设计

该模块包括对学生信息、院系信息及专业信息、课程信息、成绩信息的管理，主要实现对数据库中数据的增加、删除和修改功能。下面以“学生信息管理”表单设计为例，讲解界面设计的方法与步骤。该表单使用“学生档案”表，其界面如图 13-9 所示。

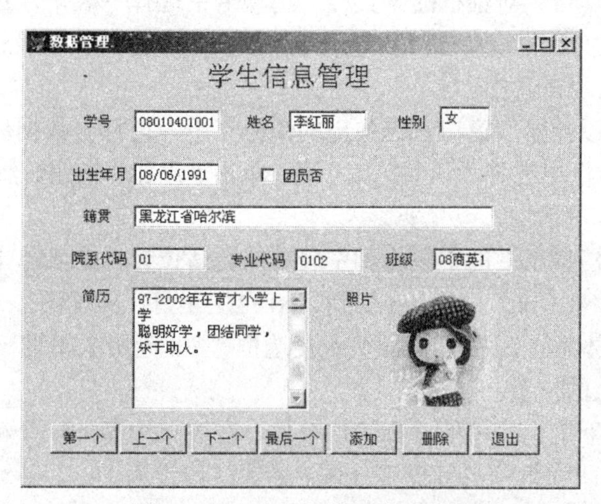

图 13-9　学生信息管理表单界面

按表单上所示控件，设计“学生信息管理”表单。在数据环境设计器中添加“学生档案”表，对象属性设置如表 13-7 所示。

表 13-7　属性设置

对象	属性	属性值
Label1	Caption	学生信息管理
	fontsize	18
	fontname	宋体
Label2～Label11	Caption	学号、姓名等 10 个字段名
	fontsize	9
	fontname	宋体
Text1～Text10	name	txt 学号、txt 姓名、txt 性别、txt 出生年月、txt 籍贯、txt 院系代码、txt 专业代码、txt 班级
	enabled	F
Check1	name	Chk 团员否
	Caption	团员否
Edit1	name	Edt 简历
Image1	name	Olb 照片
Command1～Command7	Caption	第一个、上一个、下一个、最后一个、添加、删除、退出
Form1	Caption	数据管理
	name	xsxxgl

表单设计步骤如下：

（1）在“项目管理器”对话框的“文档”选项卡中选择“表单”选项。单击“新建”按钮，弹出“新建表单”对话框。单击“新建表单”按钮，弹出“表单设计器”窗口，一个名为 Form1 的空表单随之出现在其中。

（2）右击“表单设计器”窗口，在弹出的快捷菜单中选择“数据环境”命令。在弹出的“添加表或视图”对话框中选择“学生档案”表，单击“添加”按钮。然后单击“关闭”按钮，关闭“添加表或视图”对话框。

（3）依次把学生档案表中的字段拖到空表单的合适位置。在表单上出现各字段的标签和 name 属性依次为 txt 学号、txt 姓名、txt 性别、txt 出生年月、txt 籍贯、txt 院系代码、txt 专业代码和 txt 班级等的文本框，还有 Chk 团员否复选框、Edt 简历编辑框、Olb 照片图像控件等。调整这些控件在表单上的位置。

（4）单击“控件”工具栏中的“标签”控件，在表单中添加一个标签控件。设置该标签控件的 Caption 属性为“学生信息管理”，fontsize 属性值设为 18。

（5）添加 7 个按钮，按钮的 Caption 属性分别为“第一个”、“上一个”、“下一个”、“最后一个”、“添加”、“删除”及“退出”。

（6）选中该表单，在属性面板中将表单的 Caption 属性设为“数据管理”，Name 属性为 xsxxgl。

编写学生信息管理表单的程序代码。

1）“第一个”按钮的 Click 事件代码：

```
go top
thisform.refresh
```

2）“上一个”按钮的 Click 事件代码：

```
if bof()
    messagebox("已到文件头",0+48,"提示信息")
    go top
else
    skip -1
endif
thisform.refresh
```

3）“下一个”按钮的 Click 事件代码：

```
if eof()
    messagebox("已到文件尾",0+48,"提示信息")
    go bottom
else
    skip
endif
thisform.refresh
```

4）“最后一个”按钮的 Click 事件代码：

```
go bottom
thisform.refresh
```

5）“添加”按钮的 Click 事件代码：

```
if empty(学号)
        messagebox("已添加一条空白记录,不允许再添加",0+48,"提示信息")
        go bottom
else
        append blank
endif
thisform.refresh
```

6）“删除”按钮的 Click 事件代码：

```
delete
a=messagebox("是否确定删除？",1+48+0,"提示信息")
if a=1
    pack
else
    recall
endif
thisform.refresh
```

7）“退出”按钮的 Click 事件代码：

```
thisform.release
```

数据管理模块中还包括课程信息管理、院系信息管理、专业信息管理和成绩信息管理，各表单建立方法简述如下。四个表单的设计均以向导的方向建立，选择表单样式为“标准式”。

课程信息管理表单按钮类型选择“文本按钮”，其界面如图 13-10 所示。其表单的 Caption 属性为“数据管理”，name 属性为 kcxxgl。

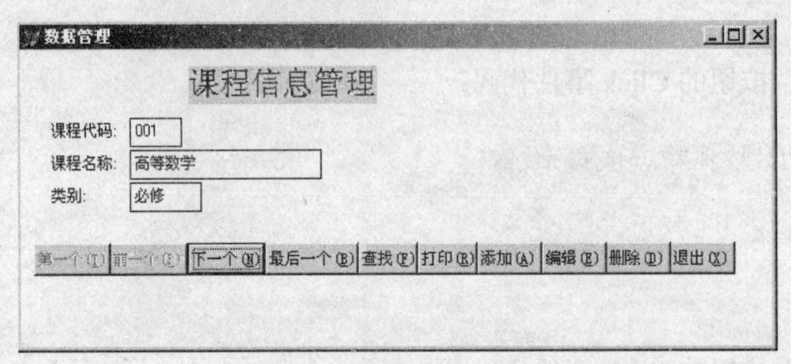

图 13-10　课程信息管理

院系信息管理表单按钮类型选择“图片按钮”，其界面如图 13-11 所示。其表单的 Caption 属性为“数据管理”，name 属性为 yxxxgl。

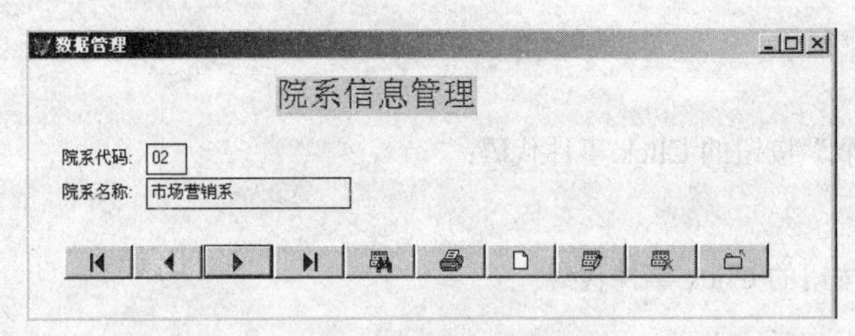

图 13-11　院系信息管理

专业信息管理表单按钮类型选择“定制”项中的“滚动网络”，其界面如图 13-12 所示。其表单的 Caption 属性为“数据管理”，name 属性为 zyxxgl。

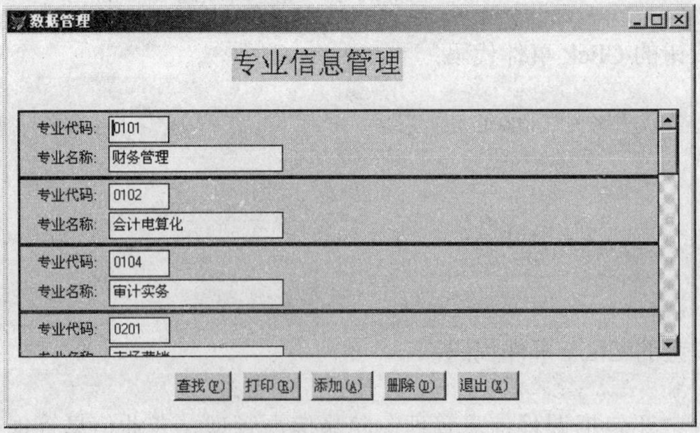

图 13-12　专业信息管理

成绩信息管理表单设计与学生信息管理表单设计类似，其界面如图 13-13 所示。该表单的 Caption 属性为“数据管理”，name 属性为 cjxxgl。

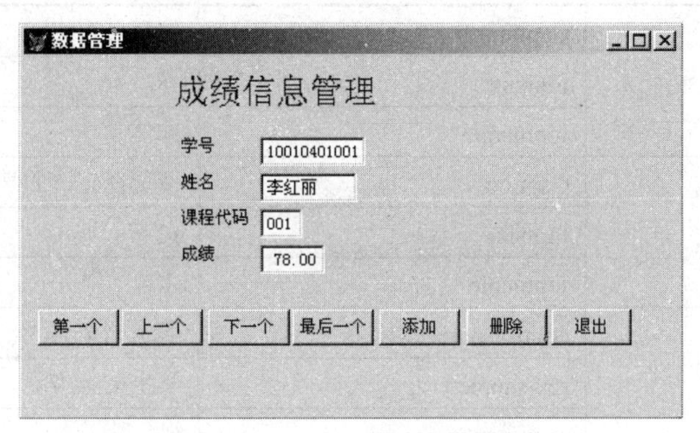

图 13-13　成绩信息管理

2. 数据查询模块设计

下面以在学生基本信息中按学号查询为例，讲解查询功能模块的实现。

在“按学号查询”表单中，用户通过选择学号进行查询。当选择某同学学号后，单击“查询”按钮，调用“按学号查询结果”表单，查询出该学生的基本情况信息。当单击“按学号查询结果”界面中的“返回”按钮时，返回到“按学号查询”界面。当单击“退出”按钮时，退出“按学号查询”界面。两个表单均使用学生档案表。

“按学号查询”表单界面设计如图 13-14 所示。“按学号查询结果”表单界面如图 13-15 所示。

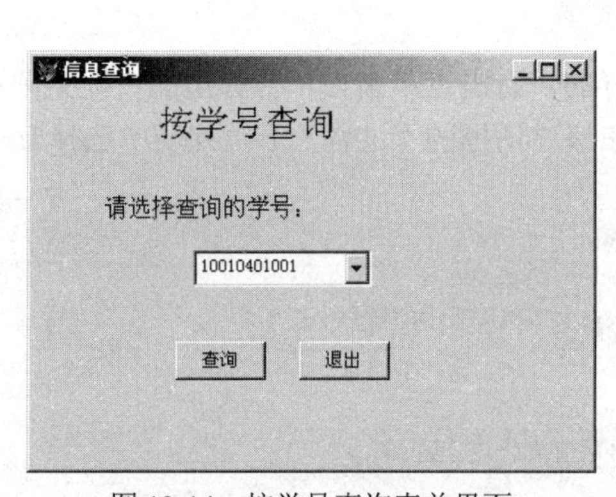

图 13-14　按学号查询表单界面

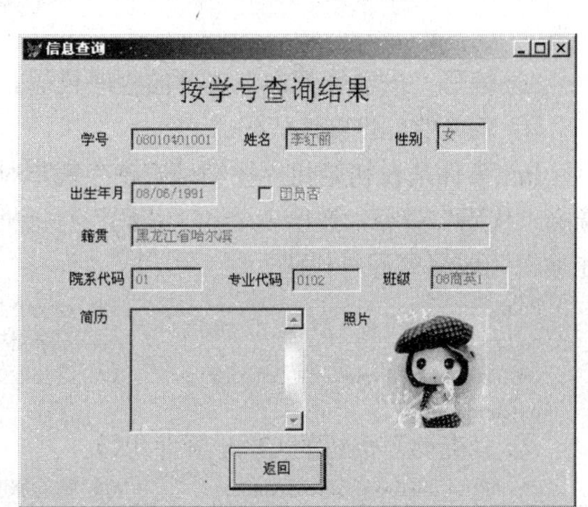

图 13-15　按学号查询结果表单界面

（1）“按学号查询”表单设计。

“按学号查询”表单中的对象属性如表 13-8 所示。

表 13-8 属性设置

对象	属性	属性值
Label1	Caption	按学号查询
	fontsize	18
	fontname	宋体
Label2	Caption	请选择查询的学号：
	fontsize	12
	fontname	宋体
Combo1	controlsource	学生档案.学号
	rowsource	学生档案.学号
	rowsourcetype	6-字段
Command1	Caption	查询
Command2	Caption	退出
Form1	Caption	信息查询
	name	xhcx

“按学号查询”表单的设计步骤如下：

1）在“学生管理.pjx”项目管理器中新建表单，在表单的数据环境设计器中添加“学生档案”表。

2）在表单设计器中按图 13-14 添加设计控件并设置相关属性，并对控件位置进行合理布置。

3）编写“按学号查询”表单的程序代码。

① 表单的 Init 事件代码。

Init 事件是在初始化“按学号查询”表单时运行的。右击表单窗口，在弹出的快捷菜单中选择“代码”命令，弹出表单的“代码”对话框，在该对话框的“过程”下拉列表中选择 Init，在编辑区域编写程序代码。

```
Public xh                              && 定义公共变量 xh
go top                                 && 记录指针指向学生档案表表头
thisform.combo1.value=学生档案.学号     && 组合框的值来自学生档案表中的学号字段
thisform.refresh
```

② “查询”按钮的 Click 事件代码：

```
xh=alltrim(thisform.combo1.value)      && 把选择的学号赋值给公共变量 xh
thisform.release
do form .\按学号查询结果.scx            && 调用“按学号查询结果”表单
```

③ “退出”按钮的 Click 事件代码：

```
thisform.release
```

4）关闭表单设计器，在弹出的“保存”对话框中保存表单，文件命名为“按学号查询”。

（2）“按学号查询结果”表单设计。

“按学号查询结果”表单中的控件与学生信息管理表单类似，部分不同的控件及属性如表13-9所示，其余参考表13-7。该表单使用学生档案表。

表13-9 属性设置

对象	属性	属性值
Label1	Caption	按学号查询结果
	fontsize	18
	fontname	宋体
Text1～Text8	name	txt学号、txt姓名、txt性别、txt出生年月、txt籍贯、txt院系代码、txt专业代码、txt班级
	enabled	.f.
Command1	Caption	返回
Form1	Caption	信息查询
	name	xhcxjg

“按学号查询结果”表单设计步骤如下：

1）在“学生管理.pjx”项目中新建表单，并在数据环境中添加“学生档案”表。将学生档案表中的字段拖放到表单的合适位置。按表13-7和表13-9设计控件。

2）编写表单的程序代码。

①表单的Init事件代码。

```
locate for xh=alltrim(学生档案.学号)        && 将记录指针定位到学号匹配的记录
thisform.refresh
```

②“返回”按钮的Click事件代码。

```
thisform.release
do form .\按学号查询.scx
```

3）关闭表单设计器，将表单命名为“按学号查询结果”后保存表单。

在“项目管理器”对话框中，运行“文档”选项卡中“表单”选项下的 “按学号查询”表单和“按学号查询结果”表单，查看运行结果。

按照与上面类似的步骤，由读者自行设计出“按姓名查询”和“按姓名查询结果”表单，如图13-16所示。

（3）“按班级查询”和“按班级查询结果”表单。

“按班级查询”和“按班级查询结果”表单如图13-17所示。表单设计步骤如下：

1）“按班级查询”表单中组合框的controlsource属性设为“学生档案.班级”。表单的Caption属性设为“信息查询”，name属性设为bjcx。

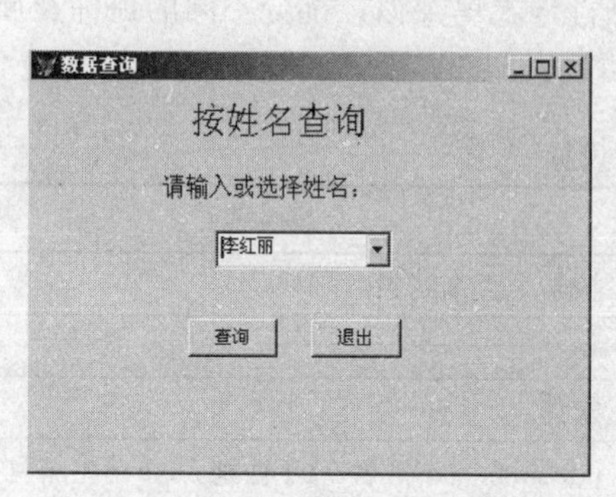

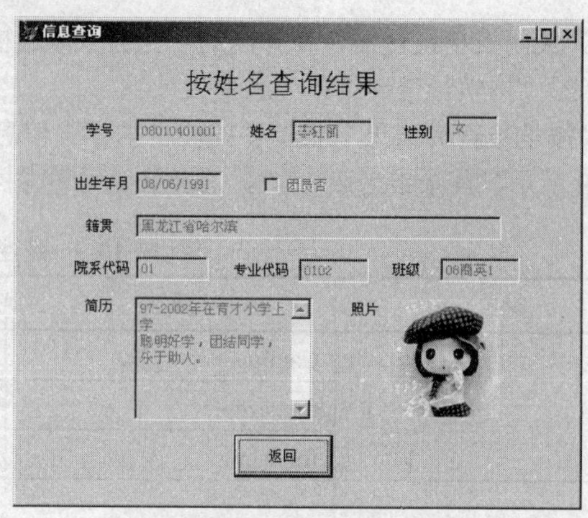

图 13-16 “按姓名查询”与“按姓名查询结果”表单

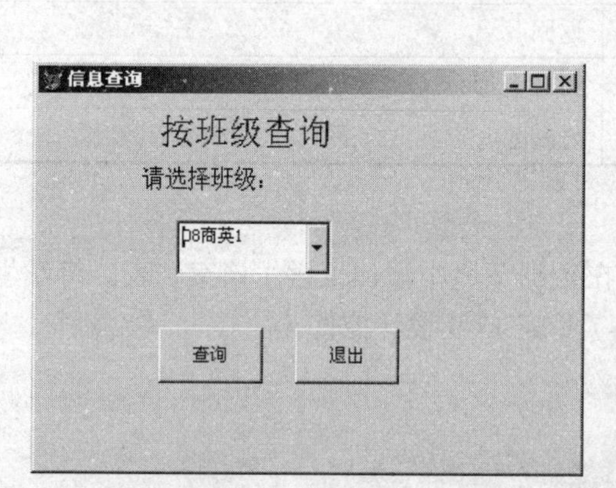

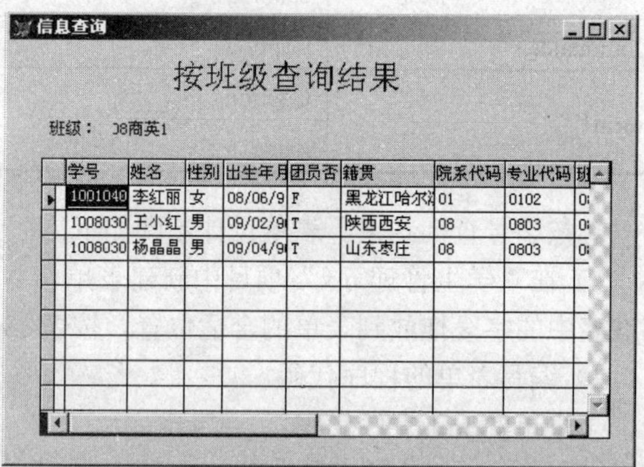

图 13-17 “按班级查询”和“按班级查询结果”表单

2）编写“按班级查询”表单的程序代码。

① 表单的 Init 事件代码。

```
public bj
select distinct(alltrim(班级)) from 学生档案 into cursor ddd
                                        && 将学生档案表中不重复的班级信息形成临时表 ddd
thisform.combo1.rowsource="ddd"         && 组合框中的班级信息来源于临时表 ddd
thisform.combo1.refresh
```

②“查询”按钮的 Click 事件代码。

```
bj=alltrim(thisform.combo1.value)
do form 按班级查询结果.scx
```

③“退出”按钮的 Click 事件代码。

```
thisform.release
```

3）“按班级查询结果”表单中的控件属性设置如表 13-10 所示。

表 13-10　属性设置

对象	属性	属性值
Label1	Caption	按班级查询结果
	fontsize	18
	fontname	宋体
Grid1	recordsourcetype	1-别名
	recordsource	学生档案
	name	Grd 学生档案
Label2	Caption	默认值
Label3	Caption	班级学生信息：
Command1	Caption	返回
Form1	Caption	信息查询
	name	bjcxjg

按图 13-17 和表 13-10 所示设计表单控件，调整控件到合适位置。

4）编写“按班级查询结果”表单的程序代码。

① 表单的 Init 事件代码。

```
thisform.label2.caption=bj
thisform.refresh
select 学号,姓名,性别,出生年月,团员否,籍贯,院系代码,专业代码,班级;
    from 学生档案;
    where alltrim(学生档案.班级)=bj;
    into cursor ccc
thisform.grd 学生档案.recordsource="ccc"
thisform.grd 学生档案.refresh
```

② “返回”按钮的 Click 事件代码。

```
thisform.release
do form　按班级查询.scx
```

在学生成绩查询模块中，可以实现按学号查询、按姓名查询、按班级查询和按课程查询等功能。其方法和步骤类似于上面介绍的学生信息查询各模块功能实现。学生可自行设计其界面并将其实现。

3. 报表输出模块设计

在学生信息管理中，需要以报表形式打印学生档案信息和学生成绩信息。因此，首先要设计出学生档案信息报表和成绩单报表，然后再调用报表进行输出或打印。

（1）报表设计。

以学生成绩信息报表为例介绍报表设计过程。要求在打印成绩单时，按学号分组显示学生各科成绩。设计步骤如下：

1）打开“学生管理.pjx”项目管理器，选择“文档”选项卡下的“报表”选项，单击“新建”按钮，打开“报表设计器”窗口，如图 13-18 所示。该图是根据以下步骤设计好的“报表设计器”窗口。

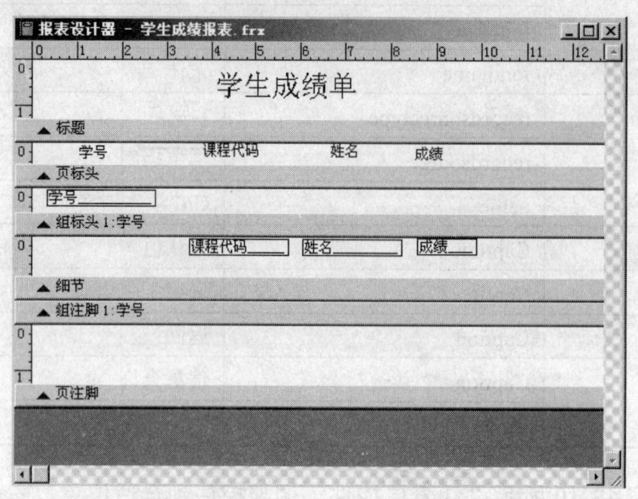

图 13-18 “报表设计器”窗口

2）在报表设计器的数据环境中添加“成绩表”和“课程表”，选择“课程代码”、“姓名”、“成绩”字段，依次将其拖动到报表设计器的细节区中。

3）单击“报表控件”工具栏中的按钮，选中细节区中的对象，调整各字段名的位置。单击“布局”工具栏的按钮，对齐各字段名。

4）单击“报表”工具栏中的A按钮，在页标头区设置与细节区字段名相应的字段标头。

5）默认的报表区不包含标题区。可以通过选择“报表”菜单栏的“标题/总结”命令，在弹出的“标题/总结”对话框中选中“标题带区”复选框，添加标题区，如图 13-19 所示。

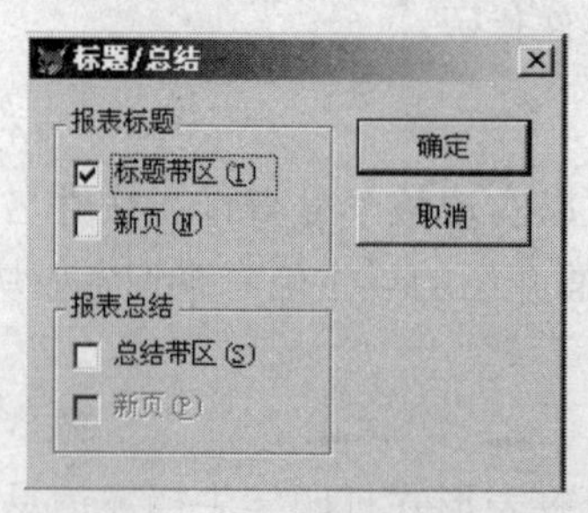

图 13-19 “标题/总结”对话框

6）在标题区输入标题“学生成绩单”。可以通过“格式”菜单栏中的“字体”命令设置标题的字体。

7）按学号分组显示学生各科成绩时，需要在报表中添加组标头。选择菜单栏中的“报表”

→"数据分组"命令，打开"数据分组"对话框，如图 13-20 所示。

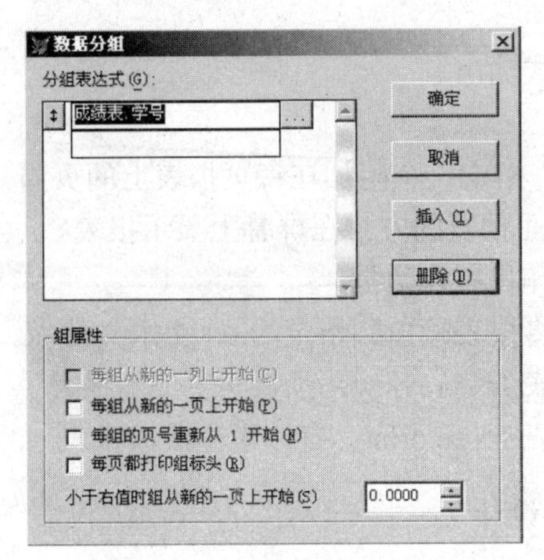

图 13-20　"数据分组"对话框

在"分组表达式"列表框中选择按"成绩表.学号"进行分组。单击"确定"按钮，在报表设计器中会出现组标头和组注脚区。将学号字段拖放到组标头区。设计完成的报表如图 13-18 所示。

8）选择"显示"菜单栏的"预览"命令，预览后的界面如图 13-21 所示。如果对设计出的报表不满意，可返回报表设计器进行修改。

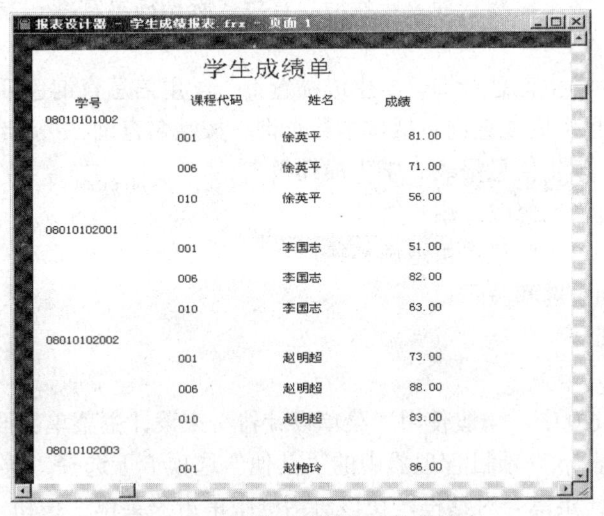

图 13-21　预览后的学生成绩单报表

9）关闭报表设计器，将报表以文件名"学生成绩报表.frx"保存。

（2）报表输出。

报表输出功能的实现可在程序中或菜单设计中调用报表命令。

格式：report form <报表文件名> [范围] [for 条件] [heading 表头文本] [priview] [to print] [to file 文本文件]

功能：将数据以报表形式输出。

说明：

1）[heading 表头文本]：指定一个附加在每页报表上的页眉。

2）[priview]：表示用页面预览的方式在屏幕上显示报表。

3）[to print]：输出到打印机打印数据。

4）[to file 文本文件]：将报表输出到指定的.txt 文本文件中。

report form 学生成绩报表.frx preview：预览学生成绩报表

report form 学生成绩报表.frx to print：打印学生成绩报表

13.2.6 系统主菜单与主程序设计

在学生信息管理系统中，用户登录后出现主菜单界面，即系统主界面，如图 13-2 所示。通过系统主界面可以访问到系统的各个模块。菜单系统包括一个菜单栏、多个菜单项和下拉菜单等。设计菜单时，应该本着用户操作方便的原则。

本系统主要包含以下主菜单及各子菜项：

（1）文件：新建、打开、保存、另存为、关闭及退出。

（2）编辑：撤消、重做、剪切、复制及粘贴。

（3）数据管理：学生信息管理、课程信息管理、院系信息管理、专业信息管理和成绩信息管理。

（4）信息查询：学生信息查询、学生成绩查询。学生信息查询包括按学号查询、按姓名查询、按班级查询。学生成绩查询包括按学号查询、按姓名查询、按班级查询和按课程查询。

（5）报表输出：学生信息报表、学生成绩报表。

（6）系统维护：密码修改、用户管理。

（7）退出系统：单击此菜单可退出系统。

（8）帮助：帮助主题和关于。

1. 系统主菜单设计

（1）创建菜单。

在 Visual FoxPro 6.0 中，一般使用“菜单设计器”来设计主菜单界面。操作步骤如下：

1）在“学生管理.pjx”项目管理器中的“其他”选项卡下选择“菜单”选项。单击“新建”按钮，弹出“新建菜单”对话框，在该对话框中单击“菜单”按钮，弹出“菜单设计器”窗口，如图 13-22 所示。

2）在“菜单设计器”窗口中按图 13-23 所示设置各主菜单项。

3）插入系统菜单。选中“菜单名称”列中的“文件”菜单，在“结果”列右边出现“创建”按钮。单击“创建”按钮，弹出一个空的“菜单设计器”窗口。单击右侧的“插入栏”按钮，弹出“插入系统菜单栏”对话框，在“插入系统菜单栏”对话框中选择需要插入的子菜单项，单击“插入”按钮即可。

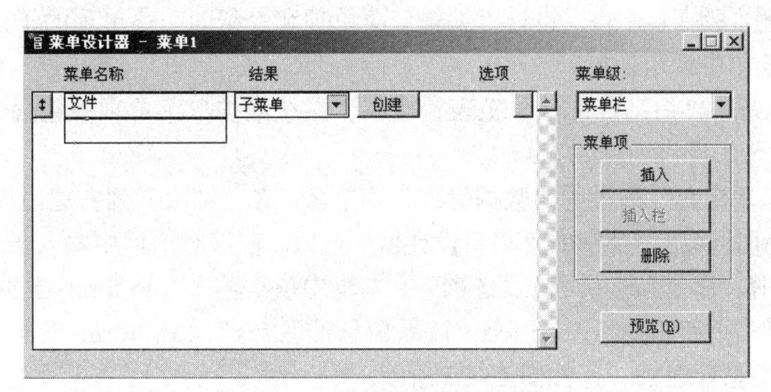

图 13-22　“菜单设计器”窗口

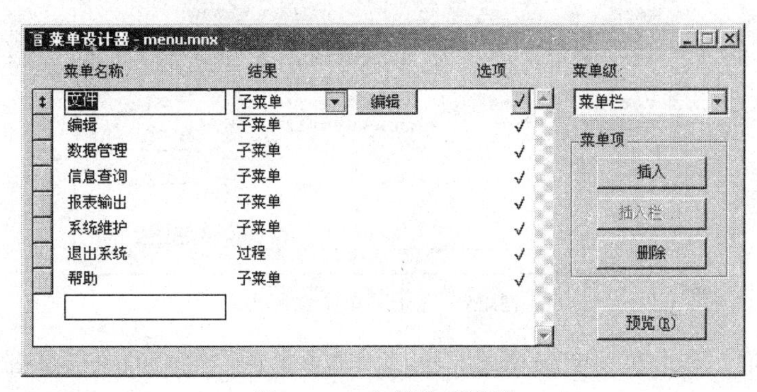

图 13-23　主菜单项设置

4）在菜单之间的合适位置插入分隔线。具体方法为：将光标放在需要添加分隔线的位置，单击“插入”按钮，出现一个新菜单项，将菜单名称改为“\-”，如图 13-24 所示。插入分隔线的目的在于增加菜单的可读性。

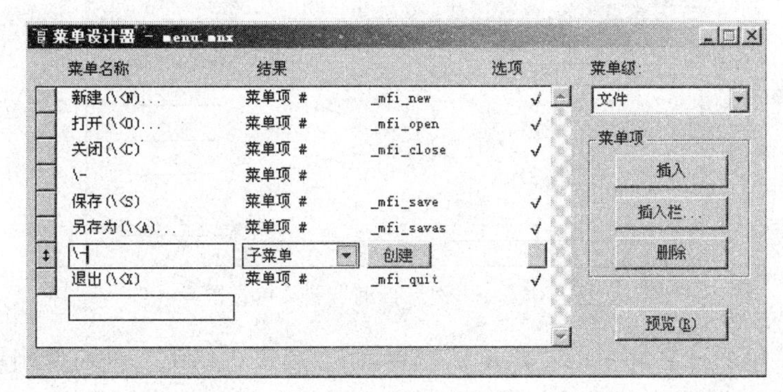

图 13-24　插入分隔线

5）单击“菜单设计器”窗口右侧“菜单级”列表框的下拉按钮，选择“菜单栏”选项后返回上一级菜单设计器。

6）重复上述步骤 3）～5），设计“编辑”菜单项和“帮助”菜单项的子菜单。

（2）在子菜单中调用表单。

在“数据管理”、“信息查询”、“报表输出”、“系统维护”菜单项中包含子菜单，在子菜单中需要调用表单。操作步骤如下：

1）选择“菜单名称”列中的“数据管理”菜单名，在“结果”列右边出现“创建”按钮。单击“创建”按钮，弹出一个空的“菜单设计器”窗口。在该对话框中输入子菜单的名称。在“结果”列中选择“命令”选项。在“选项”文本框中依次输入“do form 学生信息管理.scx”、“do form 课程信息管理.scx”、“do form 院系信息管理.scx”、“do form 专业信息管理.scx”、“do form 成绩信息管理.scx”，如图 13-25 所示。

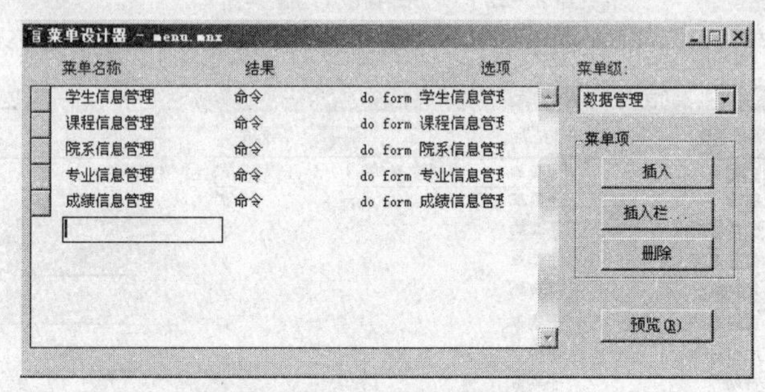

图 13-25　在子菜单中调用表单

2）“信息查询”菜单包含两级菜单。选择“菜单名称”列中的“信息查询”菜单名，在“结果”列右边出现“创建”按钮。单击“创建”按钮，弹出一个空的“菜单设计器”窗口。在该对话框中输入一级子菜单项的名称。此时，“结果”列中默认值为“子菜单”，不需要改变，如图 13-26 所示。

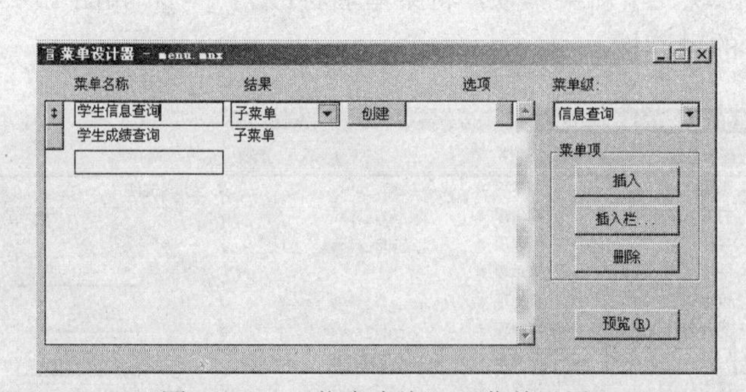

图 13-26　“信息查询”子菜单设置

3）选择“菜单名称”列中的“学生信息查询”，单击“结果”列右侧出现的“创建”按钮，打开“菜单设计器”窗口，按如图 13-27 所示设置二级子菜单各项信息。

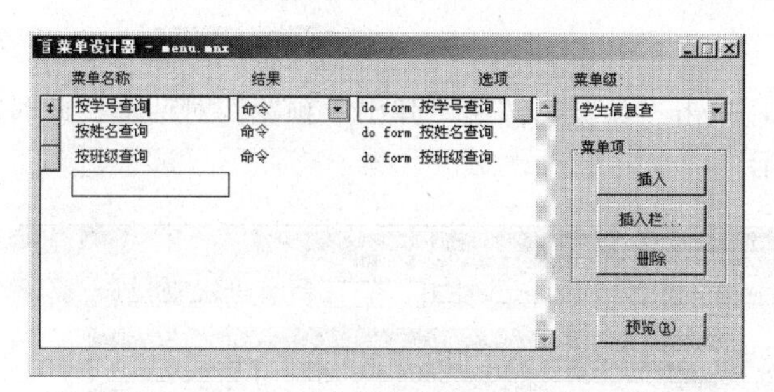

图 13-27 “学生信息查询”子菜单设置

同理，按上述方法可对“学生成绩查询”子菜单进行设置。

4）选择“菜单名称”列中的“报表输出”菜单名，按上述方法，先设计各子菜单项。然后对每个子菜单使用报表输出命令实现其功能，如图 13-28 所示。

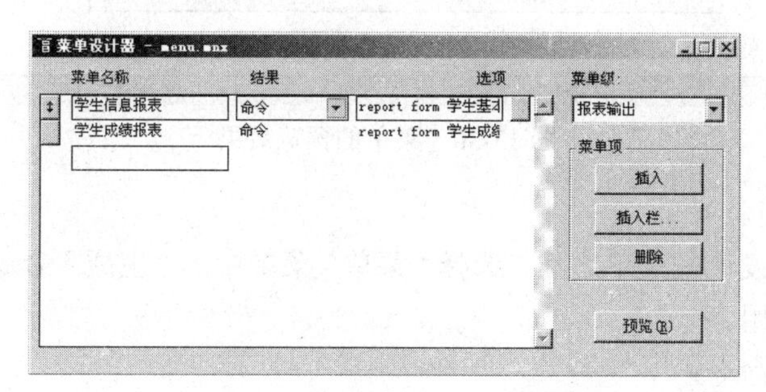

图 13-28 “报表输出”子菜单设计

“学生信息报表”输出命令：

```
report form  学生基本信息.frx  preview
```

“学生成绩报表”输出命令：

```
report form  学生成绩信息.frx  preview
```

（3）在菜单中使用过程。

在设计“退出系统”菜单时，需要使用过程实现。在菜单中使用过程，即在“结果”列中选择“过程”选项，然后编辑过程代码。设计步骤如下：

1）选择“菜单名称”列“退出系统”菜单项，在“结果”列中选择“过程”选项。

2）单击“创建”按钮，弹出“菜单设计器”过程编辑界面，在该界面中输入过程代码，如图 13-29 所示。

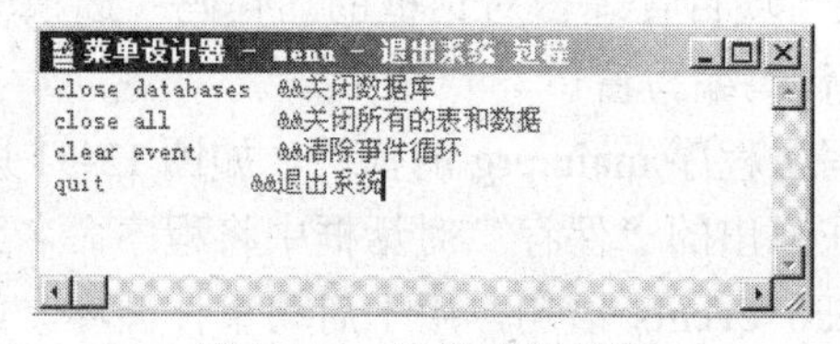

图 13-29 编辑过程代码

（4）预览菜单。

菜单设计好之后，单击“预览”按钮，弹出“预览”对话框，此时屏幕的菜单栏出现菜单名，如图 13-30 所示。

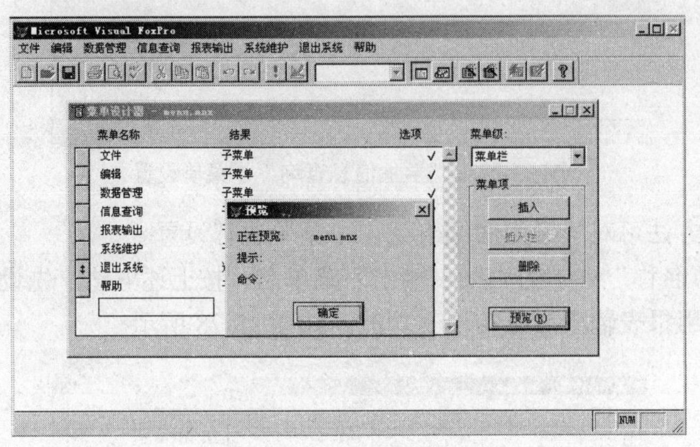

图 13-30　菜单的预览效果

（5）菜单的使用。

在菜单设计器中设计好菜单之后，选择“菜单”菜单中的“生成”命令，生成扩展名为.mpr 的菜单文件后方可使用。

执行自定义菜单命令：

```
do 文件名.mpr
```

恢复系统菜单命令：

```
set sysmenu to default
```

2. 主程序设计

在 Visual FoxPro 6.0 中主程序是数据库管理系统的引导程序，也是整个系统的入口。一般具有如下功能：

- 对系统进行初始化，设置系统的运行状态参数。
- 设置系统界面。
- 调用登录表单。
- 结束时清理环境。

建立主程序的步骤如下：

（1）在“学生管理.pjx”项目管理器对话框的“代码”选项卡中选择“程序”选项，单击“新建”按钮，打开程序代码编写窗口。

（2）在程序窗口中编写主程序 main.prg 的代码，如图 13-31 所示。

（3）关闭程序窗口，在弹出的“保存”对话框中将程序命名为 main.prg 并保存。

在主程序中必须包含 read events 语句，用于启动事件循环。如果没有该语句，运行程序时，程序只是一闪而过，马上就停止了。在退出系统时，要有相应的清除循环的语句 clear events，系统才能正常退出。否则只能通过 Ctrl+Alt+Del 组合键来强制结束。

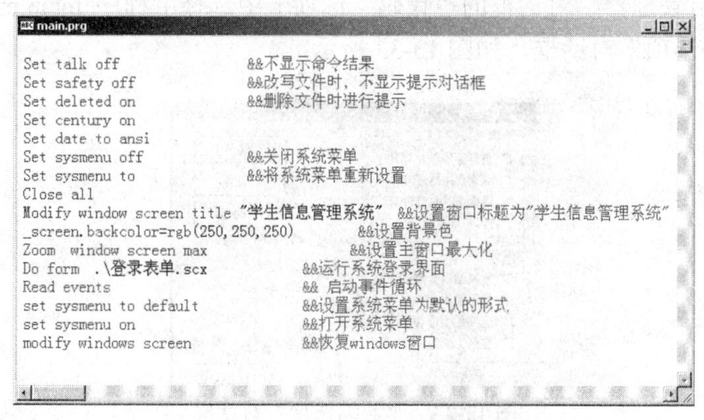

图 13-31　主程序代码

（4）要让主程序 main.prg 成为首先执行的程序，必须将其设置为主文件。选择“项目管理器”对话框中的“代码”选项卡，选中 main.prg 文件并右击，在弹出的快捷菜单中选择“设置主文件”命令。被设置的文件名以粗体形式显示。

3. 系统连编

系统连编就是把应用程序中各个分散的部件连接成一个可执行文件或可执行的应用程序的过程。系统的各个部分都设计完成后，就可以进行应用系统的连编。

在 VFP 环境下运行表单时，vfp98 目录下默认包含有两个可视类库 wizembss.vcx 和 wizbtns.vcx，故不会出现找不到类库的提示框。但连编后的应用系统不一定运行在 VFP 环境下，所以在连编时需要将其添加到项目中。添加类库的步骤如下：

（1）在“项目管理器”对话框中选择“类”选项卡，单击“添加”按钮，弹出“打开”对话框。

（2）在系统默认的.\vfp98\WIZARDS 目录下找到可视类库 wizembss.vcx 和 wizbtns.vcx，单击“确定”按钮即可，如图 13-32 所示。

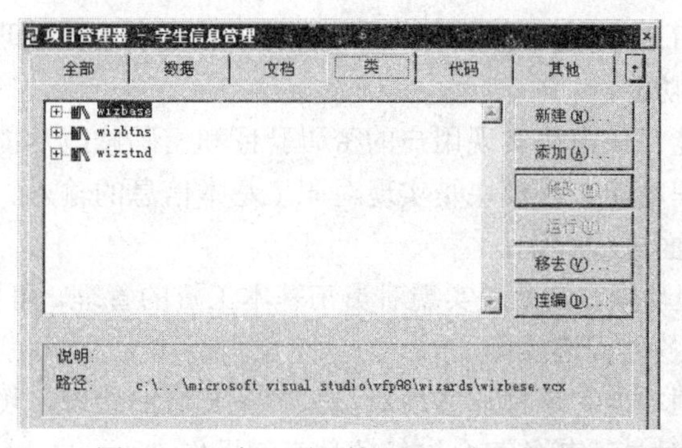

图 13-32　在“项目管理器”中添加类

连编应用程序的步骤如下：

（1）在“项目管理器”对话框的“代码”选项卡中选择主程序 main.prg。单击“连编”按钮，弹出“连编选项”对话框，如图 13-33 所示。

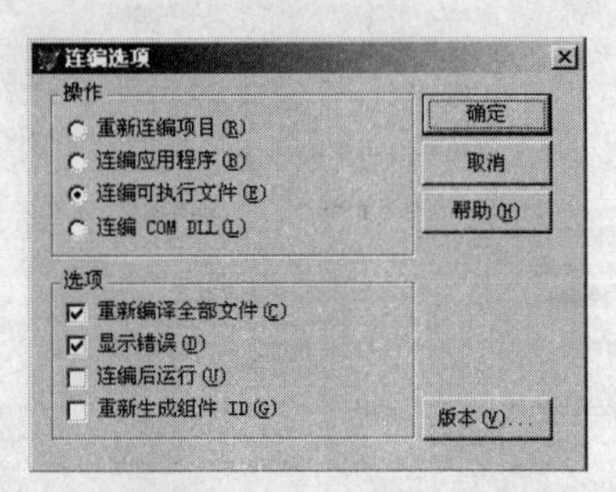

图 13-33 “连编选项”对话框

（2）在“连编选项”对话框中选择“连编可执行文件”单选钮和“重新编译全部文件”和“显示错误”复选框。单击“确定”按钮，在弹出的“保存”对话框中，将应用程序命名为“学生信息管理系统”。单击“确定”按钮，就开始进行应用程序的连编。

有时会出现连编的过程没有错，但是运行连编后的程序会出现一些错误信息。根据错误提示修正之后，需要再次对应用程序进行连编，直到程序不出现错误。连编结束后可以在磁盘上可以找到该系统的.exe 可执行程序。

13.3 工资管理系统开发实例

本节继续讲解数据库应用系统的开发，通过设计开发工资管理系统，熟练掌握数据库应用系统开发的步骤和流程。该工资管理系统用来对单位员工的基本信息、工资等进行统一管理。

13.3.1 系统分析及设计

工资管理系统要实现对单位职工及工资的高效管理，既可以实现对员工信息的管理和查询，也可以实现对员工工资的管理和查询。通过对员工管理和工资管理工作的分析，本系统主要包括以下几个方面的功能：

（1）系统管理功能。该模块实现用户的密码验证和密码修改功能。

（2）职工信息管理功能。该模块是实现对职工基本信息的输入、查询等功能，可以在职工号、部门、姓名等方面进行查询。

（3）基本工资管理功能。该模块实现对员工基本工资的管理，可以录入和计算员工工资，也可以对员工工资进行各种查询操作。

（4）劳务奖金管理功能。该模块实现对员工劳务奖金的管理，可以对员工劳务奖金进行各种录入和计算，以及对员工劳务奖金进行各种查询操作。

（5）系统维护管理功能。该模块实现对工资管理系统的管理维护，可以对单位职工的部门进行变更，也可以对该数据库进行数据备份。

（6）报表输出功能。以报表的形式输出并打印员工工资条和奖金单。

（7）退出系统功能。通过该模块安全退出工资管理系统。

综上，通过对员工工资管理系统的分析，设计的系统功能结构如图 13-34 所示。

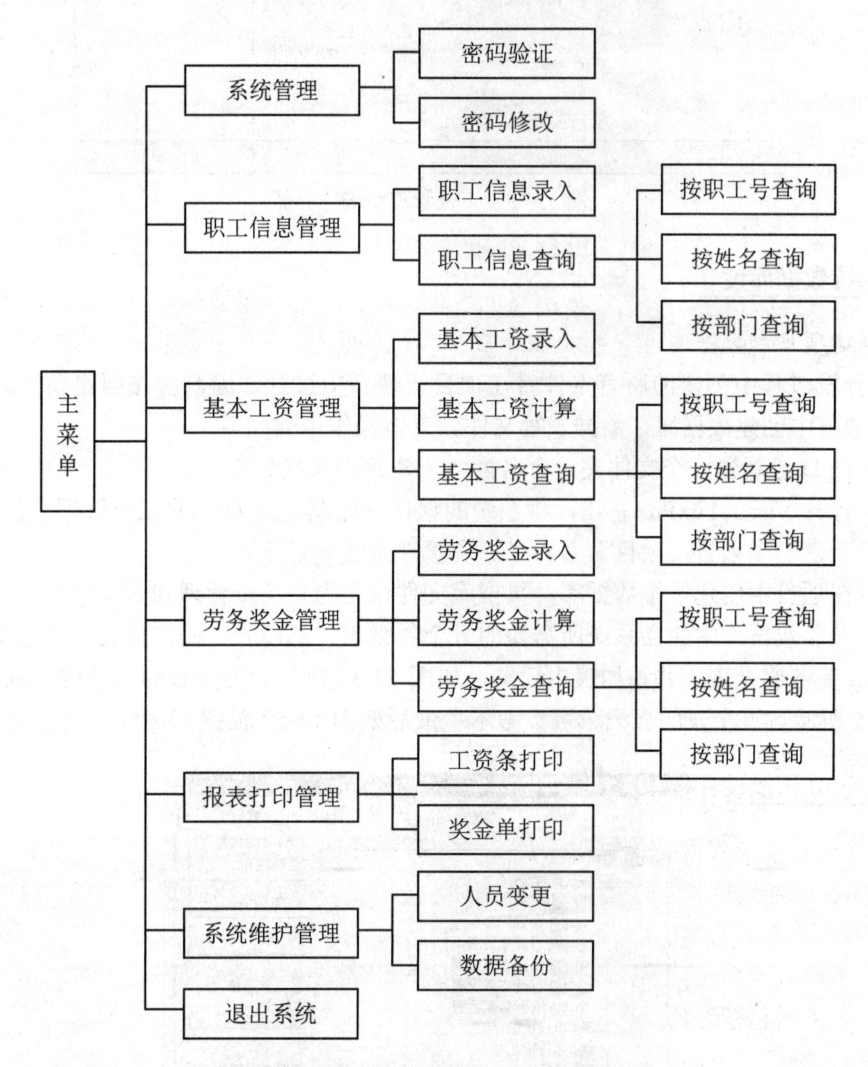

图 13-34　系统总体功能结构图

在工资管理系统中，由项目管理器统一管理数据表、数据库、表单、程序、报表、菜单等文件。系统先运行主程序，由主程序调出用户登录界面，登录成功后，运行系统的主菜单。通过主菜单进入各个功能模块。

工资管理系统的主界面如图 13-35 所示。

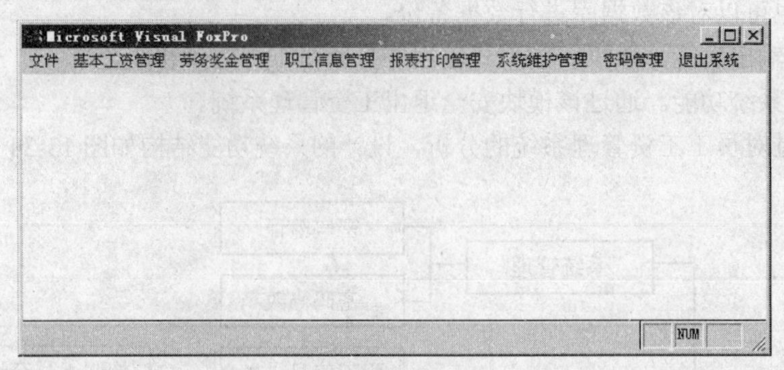

图 13-35　工资管理系统主界面

13.3.2　系统数据库设计

1. 创建项目和数据库

系统开发过程中创建的所有文件将在项目管理器中进行，因此应先创建项目。项目创建好后，在项目中创建数据库、数据表等文件。具体操作步骤如下：

（1）在 D 盘新建一个文件夹，命名为“工资管理系统”。

（2）打开 Visual FoxPro 系统，将系统的默认存储路径改为“D:\工资管理系统”。

（3）新建一个项目，项目命名为“工资管理系统.pjx”。

（4）在项目中创建一个数据库，数据库文件命名为“工资管理.dbc”。

（5）在该数据库中建立系统所需要的五个数据表：部门表、操作员表、基本工资表、基本情况表、劳务奖金表，并添加表中记录，如图 13-36 所示。五个表的表结构分别如表 13-11 至表 13-15 所示。五个表的表记录可参考本章最后的图 13-57 至图 13-61。

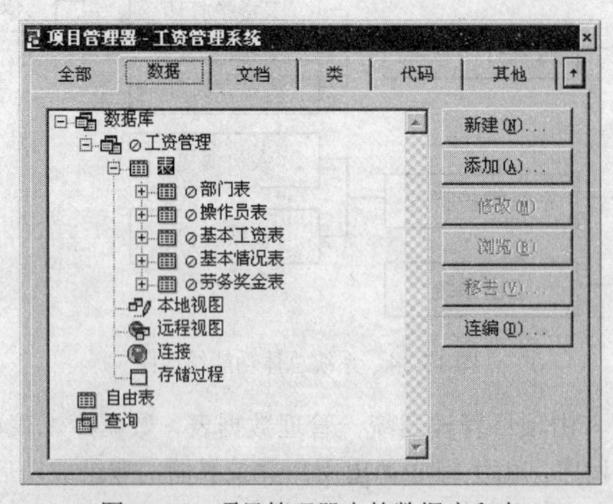

图 13-36　项目管理器中的数据库和表

表 13-11 部门表

字段名	类型	宽度
部门代码	字符型	2
部门名称	字符型	10

表 13-12 操作员表

字段名	类型	宽度
职工号	字符型	3
密码	字符型	8

表 13-13 基本工资表

字段名	类型	宽度	字段名	类型	宽度
职工号	字符型	3	公积金	数值型	8(2)
姓名	字符型	6	房补	数值型	8(2)
部门代码	字符型	2	三险	数值型	8(2)
固定工资	数值型	8(2)	个人所得税	数值型	8(2)
活动工资	数值型	8(2)	应发工资	数值型	9(2)
行业津贴	数值型	8(2)	实发工资	数值型	9(2)
岗位工资	数值型	8(2)			

表 13-14 基本情况表

字段名	类型	宽度	字段名	类型	宽度
职工号	字符型	3	出生年月	日期型	8
姓名	字符型	6	政治面貌	逻辑型	1
部门代码	字符型	2	级别	字符型	4
性别	字符型	2	职务	字符型	6

表 13-15 劳务奖金表

字段名	类型	宽度	字段名	类型	宽度
职工号	字符型	3	病假天数	数值型	2
姓名	字符型	6	事假天数	数值型	2
部门代码	字符型	2	月奖金	数值型	8(2)
加班天数	数值型	2	个人所得税	数值型	8(2)
加班工资	数值型	8(2)	总计	数值型	8(2)

2. 建立表间关系和设置参照完整性

（1）建立索引。

为数据库中的表建立索引。将“基本工资表”中的“职工号”字段设置为主索引，“基本情况表”和“劳务奖金表”中都将“职工号”设置为主索引。

（2）建立表间关系。

在数据库中根据各个表之间的关系，通过索引建立表间关系。分别以“基本情况表”、“基本工资表”、“劳务奖金表”中的“职工号”字段设置主索引。以“基本情况表”为主表，建立“基本情况表”和“基本工资表”间的一对一关系；以“基本情况表”为主表，建立“基本情况表”和“劳务奖金表”间的一对一关系；以“劳务奖金表”为主表，建立“劳务奖金表”和“基本工资表”间的一对一关系，如图 13-37 所示。

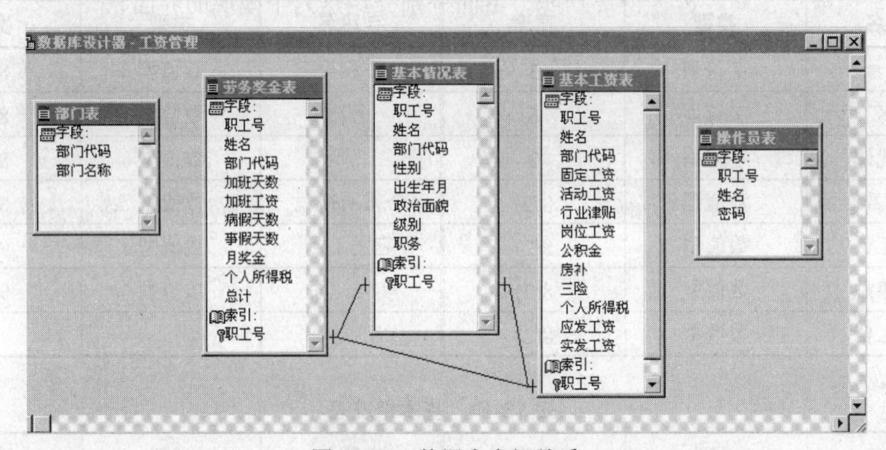

图 13-37　数据库表间关系

（3）设置参照完整性。

为了保证各个表之间数据的完整性和一致性，需要在各数据表之间建立参照完整性。当进行插入、删除或更新操作时，会参照相关联的其他表中的数据。图 13-38 显示了数据库中表之间的参照关系。

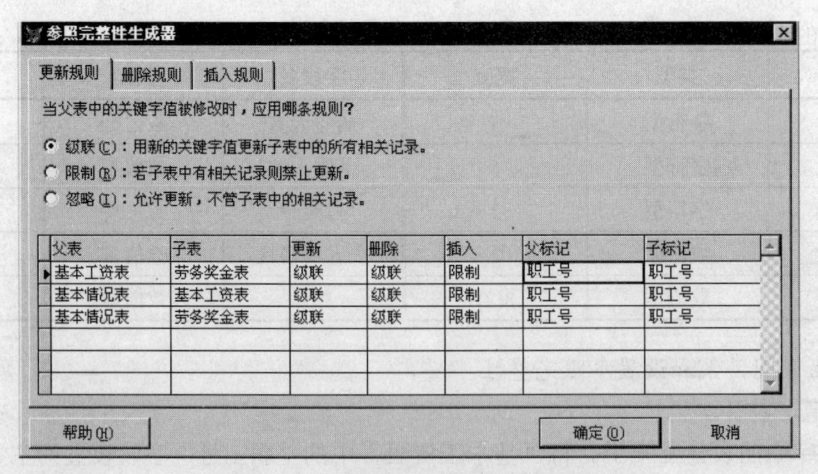

图 13-38　数据库参照完整性设置

13.3.3　系统界面设计

根据图 13-33 所示的系统总体结构，系统分为六个模块：系统管理模块实现系统的登录和密码管理功能；职工信息管理模块实现对职工的个人信息录入、查询等功能；基本工资管理模块实现对基本工资信息的录入、计算、查询等功能；劳务奖金管理模块实现对劳务奖金的录入、计算、查询等功能；报表打印模块实现工资条和奖金单的报表输出功能；系统维护管理模块实现职工部门变更、数据库备份等功能。下面分别介绍这六个模块的界面设计。

1．系统管理模块界面设计

系统管理模块的界面由“登录界面”和“修改密码”两个表单组成。“登录界面”表单实现用户的系统登录功能；“修改密码”表单完成密码的修改功能。

（1）“登录界面”表单设计。

登录表单的设计界面如图 13-39 所示。其中文本框 Text2 的 passwordchar 属性为“*”。

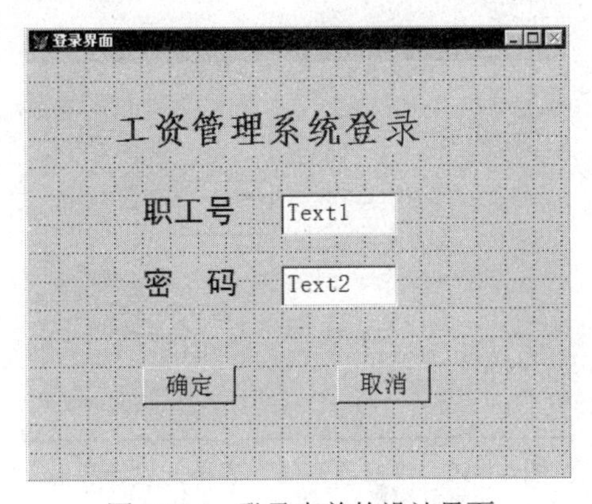

图 13-39　登录表单的设计界面

表单的 Init 事件代码如下：

```
public i, a
i=0
```

“确定”按钮的 Click 事件代码如下：

```
select 0
use .\操作员表
a=thisform.text1.value
locate   for 职工号=a   and 密码=thisform.text2.value
if   found()
            release thisform
     do 项目 1.mpr
else
        i=i+1
     if i=3
            messagebox( "对不起，你无权使用本系统!!!")
```

```
                release thisform
                clear events
        else
                messagebox("输入错误，请重新输入：")
                thisform.text1.value=""
                thisform.text2.value=""
                thisform.text1.setfocus
                thisform.refresh
        endif
endif
use
```

注意：项目 1.mpr 主菜单此时尚未设计，如果要做该表单的功能测试，可将该语句暂时修改为“messagebox("用户名和密码正确，成功登录！")”。

（2）“修改密码”表单设计。

“修改密码”表单的设计界面如图 13-40 所示。

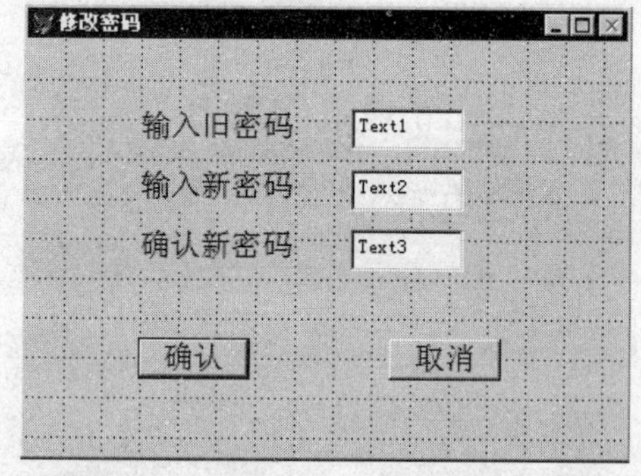

图 13-40 “修改密码”表单的设计界面

“确认”按钮的 Click 事件代码如下：

```
use  .\操作员表
locate for 职工号=a
if  alltrim(thisform.text1.value)==alltrim(操作员表.密码);
        and  thisform.text2.value==thisformtext3.value
   replace 操作员表.密码 with  thisform.text2.value
  messagebox("密码修改成功")
else
      if  alltrim(thisform.text1.value)!=alltrim(操作员表.密码)
            messagebox("旧密码有误，请重新输入..",4+64+0,"提示")
            thisform.text1.value=""
            thisform.text2.value=""
            thisform.text3.value=""
            thisform.text1.setfocus
      endif
    if thisform.text2.value!=thisformtext3.value
            messagebox("两次输入的新密码不一致，请重新输入..",4+64+0,"提示")
```

```
                thisform.text1.value=""
                thisform.text2.value=""
                thisform.text3.value=""
                thisform.text1.setfocus
        endif
endif
thisform.refresh
```

2. 职工信息管理模块界面设计

职工信息管理模块的界面由“职工信息录入”表单和职工信息查询（“按职工号查询”表单、“按姓名查询”表单、“按部门查询”表单、“职工信息查询结果”表单）组成。

（1）“职工信息录入”表单设计。

“职工信息录入”表单的设计界面如图 13-41 所示。

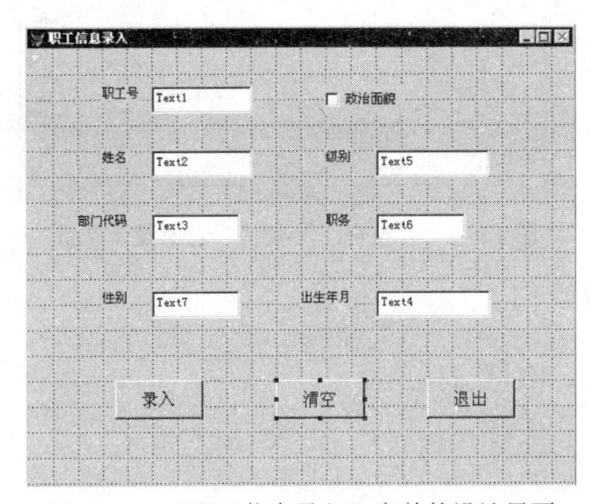

图 13-41 “职工信息录入”表单的设计界面

“录入”按钮的 Click 事件代码如下：

```
use 基本情况表
a=alltrim(thisform.text1.value)
b=alltrim(thisform.text2.value)
c=alltrim(thisform.text3.value)
d=alltrim(thisform.text7.value)
if  thisform.check1.value=0
        e=.f.
    else
        e=.t.
    endif
f=alltrim(thisform.text4.value)
g=alltrim(thisform.text5.value)
    k=alltrim(thisform.text6.value)
    locate for 职工号=a
if not eof()
        messagebox("有此职工")
```

```
    else
        insert into 基本情况表 values(a,b,c,d,f,e,g,k)
    endif
    use
    thisform.refresh
```

（2）“按职工号查询”表单设计。

“按职工号查询”表单的设计界面如图 13-42 所示。

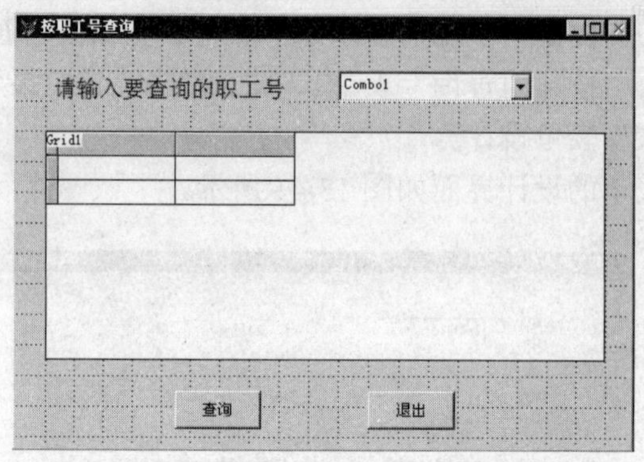

图 13-42 “按职工号查询”表单设计界面

表单的 Init 事件代码如下：

```
thisform.grid1.recordsource=""
```

“查询”按钮的 Click 事件代码如下：

```
thisform.grid1.recordsource=""
a=alltrim(thisform.combo1.value)
select * from 基本情况表 where 职工号=a into cursor zhgh
thisform.grid1.recordsource="zhgh"
thisform.refresh
```

（3）“按姓名查询”表单设计。

“按姓名查询”表单的设计界面如图 13-43 所示。

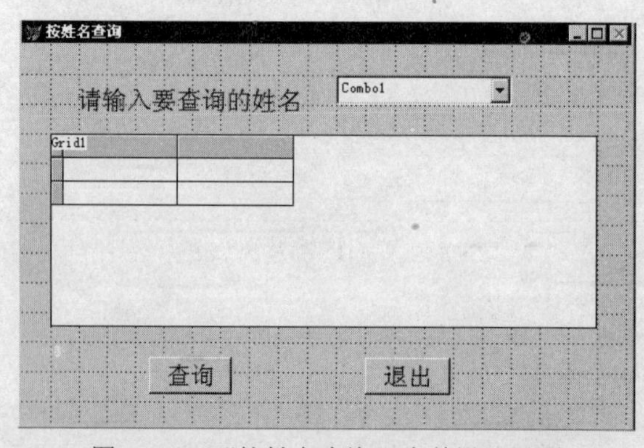

图 13-43 “按姓名查询”表单设计界面

表单及命令按钮的事件代码可参考图 13-42 所示表单的事件代码。

（4）“按部门查询”表单设计。

“按部门查询”表单的设计界面如图 13-44 所示。

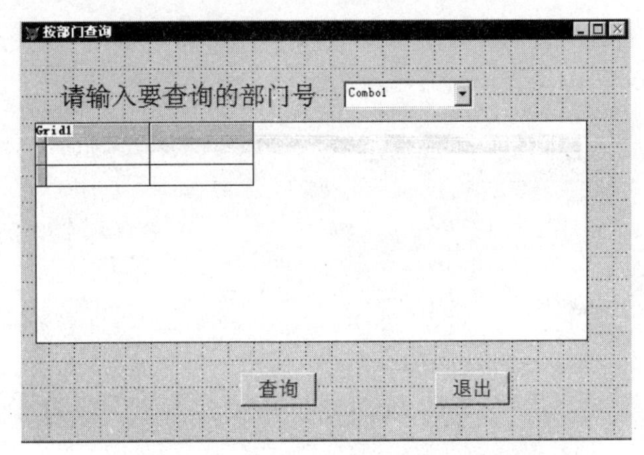

图 13-44　“按部门查询”表单设计界面

表单及命令按钮的事件代码可参考图 13-42 所示表单的事件代码。

（5）“职工信息查询结果”表单设计。

“职工信息查询结果”表单的设计界面如图 13-45 所示。

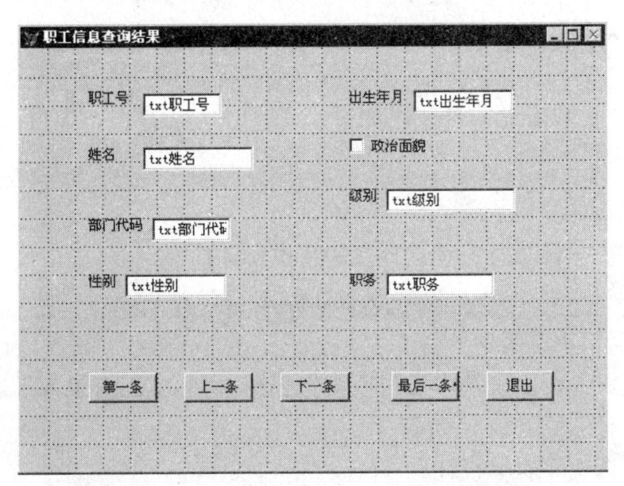

图 13-45　“职工信息查询结果”表单设计界面

“第一条”按钮的 Click 事件代码如下：

```
    go top
this.enabled=.f.
thisform.command2.enabled=.f.
thisform.command3.enabled=.t.
```

```
thisform.command4.enabled=.t.
thisform.command5.enabled=.t.
thisform.refresh
```

“上一条”按钮的 Click 事件代码如下：

```
    skip -1
if recno()=1
    thisform.command1.enabled=.f.
    this.enabled=.f.
else
    thisform.command1.enabled=.t.
    this.enabled=.t.
endif
thisform.command3.enabled=.t.
thisform.command4.enabled=.t.
thisform.refresh
```

“下一条”按钮的 Click 事件代码如下：

```
skip
if  recno()=reccount()
this.enabled=.f.
thisform.command4.enabled=.f.
else
this.enabled=.t.
thisform.command4.enabled=.t.
endif
thisform.command1.enabled=.t.
thisform.command2.enabled=.t.
thisform.refresh
```

“最后一条”按钮的 Click 事件代码如下：

```
go bottom
this.enabled=.f.
thisform.command3.enabled=.f.
thisform.command1.enabled=.t.
thisform.command2.enabled=.t.
thisform.refresh
```

3. 基本工资管理模块界面设计

基本工资管理模块界面由“基本工资查询”表单、“基本工资录入”表单和“计算基本工资”表单组成。

（1）“基本工资查询”表单设计。

“基本工资查询”表单的运行界面如图 13-46 所示。

表单中有一个带有三个 page 的 pageframe 控件，三个 page 分别实现按职工号、按姓名、按部门号对基本工资查询。每个 page 包含四个控件：标签、组合框、表格和命令按钮。标签的 Caption 属性分别为“请输入要查询的职工号”、“请输入要查询的姓名”、“请输入要查询的部门代码”。选中页框，右击进入编辑状态，将三个 page 中的三个组合框的 RowSource 属性分别设置为“基本工资表.职工号”、“基本工资表.姓名”、“基本工资表.部门代码”。

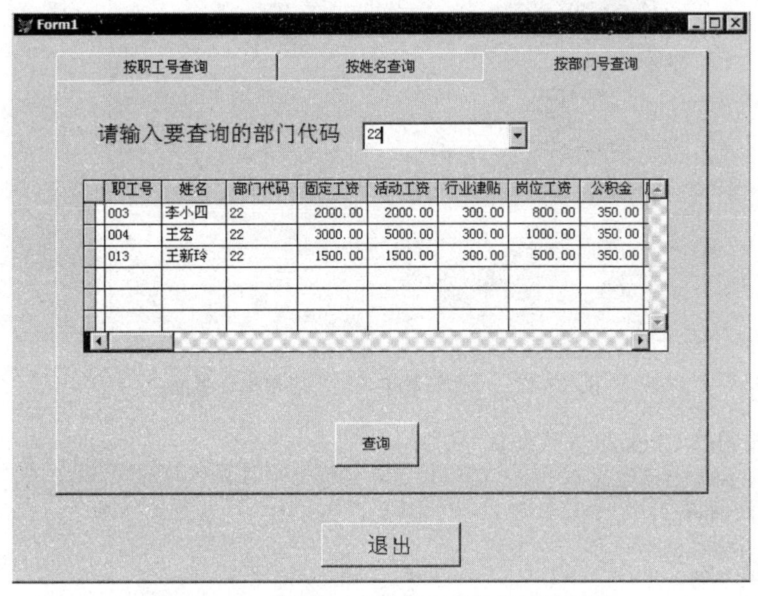

图 13-46 “基本工资查询”表单的运行界面

表单的 Init 事件代码如下：

```
select distinct(alltrim(职工号)) from 基本工资表 into cursor zhgh
thisform.pageframe1.page1.combo1.rowsource="zhgh"
thisform.pageframe1.page1.combo1.refresh
select distinct(alltrim(姓名)) from 基本工资表 into cursor xm
thisform.pageframe1.page2.combo1.rowsource="xm"
thisform.pageframe1.page2.combo1.refresh
select distinct(alltrim(部门代码)) from 基本工资表 into cursor bmdm
thisform.pageframe1.page3.combo1.rowsource="bmdm"
thisform.pageframe1.page3.combo1.refresh
thisform.pageframe1.page1.grid1.recordsource=""
thisform.pageframe1.page2.grid1.recordsource=""
thisform.pageframe1.page3.grid1.recordsource=""
thisform.refresh
```

每个 page 中均有一个“查询”命令按钮，以 page3 中的“查询”命令按钮为例，其 Click 事件代码如下：

```
thisform.pageframe1.page3.grid1.recordsource=""
a=alltrim(thisform.pageframe1.page3.combo1.value)
select * from 基本工资表 where 部门代码=a into cursor bm
thisform.pageframe1.page3.grid1.recordsource="bm"
thisform.refresh
```

（2）“计算基本工资”表单设计。

“计算基本工资”表单的设计界面如图 13-47 所示。

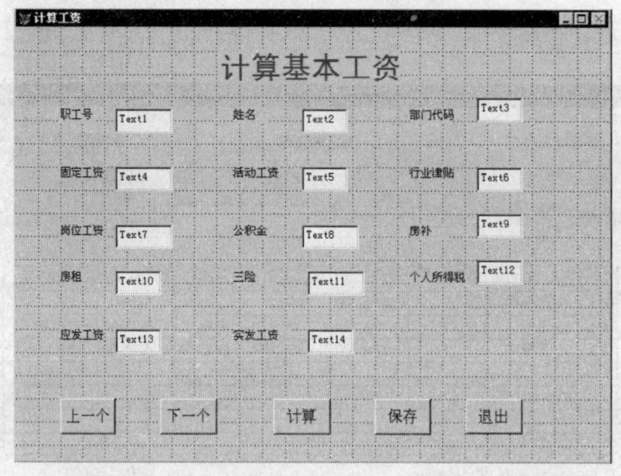

图 13-47 “计算基本工资”表单设计界面

“计算”按钮的 Click 事件代码如下：

```
a=thisform.text4.value
b=thisform.text5.value
c=thisform.text6.value
d=thisform.text7.value
e=thisform.text8.value
thisform.text13.value=a+b+c+d+e
f=thisform.text9.value
h=thisform.text11.value
i=thisform.text12.value
thisform.text14.value=thisform.text13.value-(f+h+i)
thisform.refresh
```

（3）“基本工资录入”表单设计。

“基本工资录入”表单的设计界面如图 13-48 所示。

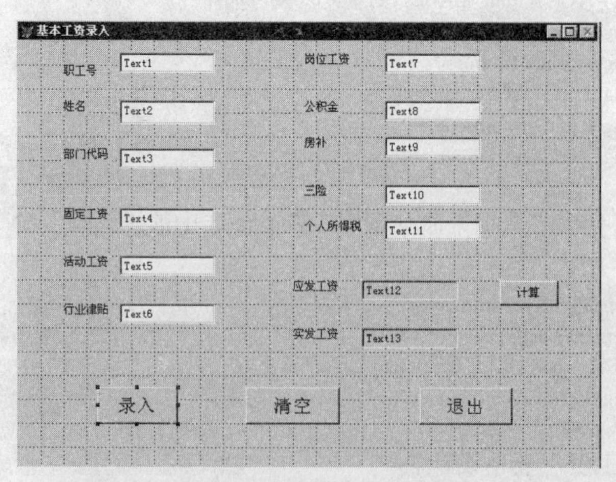

图 13-48 “基本工资录入”表单设计界面

“录入”按钮的 Click 事件代码如下：

```
use 基本工资表
a=alltrim(thisform.text1.value)
b=alltrim(thisform.text2.value)
c=alltrim(thisform.text3.value)
d=val(alltrim(thisform.text4.value))
e=val(alltrim(thisform.text5.value))
f=val(alltrim(thisform.text6.value))
g=val(alltrim(thisform.text7.value))
h=val(alltrim(thisform.text8.value))
i=val(alltrim(thisform.text9.value))
k=val(alltrim(thisform.text10.value))
j=val(alltrim(thisform.text11.value))
w=val(alltrim(thisform.text12.value))
q=val(alltrim(thisform.text13.value))
locate for 职工号=a .and.姓名=b .and.部门代码=c
if  eof()
        insert into 基本工资表 values(a,b,c,d,e,f,g,h,i,k,j,w,q)
    else
        messagebox("此职工已存在")
    endif
    use
    thisform.refresh
```

劳务奖金管理模块界面由“劳务奖金查询”表单、“劳务奖金录入”表单、“劳务奖金计算”表单组成。其表单的界面设计和代码可参考基本工资管理模块。

4. 系统维护管理模块界面设计

系统维护管理模块由“部门调换”表单和“备份表”表单组成。“部门调换”表单实现职工部门的调换；“备份表”表单实现数据库表的备份。

（1）“部门调换”表单设计。

“部门调换”表单的设计界面如图 13-49 所示。

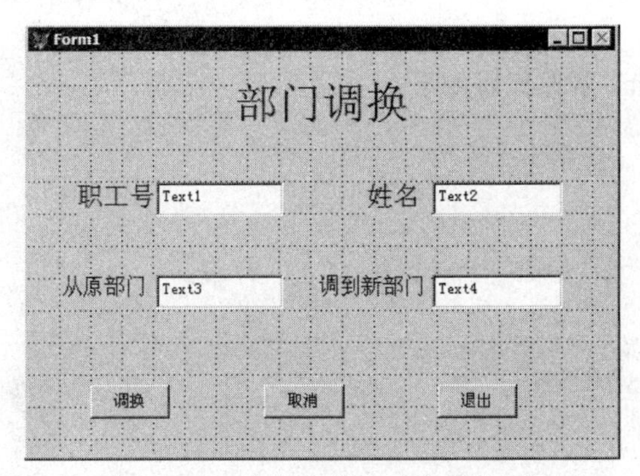

图 13-49　“部门调换”表单设计界面

“调换”按钮的 Click 事件代码如下：

```
use 基本情况表
a=allt(thisform.text1.value)
b=allt(thisform.text2.value)
c=allt(thisform.text3.value)
d=thisform.text4.value
locate for allt(职工号)=a
locate for allt(姓名)=b
if .not.eof()
        if 职工号=a .or. 姓名=b
                replace 部门代码 with d
                messagebox("部门已调换！")
        else
                messagebox("姓名或部门代码有误！")
        endif
endif
```

（2）“备份表”表单设计。

“备份表”表单的设计界面如图 13-50 所示。

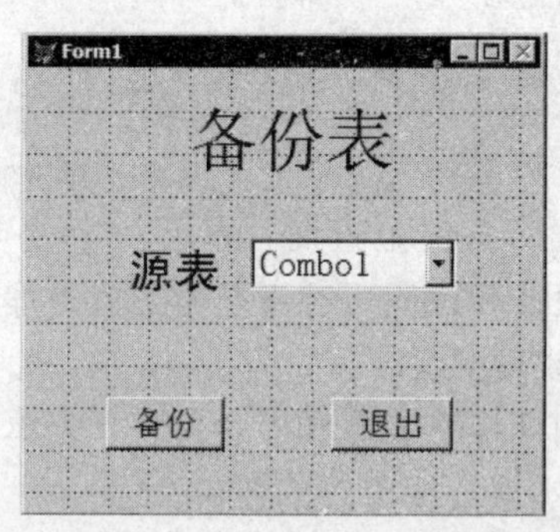

图 13-50 “备份表”表单设计界面

其中列表框 Combo1 的 RowSource 属性设置为“操作员表,部门表,劳务奖金表,基本工资表,基本情况表”。

“备份”按钮的 Click 事件代码如下：

```
        a=thisform.combo1.value
do case
        case a="部门表"
                use 部门表
                copy to D:\部门表 all
        case a="操作员表"
                use 操作员表
                copy to D:\操作员表 all
        case a="基本工资表"
          use 基本工资表
          copy to D:\基本工资表 all
```

```
        case a="基本情况表"
            use 基本情况表
            copy to  D:\基本情况表 all
            case a="劳务奖金表"
            use 劳务奖金表
            copy to  D:\劳务奖金表 all
        endcase
        close all
thisform .refresh
```

注意：数据表会备份在 D 盘根目录下。

5. 报表打印模块设计

在工资管理系统中需要打印工资条和奖金单，因此，首先要设计出工资单报表和奖金条报表，然后再调用报表进行输出或打印。

（1）工资单报表设计。

在“工资管理.pjx”项目管理器中，选择“文档”选项卡下的“报表”选项，新建报表，打开报表设计器。在报表设计器的数据环境中添加“基本工资表”，将需要的字段依次拖动到报表设计器的细节区中，并进行布局的调整。

选择“报表”菜单中的“标题/总结”命令，在弹出的对话框中选中“标题带区”复选框，在标题区输入“工资单”，并设置其字体，如图 13-51 所示。

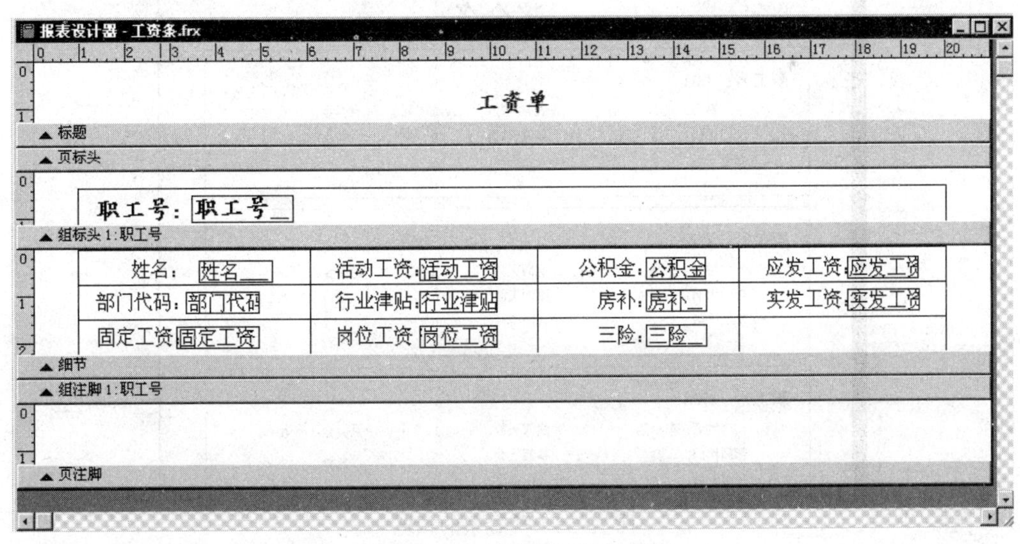

图 13-51　工资单报表设计界面

预览后的工资单界面如图 13-52 所示。

（2）奖金条报表设计。

奖金条的报表设计可参考工资单的报表设计，其预览界面如图 13-53 所示。

报表设计器 - 工资条.frx - 页面 1

工资单

职工号：001

姓名：张本	活动工资：1500.00	公积金：350.00	应发工资：4000.00
部门代码：11	行业津贴：300.00	房补：200.00	实发工资：3330.00
固定工资：1500.00	岗位工资：500.00	三险：100.00	

职工号：002

姓名：张亮	活动工资：2000.00	公积金：350.00	应发工资：5400.00
部门代码：11	行业津贴：300.00	房补：300.00	实发工资：4618.00
固定工资：2000.00	岗位工资：800.00	三险：100.00	

职工号：003

姓名：李小四	活动工资：2000.00	公积金：350.00	应发工资：5400.00
部门代码：22	行业津贴：300.00	房补：300.00	实发工资：4618.00
固定工资：2000.00	岗位工资：800.00	三险：100.00	

职工号：004

姓名：王宏	活动工资：5000.00	公积金：350.00	应发工资：9800.00
部门代码：22	行业津贴：300.00	房补：500.00	实发工资：8666.00
固定工资：3000.00	岗位工资：1000.00	三险：100.00	

图 13-52　工资单的预览

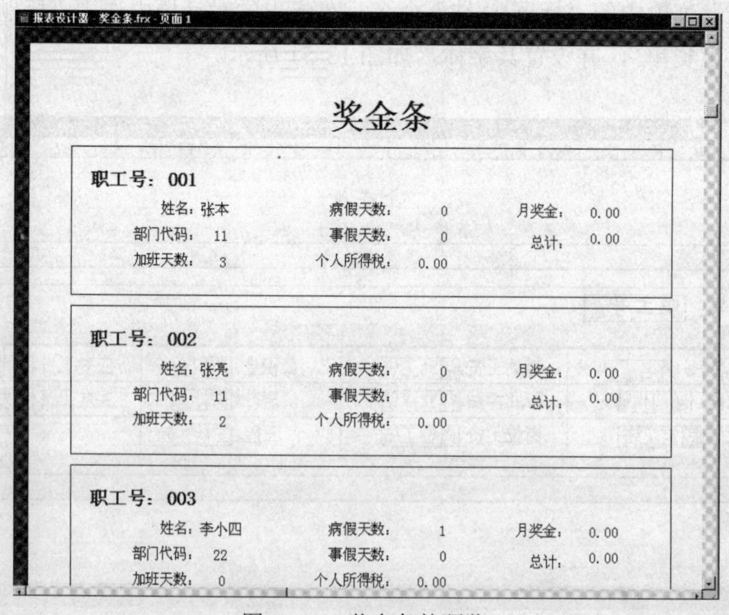

报表设计器 - 奖金条.frx - 页面 1

奖金条

职工号：001

姓名：张本	病假天数：0	月奖金：0.00
部门代码：11	事假天数：0	总计：0.00
加班天数：3	个人所得税：0.00	

职工号：002

姓名：张亮	病假天数：0	月奖金：0.00
部门代码：11	事假天数：0	总计：0.00
加班天数：2	个人所得税：0.00	

职工号：003

姓名：李小四	病假天数：1	月奖金：0.00
部门代码：22	事假天数：0	总计：0.00
加班天数：0	个人所得税：0.00	

图 13-53　奖金条的预览

13.3.4　系统主菜单与主程序设计

在工资管理系统中，用户登录后出现主菜单界面，即如图 13-35 所示的系统主界面。通过主菜单可以访问系统的各个模块。在本系统中，主要包含以下主菜单及各子菜单项。

（1）文件：新建、打开、保存、另存为、退出。

（2）基本工资管理：基本工资查询、基本工资录入、基本工资计算。

（3）劳务奖金管理：劳务奖金查询、劳务奖金录入、劳务奖金计算。

（4）职工信息管理：职工信息录入、职工信息查询，包括按照职工号、姓名、部门查询。

（5）报表打印管理：工资单、奖金条。

（6）系统维护管理：部门调换、数据备份。

（7）密码管理：密码修改。

（8）退出系统。

1. 系统主菜单设计

使用菜单设计器设计主菜单界面。在“工资管理.pjx”项目管理器中的“其他”选项卡下选中“菜单”，新建菜单，打开菜单设计器，先设置各主菜单项，如图 13-54 所示。

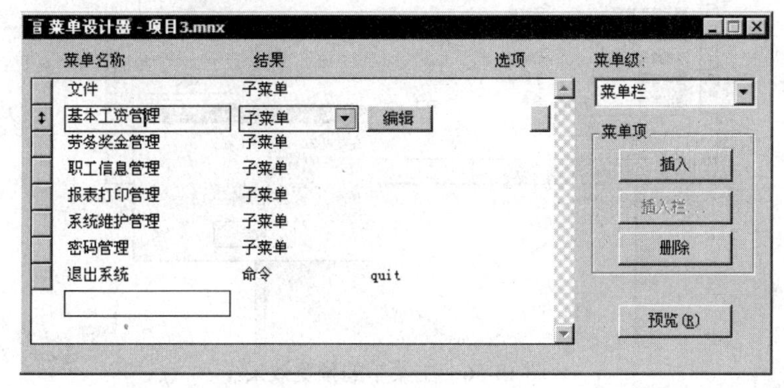

图 13-54　主菜单项设置

然后分别设置各个系统菜单。选中“基本工资管理”主菜单名称，单击右边的“编辑”按钮，在弹出的对话框中设置“基本工资管理”的子菜单项，如图 13-55 所示。

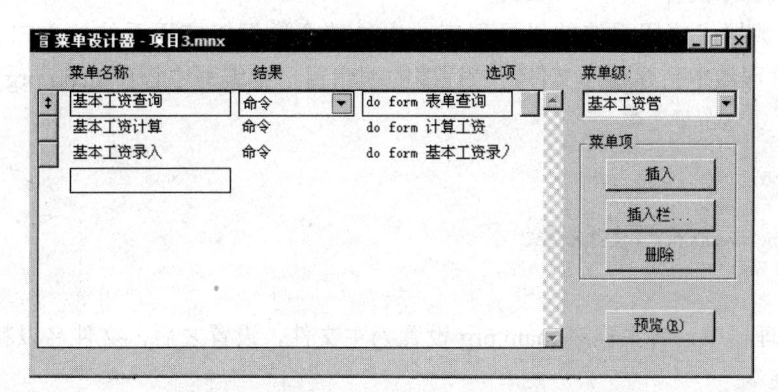

图 13-55　“基本工资管理”的子菜单项设置

在“结果”列中选择“命令”选项，在“选项”列的文本框中依次输入“do form 表单查询”、“do form 计算工资”、“do form 基本工资录入”。按照同样的方法，将其他主菜单的各个子菜单项设置好。

“报表打印管理”中各子菜单项的输出命令分别为：

```
report form 工资条.frx preview
report form 奖金单.frx preview
```

菜单设计好之后，可以单击“预览”按钮，此时屏幕的菜单栏出现各主菜单名，如图 13-56 所示。

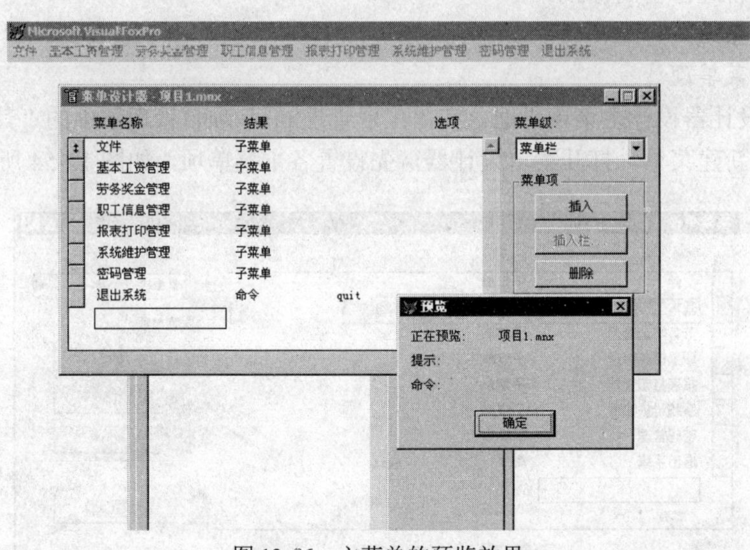

图 13-56　主菜单的预览效果

在菜单设计器中设计好菜单之后，选择菜单栏中的“菜单”→“生成”命令，生成扩展名为.mpr 菜单文件后方可使用，此处将菜单文件命名为项目 1.mpr。

2. 系统主程序设计

主程序是数据库应用系统的引导程序，也是整个数据库应用系统的入口。在“工资管理.pjx”项目管理器中新建程序文件，在程序的编辑窗口中编写主程序 main.prg 的代码如下：

```
set talk off
set safety off
set sysmenu off
close all
modify window screen title "工资管理系统"
do form 登录界面
read events
```

在项目管理器中，将主程序 main.prg 设置为主文件，设置之后，文件名以粗体形式显示。

3. 系统连编

系统的各个部分都完成之后，可以通过系统连编将项目中分散的所有文件连编成一个可执行文件或可执行的应用程序。

在项目管理器中设置程序文件 main.prg 之后，单击“连编”按钮，弹出“连编选项”对话框，在对话框中选择“连编可执行文件”单选项及“重新编译全部文件”和“显示错误”复选项，单击“确定”按钮，在弹出的“保存”对话框中，将应用程序命名为“工资管理系统”。单击“确定”按钮，即可开始进行应用程序的连编。

连编过程中如果出现错误，可根据给出的提示信息进行修改，修改之后再次进行连编，直到程序不出现错误。连编结束后，可以在磁盘上找到名为“工资管理系统.exe”的可执行文件。

部门表

部门代码	部门名称
11	销售部
22	秘书部
33	策划部
44	市场部
55	研发部
66	公关部

图 13-57　部门表

操作员表

职工号	姓名	密码
001	张本	001
002	张三	002
003	李小四	003
004	王熙凤	004
005	孙泉	005

图 13-58　操作员表

基本工资表

职工号	姓名	部门代码	固定工资	活动工资	行业津贴	岗位工资	公积金	房补	三险	个人所得税	应发工资	实发工资
001	张本	11	1500.00	1500.00	300.00	500.00	350.00	200.00	100.00	320.0000	4000.00	3330.0000
002	张亮	11	2000.00	2000.00	300.00	800.00	350.00	300.00	100.00	432.0000	5400.00	4618.0000
003	李小四	22	2000.00	2000.00	300.00	800.00	350.00	300.00	100.00	432.0000	5400.00	4618.0000
004	王宏	22	3000.00	5000.00	300.00	1000.00	350.00	500.00	100.00	784.0000	9800.00	8666.0000
005	孙泉	33	3000.00	5000.00	300.00	1000.00	350.00	500.00	100.00	784.0000	9800.00	8666.0000
010	李红丽	44	2000.00	2500.00	300.00	800.00	350.00	300.00	100.00	472.0000	5900.00	5078.0000
012	李刚	11	1500.00	1000.00	300.00	500.00	350.00	200.00	100.00	280.0000	3500.00	2870.0000
013	王新玲	22	1500.00	1500.00	300.00	500.00	350.00	200.00	100.00	320.0000	4150.00	3530.0000
014	杨晶晶	33	1500.00	1500.00	300.00	500.00	350.00	200.00	100.00	320.0000	4000.00	3330.0000
015	李国志	55	1500.00	2000.00	300.00	500.00	350.00	200.00	100.00	360.0000	4500.00	3790.0000
016	王国栋	44	1500.00	2000.00	300.00	500.00	350.00	200.00	100.00	360.0000	4500.00	3790.0000
017	李玲想	66	1500.00	1500.00	300.00	500.00	350.00	200.00	100.00	320.0000	4000.00	3330.0000
018	赵明超	33	1500.00	1500.00	300.00	500.00	350.00	200.00	100.00	320.0000	4000.00	3330.0000
019	张晓旭	44	1500.00	2000.00	300.00	500.00	350.00	200.00	100.00	360.0000	4500.00	3790.0000
020	王晓刚	66	1500.00	1500.00	300.00	500.00	350.00	200.00	100.00	320.0000	4000.00	3330.0000

图 13-59　基本工资表

基本情况表

职工号	姓名	部门代码	性别	出生年月	政治面貌	级别	职务
001	张本	11	男	08/12/85	T	三级	员工
002	张亮	11	男	07/16/80	T	二级	副主任
003	李小四	22	男	06/15/79	F	二级	副总
004	王宏	22	女	09/12/75	F	一级	总经理
005	孙泉	33	男	09/12/70	T	一级	董事长
010	李红丽	66	女	12/12/78	T	二级	经理
012	李刚	11	男	06/03/83	T	三级	员工
013	王新玲	22	女	07/23/86	F	三级	员工
014	杨晶晶	33	男	12/10/87	T	三级	员工
015	李国志	55	男	05/23/85	T	三级	员工
016	王国栋	44	男	10/22/90	T	三级	员工
017	李玲想	66	女	07/01/88	T	三级	员工
018	赵明超	33	男	06/03/86	F	三级	员工
019	张晓旭	44	女	09/12/89	T	三级	员工
020	王晓刚	66	男	04/08/1990	T	三级	员工

图 13-60　基本情况表

劳务奖金表

职工号	姓名	部门代码	加班天数	加班工资	病假天数	事假天数	月奖金
001	张本	11	3	300	0	0	800.00
002	张亮	11	2	300	0	0	1100.00
003	李小四	22	0	0	1	0	800.00
004	王宏	22	6	0	0	0	1000.00
005	孙泉	33	0	0	0	0	1000.00
010	李红丽	66	10	1500	0	0	2300.00
012	李刚	11	2	0	0	0	500.00
013	王新玲	22	0	0	0	0	500.00
014	杨晶晶	33	3	0	0	1	500.00
015	李国志	55	3	0	0	0	500.00
016	王国栋	44	6	0	0	0	500.00
017	李玲想	66	6	0	0	0	500.00
018	赵明超	33	6	0	0	0	500.00
019	张晓旭	44	2	200	0	0	700.00
020	王晓刚	66	3	300	0	0	800.00

图 13-61　劳务奖金表

附录一

Visual FoxPro 常用函数

函数	功能
ABS()	返回数值型表达式的绝对值
ACOPY()	将一个数组的数值元素拷贝到另一个数组中
ADEL()	从一维数组中删除一行或从一个二维数组中删除一行或一列
AELEMENT()	返回指定行和列下标的数组元素号
AFIELDS()	将表文件结构信息放到数组中
AFONT()	将有关可用字体的信息存入一个数组中
ALEN()	返回一个数组中的行数、列数或元素
ALIAS()	返回当前或指定工作区的别名
ALLTRIM()	删除字符串的前后空格
ASC()	返回一个字符串中首字符的 ASCII 码
ASCAN()	在数组中查找一个表达式
ASIN()	返回指定数值表达式的反正弦值
ASORT()	按升序或降序对一个数组中的元素排序
ASUBSCRIPT()	从一个数组的数组元素号返回其行或列的下标
AT()	返回一个字符表达式在另一个表达式的位置
ATC()	功能同 AT()，但不分大小写
AVERAGE()	计算数值型表达式或字段的算术平均值
BETWEEN()	确定一个表达式的值是否在另两个相同数据类型的表达式的值之间
BOF()	如果记录指针指向表文件的开头位置，则返回逻辑值“真”（.T.）
CANDIDATE()	判断索引标识是否为候选索引

续表

函数	功能
CDOW()	返回给定日期表达式英文日期
CDX()	返回复合索引文件名
CHR()	返回指定 ASCII 码所对应的字符
CMONTH()	返回指定日期的英文月份值
COL()	返回光标所在位置的列数
CTOD()	将字符型日期转换成日期型日期
DATE()	返回当前系统日期
DAY()	返回给定日期算出的日期数
DBF()	返回在当前工作区或指定工作区中打开的表文件名
DMY()	返回一个以日、月、年格式表示的日期表达式
DOW()	返回根据给定日期算出的数值型星期值，即用数值来表示哪一天是星期几
DTOC()	将日期型日期转换成字符型形式日期
DTOR()	根据度数返回弧度
DTOS()	以 YYYYMMDD 格式返回字符串日期
EMPTY()	确定一个表达式是否为空
EOF()	判断记录指针是否指向表文件的尾部，是则返回真值
ERROR()	返回在 ON ERROR 中引起的错误信息代码
EVALUATE()	计算字符表达值并返回结果
EXP()	计算指数值
FCOUNT()	返回当前的或指定表文件的字段数
FEOF()	判断文件指针是否指向文件尾部
FIELD()	返回当前或指定表文件中对应于字段号的字段名
FILE()	如果可在磁盘上找到指定文件则返回真值
FLOCK()	试图锁住一个表文件，如果成功则返回真值
FOUND()	如果最近一次使用查找命令查找成功，则返回逻辑值“真”（.T.）
FSIZE()	返回指定字段大小的字节数
GATHER()	将内存变量或数组元素的内容存到当前表文件的当前记录中
GETDIR()	显示“选择目录”对话框
GETFILE()	显示“打开”对话框，并返回所选文件名
GETFONT()	显示“字体”对话框，并返回所选字体名
GOMONTH()	返回在给定日期之前或之后指定月数的日期

续表

函数	功能
IIF()	根据逻辑表达式的取值返回真假两个表达式值之一
INKEY()	返回所按键的ASCII码
INLIST()	确定一个表达式是否与相同类型的多个表达式中的某一个相匹配
INT()	返回数值表达式的整数部分
ISALPHA()	如果指定字符表达式的最左字符是一个字母，则返回逻辑值“真”（.T.）
ISLOWER()	判断指定字符表达式的最左字符是否为小写字母，若是则返回逻辑值“真”（.T.）
ISUPPER()	判断指定字符表达式的最左字符是否为大写字母，若是则返回逻辑值“真”（.T.）
KEY()	返回控制索引文件的关键索引表达式
LEFT()	返回字符串从最左字符开始的指定数目的字符
LEN()	计算字符表达式中字符的个数
LIKE()	确定一个可以含有通配符的字符表达式是否与另一个字符型表达式相匹配
LOCK()	试图锁住当前或指定表文件中的一个或多个记录，如果成功则返回逻辑值“真”（.T.）
LOG()	返回指定数值表达式的自然对数值
LOG10()	返回指定数值表达式的常用对数值
LOOKUP()	搜索表中匹配的第一个记录，如找到则记录指针移至这一记录，并返回该记录中指定字段的值
LOWER()	把字符串中的字符转换为小写字母形式返回
LTRIM()	去掉字符表达式左空格
LUPDATE()	返回最后一次修改表文件的日期
MAX()	求最大值
MCOL()	返回光标在窗口的列位置
MDOWN()	判断是否按下鼠标左键
MDX()	返回打开的复合索引文件
MEMORY()	返回可用内存空间
MESSAGE()	返回当前错误信息
MESSAGEBOX()	显示自定义对话框，并将信息显示在窗口
MIN()	求多个表达式的最小值
MLINE()	以字符串形式返回一个备注型字段中所指定的那一行
MOD()	返回两个数整除的余数
MONTH()	返回给定日期的数值月份
MROW()	返回光标在屏幕或一个窗口中的行位置

续表

函数	功能
MWINDOW()	指出光标位于哪一个窗口
NDX()	返回表中打开的表索引文件名
ORDER()	返回当前指定表文件的主索引文件名或标识
PAD()	返回菜单标题
PARAMETERS()	返回调用程序时传递参数个数
PCOL()	返回打印机输出的当前列位置
PRINTSTATUS()	如果打印机状态已准备好，则返回逻辑“真”（.T.），否则返回逻辑“假”（.F.）
PROGRAM()	返回最近刚执行或执行过程中出错的程序的名称
PROMPT()	返回在活动菜单条或弹出式菜单中选择的选择项
PROW()	返回打印输出的当前位置
PUTFILE()	打开“另存为”对话框，并返回所指定的文件名
RAND()	返回一个随机数，其值介于 0 和 1 之间
RDLEVEL()	返回当前 READ 的嵌套数
READKEY()	返回退出某一个编辑命令按键的对应值
RECCOUNT()	返回一个表文件中的记录总数
RECNO()	返回当前的记录号
RECSIZE()	返回.DBF 表文件的记录长度
RELATION()	返回关联表达式
REPLICATE()	重复指定次数之后形成的字符表达式
RIGHT()	返回字符串中从最右字符开始算起指定数目的字符
RLOCK()	试图锁住当前指定数据表文件中的一个或多个记录，如果成功返回真值
ROUND()	对数值表达式进行四舍五入运算
ROW()	返回光标在窗口的当前行位置
RTOD()	将弧度转化为角度
RTRIM()	去掉指定字符表达式尾部的空格
SCEHEME()	从一个彩色模式中返回一个颜色对列表
SCOLS()	返回显示屏幕上可用的列数
SECONDS()	返回以秒、千分之一秒格式表示的从 00:00:00 开始已经过去的秒数
SEEK()	按索引表达式快速查找记录
SELECT()	返回工作区号
SIGN()	在数值表达式值为负值时返回–1，为正数时返回 1，为零时返回 0

续表

函数	功能
SIN()	返回指定角度的正弦值
SQRT()	计算指定数值表达式的平方根
SPACE()	返回一个指定数目空格组成的字符串
SROWS()	返回屏幕可用的行数
STR()	把一个数值表达式转化为字符表达式
STUFF()	在字符串的任何部分插入或删除字符串
SUBSTR()	返回给定字符表达式或备注字段中指定数目的字符串，SYS(0)返回网络机器数信息
SYSMETRIC()	返回一个窗口类型显示元素大小
TAG()	返回.CDX 复合索引文件标识名，或返回.IDX 单项索引文件名
TAN()	返回指定角度的正切值
TARGET()	返回被关联表文件的别名
TIME()	返回当前系统的时间
TRANSFORM()	利用 PICTURE 和 FUNCTION 代码格式化一个字符或数值表达式
TRIM()	删除字符串尾部空格
TXTWIDTH()	返回字符表达式的长度
TYPE()	返回表达式的数据类型
UPPER()	将字符串由小写转换成大写
USED()	判断别名是否已用或表已被打开
VAL()	将字符串转换成数值型数据
VARREAD()	返回当前正在编辑的字段或变量的名称
VERSION()	返回 VFP 版本号
WBORDER()	如果一个窗口有边框则返回真值
WCOLS()	返回一个窗口的列数
WEXIST()	如果指定的窗口已存在则返回真值
WFONT()	返回字体的名称、大小及类型
WLAST()	返回当前活动窗口的前一活动窗口名
WLCOL()	返回当前或指定窗口左上角的列坐标
WLROW()	返回当前或指定窗口左上角的行坐标
WMAXIMUM()	如果指定窗口已最大，则返回真值
WMINIMUM()	如果指定窗口已最小，则返回真值
WONTOP()	确认当前窗口或指定窗口是否在其他激活窗口前面

续表

函数	功能
WOUTPUT	确认是否输出当前窗口或指定窗口
WROWS()	返回当前指定窗口的行数
WTITLE()	返回当前或指定窗口的标题
WVISIBLE()	若指定窗口未被隐藏，则返回逻辑“真”（.T.）
YEAR()	返回日期型表达式的年份

附录二

Visual FoxPro 事件语法与功能

事件	功能
Activate	当 FormSet、Form 或 Page 对象变成活动的或 ToolBar 对象显示时，发生该事件
AfterCloseTables	表单、表单集或报表的数据环境中指定的表或视图释放时，将发生该事件
AfterDock	当 ToolBar 对象被 Docked 后，将发生该事件
AfterRowColChange	当用户移动 Grid 控件的另一行或列时，新单元获得焦点（focus）前，发生该事件
BeforeDock	在 ToolBar 对象被 Docked 前，将发生该事件
BeforeOpenTables	当表单、表单集或报表的数据环境有关的表和视图刚打开之前，将发生该事件
BeforeRowColChange	当用户改变活动行或列时，新单元获得焦点（focus）前，将发生该事件；此外，网格列中当前对象的 Valid 事件发生前，也将发生该事件
Click	鼠标指针指向控件时，如果用户按下并释放鼠标左键，或者改变某个控件的值，或者单击表单的空白区域时发生该事件；在程序中包含触发该事件的代码时也可发生该事件
DblClick	短时间内如果用户连续按下并释放两次鼠标左键（双击），则产生该事件；此外，如果选择列表框或组合框中的项并按“回车”键时，也将发生该事件
Deactivate	当容器对象（如表单等）由于所包含的对象没有一个有焦点而不再活动时，将发生该事件
Deleted	当用户给某一记录做删除标记、取消为删除而做的标记或者发出 DELETE 命令时，将发生该事件
Destroy	释放对象时，将发生该事件
DoCmd	执行 Visual FoxPro 自动化服务器的一条 Visual FoxPro 命令时，将触发该事件
DownClick	单击控件的下箭头时，将发生该事件
DragDrop	当拖放操作完成时，将发生该事件

续表

事件	功能
DragOver	当控件被拖到目标对象上时，将发生该事件
DropDown	单击下拉键头后，ComboBox 控件的列表部分即将下拉时，将发生该事件
Error	当方法中有一个运行错误时将发生该事件
ErrorMessage	当 Valid 事件返回“假”时，将发生该事件，并提供错误信息
GotFocus	无论是用户动作或通过程序使对象接收到焦点，都将发生该事件
Init	当创建对象时将发生该事件
InteractiveChange	使用键盘或鼠标改变控件的值时，将发生该事件
KeyPress	当用户按下并释放一个键时，将发生该事件
Load	在创建对象之前发生该事件
LostFocus	当对象失去焦点时，将发生该事件
Message	该事件将在屏幕底部的状态栏中显示信息
MiddleClick	当用户用中间的鼠标键单击控件时，将发生该事件
MouseDown	当用户按下鼠标键时，将发生该事件
MouseUp	当用户释放鼠标键时，将发生该事件
MouseWheel	对于有鼠标球的鼠标，当用户旋转鼠标球时，将发生该事件
Moved	当对象移到新的位置或者在程序代码中改变容器对象的 Top 或 Left 属性设置时，将发生该事件
Paint	当重新绘制表单或工具栏时，将发生该事件
ProgrammaticChange	程序代码中改变控件的值时，将发生该事件
QueryUnload	表单卸载前，将发生该事件
RangeHigh	当控件失去焦点时，对于 Spinner 或 TextBox 控件将发生该事件；当控件接收焦点时，对于 ComboBox 或 ListBox 控件将发生该事件
RangeLow	当控件接收焦点时，对于 Spinner 或 TextBox 控件将发生该事件；当控件失去焦点时，对于 ComboBox 或 ListBox 控件将发生该事件
ReadActivate	当表单集中的表单变为活动表单时发生该事件。支持对 READ 的向下兼容
ReadDeactivate	当表单集中的表单失去活动性时，将发生该事件
ReadShow	当在活动表单集中键入 SHOW GETS 命令时，将发生该事件
ReadValid	当表单集失去活动性时，将立刻发生该事件
ReadWhen	在加载表单集后，将立刻发生该事件
Resize	当对象重新确定大小时，将发生该事件
RightClick	当用户在控件中按下并释放鼠标右键时，将发生该事件
Scrolled	在 Grid 控件中，当用户单击水平或垂直滚动框时，将发生该事件

续表

事件	功能
Timer	当消耗完 Interval 属性指定的事件（毫秒）时，将发生该事件
UIEnable	无论何时只要页激活或失去活动性，对于所有页中包含的对象都将发生该事件
UnDock	当 ToolBar 对象从船坞位置脱离时，将发生该事件
Unload	释放对象时，将发生该事件
UnClick	当用户单击控件的上箭头时，将发生该事件
Valid	在控件失去焦点前，将发生该事件
When	在控件接收到焦点前，将发生该事件

附录二

Visual FoxPro 方法语法与功能

方法	功能
ActivateCell	激活 Grid 控件的某一单元
AddColumn	添加 Column 对象到 Grid 控件中
AddItem	添加新项到 ComboBox 或 ListBox 控件中
AddListItem	添加新项到 ComboBox 或 ListBox 控件中
AddObject	在运行时添加对象到容器对象中
Box	在表单中画一个矩形
Circle	在表单中画一个圆或椭圆
Clear	清除 ComboBox 或 ListBox 控件的内容
CloneObject	复制对象，包括对象的所有属性、事件和方法
CloseTables	关闭与数据环境有关的表和视图
Cls	清除表单中的图形和文本
DataToClip	将记录集作为文本拷贝到剪贴板中
DeleteColumn	从 Grid 控件中删除 Column 对象
Dock	沿 Visual FoxPro 主窗口或桌面的边界将 ToolBar 对象船坞化
DoScroll	滚动 Grid 控件
DoVerb	执行指定对象上的动词（Verb）
Drag	开始、结束或中断一次拖放操作
Draw	重新绘制表单
Eval	计算表达式并将结果返回给 Visual FoxPro 自动化服务器
Help	打开“帮助”窗口
Hide	通过设置 Visible 属性为“假”来隐藏表单、表单集或工具栏
IndexToItemID	返回给定项索引号的 ID 号

续表

方法	功能
ItemIDToIndex	返回给定项标识号的索引号
Line	在表单中绘制线条
Move	移动对象
Point	返回表单中指定点的红绿蓝（RGB）颜色
Print	在表单中打印字符串
Pset	将表单或 Visual FoxPro 主窗口中的点设置为前景色
Quit	结束 Visual FoxPro
ReadExpression	返回属性窗口中输入的属性表达式的值
ReadMethod	返回指定方法的文本
Refresh	重新绘制表单或控件，并刷新所有值
Release	从内存中释放表单集或表单
RemoveItem	从 ComboBox 或 ListBox 控件中删除一项
RemoveListItem	从 ComboBox 或 ListBox 控件中删除一项
RemoveObject	从容器对象中删除指定的对象
Requery	重新查询 ComboBox 或 ListBox 控件的数据源
RequestData	在 Visual FoxPro 实例中创建包含所打开表数据的数组
Reset	重新设置 Timer 控件，以便从 0 开始计数
SaveAs	将对象保存为.SCX 文件
SaveAsClass	将对象的实例作为类定义保存到类库中
SetAll	为容器对象中的所有控件或某个控件指定一个属性设置
SetFocus	给控件设置焦点
SetVar	为 Visual FoxPro 自动化服务器的实例创建变量并给变量赋值
Show	显示表单并确定该表单是模态的还是非模态的
ShowWhatsThis	显示由对象的 What Is This Help 属性指定的帮助主题
TextHeight	返回文本串按当前字体显示时的高度
TextWidth	返回文本串按当前字体显示时的宽度
WhatsThisMode	显示 What Is This Help 问号标记
WriteExpression	将表达式写到属性中
WriteMethod	将指定的文本写入指定的方法中
ZOrder	在 Z-Order 图形层中将指定表单或控件放置到 Z-Order 的前面或后面

附录四
部分习题解答

第1章

一、单项选择题

1. A　2. D　3. B　4. B　5. B　6. B　7. A　8. B

9. D　10. C　11. B　12. A

二、填空题

1. 元组　　2. 数据之间的关系

3. 一对一、一对多、多对多　　4. 去掉重复值的等值连接

5. 空值　　6. 一对多

7. 多对多　　8. 身份证号

9. 二维表　　10. 数据定义语言

第3章

一、单项选择题

1. B　2. B　3. C　4. B　5. A　6. C　7. B　8. C

9. C　10. C　11. C　12. D　13. D　14. C　15. A　16. B

17. A　18. A　19. C　20. B

二、简答题

1-6. 略

7. 1a　a'　a.1　a,1　a*　a#　a(1)　xing ming

三、写出下列命令执行的结果

1. .T.　.F.　　2. .F.　.T.

3. 03/08/78　　4. .T.　.F.　.T.　ABCD　.T.

5．学生 5

6．第二季度

7．冯松

8．学生成绩.dbf

9．2011　6　18

10．09:10:30 AM

四、写出满足下列条件的表达式

1．ROUND(x,2)

2．ALLT(STR(x))

3．SIN(30*3.14/180)　　SIN(40*3.14/180))

4．gz>800 .AND. gz<1200

5．x%2=0

6．a>b .AND. a>c

第 4 章

一、单项选择题

1．A　2．A　3．B　4．C　5．D　6．C　7．C　8．B
9．D　10．D　11．A　12．B　13．A　14．B　15．D

第 5 章

一、单项选择题

1．D　2．B　3．D　4．A　5．C　6．B　7．A　8．D
9．D　10．A　11．C　12．D　13．A　14．A　15．D　16．C
17．A　18．A　19．C　20．D

二、填空题

1．HAVING

2．.NULL.

3．本地视图、远程视图、连接

4．INTO CURSOR

5．7、更新条件、数据库

三、应用题

1．

（1）sele top 6 姓名,avg(成绩) as 平均成绩 from 学生表/成绩表 group by 学号 order by 平均成绩 desc

（2）sele 籍贯,count(籍贯) as 人数 from 学生表/学生档案 group by 籍贯 having 籍贯="河南郑州"

（3）sele a.学号,a.姓名,a.班级,b.成绩 from 学生表/学生档案 a,学生表/成绩表 b where a.学号=b.学号

第6章

一、单项选择题

1．B　2．C　3．C　4．C　5．C　6．C　7．C　8．A

9．A　10．B

二、填空题

1．1　2．14　8

3．6　4　2　4．1

5．x=2　6．123　123456

7．34567　8．.F.

第7章

一、单项选择题

1．C　2．A　3．B　4．A

第8章

一、单项选择题

1．D　2．A　3．C　4．C　5．D　6．B　7．C　8．B

第9章

一、单项选择题

1．D　2．C　3．C　4．D　5．A　6．B　7．D　8．D

9．D　10．A

第10章

一、单项选择题

1．A　2．B　3．B　4．D　5．B　6．B　7．C　8．C

9．C　10．D

第 11 章

一、填空题

1．条形、弹出式

2．SET SYSMENU TO DEFAULT

3．常规选项、ShowWindow、Init

4．RightClick

5．热键、快捷键、Ctrl、Alt

6．其他

7．综合查询(\<x)

8．DO example.mpr

9．.mnx、.mpr

10．生成菜单程序、没有“生成”

参考文献

[1] 萨师煊，王珊．数据库系统概论（第三版）．北京：高等教育出版社．2000．
[2] 李加福，邸雪峰等．Visual FoxPro 6.0 入门与提高．北京：清华大学出版社．2000．
[3] 合力工作室．中文 Visual FoxPro 6.0 编程基础．北京：清华大学出版社．2001．
[4] 牛宏霞．Visual FoxPro 程序设计．北京：化学工业出版社．2002．
[5] 田银磊．Visual FoxPro 程序设计及应用．西安：西北大学出版社．2006．
[6] 刘瑞新．Visual FoxPro 程序设计教程．北京：机械工业出版社．2004．
[7] 陈国君．Visual FoxPro 7.0 实用教程．北京：电子工业出版社．2003．
[8] 教育部考试中心．全国计算机等级考试二级教程 Visual FoxPro 程序设计．北京：高等教育出版社．2003．
[9] 于文芳等．Visual FoxPro 程序设计教程．北京：人民邮电出版社．2004．
[10] 彭春年等．Visual FoxPro 6.0 程序设计．北京：中国水利水电出版社．2001．
[11] 梁静毅等．Visual FoxPro 及其应用系统设计．北京：清华大学出版社．2010．